Selenium
実践入門
自動化による継続的なブラウザテスト

伊藤望、戸田広、沖田邦夫、
宮田淳平、長谷川淳、清水直樹、
Vishal Banthia
［著］

技術評論社

ご購入／ご利用の前に必ずお読みください

本書全体での動作確認に使用したSeleniumとAppiumのバージョンは次の通りです。

- Selenium WebDriver：2.45.0
- Selenium IDE：2.9.0
- Appium：1.4.7

これ以降のバージョンで利用手順が変わったものについても、できるだけ手順を記載し、2015年12月現在の情報に基づくようにしています。本書の発行後に想定されるバージョンアップなどにより、手順／画面／動作結果などが異なる場合があります。あらかじめご了承ください。

本書に記載されている内容に基づく設定や運用結果について、著者、ソフトウェアの開発元および提供元、株式会社技術評論社は一切の責任を負いかねます。あらかじめご了承ください。

本書に記載されている会社名、製品名は、一般に各社の登録商標または商標です。本書中では、™、©、®などは表示していません。

はじめに

　本書は、Seleniumを使ってブラウザテストを自動化するためのノウハウが詰め込まれた1冊です。ブラウザ・デバイスの多様化やアジャイルな開発スタイルの普及により、現代では手作業によるテストだけでシステムの品質を保つのはますます難しくなってきています。Seleniumを活用したテストの自動化は、このような問題を解決するものであり、効率的で快適なシステム開発を行うための有用なソリューションの1つです。

　本書の執筆にあたり、筆者らが目指したのは次の2つです。

- ❶ 初心者はもちろんのこと、初心者を脱したあとも手元に置いておきたい、詳細なリファレンス本であること
- ❷ 周辺技術も含め、Seleniumテストに必要と思われる技術を幅広く網羅すること

　❶を達成するために、多くのSelenium WebDriver（本書ではWebDriverと略します）コマンドについて広く深く解説した「WebDriverコマンド徹底解説」の章や巻末早見表、事例を含む運用ノウハウの章を本書に含めました。

　❷を達成するために、JUnitなどのテストフレームワークと組み合わせる方法やCI、モバイル向けのテストについても解説し、さらにGeb・FluentLenium・Capybaraなど、効率よくスクリプトを書くためのライブラリにも多くのページを割きました。

　本書の原稿が形になると、早くも筆者はSeleniumで困ったときは本書を参照するようになり、やがて手放せなくなりました。Seleniumについて質問されたときに、本書のページを開いて解説したくなったことも一度や二度ではありません。

　ほかならぬ筆者がそうだったように、Seleniumによるテスト自動化・効率化を目指すみなさんにとっても、きっと本書は欠かせない1冊となるでしょう。レビュアーの方々からも「まさにSelenium大全」「異常なまでの詳しさ」と評された本書が、みなさんに素晴らしいテスト自動化の成果をもたらすことを願ってやみません。

2016年1月
著者を代表して　伊藤 望

本書について

対象読者

本書は、次のような開発者やプログラムの書けるテスト担当者を対象としています。

- システムテスト自動化による開発・テスト業務の効率化に取り組みたい方
- Seleniumのまとまった情報を効率よく得たい方
- Seleniumとその活用方法・ノウハウについてより詳しく知りたい方

前提知識

テストやテスト自動化に関する知識は本書では必要としません。ただし、プログラミング言語や開発ツールに関する基本的な知識については前提とし、本書では詳しく解説しません。具体的には、HTMLなどのWebのしくみ、テストスクリプトを記述するためのプログラミング言語の文法、EclipseなどのIDEの詳しい使い方、Maven・Gradleなどのビルドツールの詳しい使い方などは、本書では詳しく解説しません。

本書の構成

本書は、Part 1からPart 5までの各パートと、巻末の付録からなります。

Part 1　Seleniumの基礎知識

Part 1では、テスト自動化およびSeleniumがどういったものなのか、その概要を説明します。

第1章ではまず、Seleniumに限らないテスト自動化全般の概要とメリットについて説明します。その後第2章で、Seleniumの概要について説明します。

Part 2　WebDriver

Part 2では、本書のメイントピックとなるWebDriverについて詳しく解説します。

第3章では、さまざまなプログラミング言語でWebDriverのテストスクリプトを作成・実行するためのセットアップ手順と、テストコードの書き方について説明します。第4章では、Javaを題材にWebDriverの各コマンドについて詳しく解説し、第5章ではより応用的な使い方について説明します。第6章では、ページオブジェクトパターンなど、スクリプトのメンテナンス性を高める技法について説明します。

Part 3　便利なライブラリ

Part 3では、WebDriverコマンドをラップしてよりシンプルに記述できるさまざまなライブラリを紹介します。

第7章ではGroovyでスクリプトを記述するGebを、第8章ではJavaでスクリプトを記述するFluentLeniumを、第9章ではRubyでスクリプトを記述するCapybaraを取り上げます。

Part 4　Seleniumのさまざまな活用方法

Part 4では、WebDriver以外のSeleniumに関連したさまざまなツールを取り上げます。

第10章では、プログラムを書かなくても使える、ブラウザ操作の記録・再生ツールSelenium IDEについて解説します。第11章では、PCブラウザでスマートフォンテストを行う方法や、Seleniumと同じコマンド体系でスマートフォンテストを行うAppiumについて解説します。第12章では、Selenium GridやJenkinsを活用した、テストのCI実行および分散実行について解説します。

Part 5　実践的な運用

Part 5では、より実践的な運用ノウハウについて解説します。

第13章では、実際のSeleniumテストの運用において注意すべき事柄をまとめています。第14章・第15章では、SeleniumやAppiumを本格的に業務で活用しているWeb企業として、サイボウズとDeNAの事例を取り上げます。業務プロセスや一連のCIの流れも含む、総合的な運用ノウハウについて解説しています。

付録

巻末の付録には、よく使うSeleniumのロケータやコマンドの文法を効率よく探し出せる早見表を載せています。

付録Aでは、Seleniumでテストを記述する際に利用頻度が高いCSSセレクタとXPathの文法を表形式で掲載しています。付録Bでは、各プログラミング言語の主要なWebDriverコマンドについて、表形式で掲載しています。

対象とするバージョン

本書全体での動作確認に使用したSeleniumとAppiumのバージョンは次の通りです。

- Selenium WebDriver：2.45.0
- Selenium IDE：2.9.0
- Appium：1.4.7

これ以降のバージョンで利用手順が変わったものについても、できるだけ手順を記載するようにしています。

サンプルコード

本書で紹介した一部のサンプルコードは、完全な内容をhttp://gihyo.jp/book/2016/978-4-7741-7894-3/supportからダウンロードすることができます。

謝辞

本書の執筆にあたり、多くの方々のご協力をいただきましたことを感謝いたします。

本書のレビューにご協力いただきました太田健一郎さん、高橋陽太郎さん、玉川紘子さん、保木本将之さん、松尾和昭さん、お忙しい中さまざまな観点からコメントをいただきありがとうございました。

技術評論社の春原さんには、本書を執筆する貴重な機会をいただきました。どうもありがとうございます。たびたびスケジュールが遅れてしまい、大変申し訳ありませんでした。

最後に、いつもよくわからない独り言を言いながら執筆を進める私を温かく見守り、支えてくれた妻にも心から感謝します。

目次 | Selenium 実践入門

はじめに iii
本書について iv

Part 1 Selenium の基礎知識 1

第1章 テスト自動化とそのメリット 2

1.1 手作業によるソフトウェアテストの問題 2
どんどん大きくなる回帰テストのコスト 2
同じテストを環境ごとに何度も実施する必要がある 3
開発・テスト作業効率の低下 4

1.2 テストの自動化とは 4

1.3 さまざまな種類の自動テストツール 5
ユニットテストツール 5
画面テストツール 6
静的解析ツール 7
負荷テストツール 7
セキュリティテストツール 7

1.4 テストを自動化するメリット 8
回帰テストの実行コストを抑えられる 8
似たようなテストを何度も実施できる 8
開発フェーズの問題をすばやく検出できる 9
市場の変化にすばやく追随できる 10
システムの改善を諦めなくてよい 10
手動テストよりも正確でミスがない 10
一定の品質を確実に保証できる 11
快適に開発を行える 11

1.5 自動テストツールの使い分け 12

第2章 Selenium の概要 13

2.1 Seleniumとは 13
Seleniumのしくみ 13
多様なブラウザ・プラットフォームで利用できる 14
Seleniumを支えるコミュニティ 15

2.2 Seleniumを構成するツール群 15
Selenium WebDriver 16
Selenium RC 17
Selenium IDE 17

目次

Selenium Builder 18
　　COLUMN　Selenium 3　19
2.3 ブラウザテストの標準仕様へ 19

Part 2 | WebDriver　21

第3章　WebDriver入門　22

3.1 セットアップとスクリプトのサンプル 22
　Java 22
　　セットアップ 22
　　　■ Jarを直接利用する方法　23
　　　■ Mavenを利用する方法　25
　　　■ Gradleを利用する方法　25
　　スクリプトの書き方 25
　　テストフレームワーク 26
　Ruby 27
　　セットアップ 27
　　スクリプトの書き方 27
　　テストフレームワーク 27
　JavaScript 28
　　セットアップ 28
　　スクリプトの書き方 28
　　テストフレームワーク 29
　C# 29
　　セットアップ 29
　　スクリプトの書き方 30
　　テストフレームワーク 31
　Python 31
　　セットアップ 31
　　スクリプトの書き方 31
　　テストフレームワーク 32

3.2 さまざまなドライバのセットアップ 32
　FirefoxDriver 33
　ChromeDriver 33
　InternetExplorerDriver 34
　　IEDriverサーバのセットアップ 34
　　Internet Explorerの設定 35
　　　■ 保護モードの設定　35
　　　■ 拡張保護モードの設定　36
　　　■ レジストリの設定　37
　SafariDriver 38
　PhantomJSDriver 39
　　PhantomJSとは 39
　　PhantomJSのセットアップ 39
　　PhantomJSDriverのセットアップ 40

第4章 WebDriverコマンド徹底解説　42

4.1 ブラウザの生成と破棄 42
ブラウザの生成 42
ブラウザの破棄 42
テストフレームワークとの組み合わせ 43
　初期化処理と終了処理 43
　値のチェック 45
Capabilities 46

4.2 ドライバ固有の設定 47
FirefoxDriver 47
　Firefoxプロファイルの指定 47
　　■ プロファイルとは　47
　　■ Preferenceの変更　49
　　■ アドオンの追加　50
　　■ プロファイルフォルダの指定　51
　Firefox実行ファイルの指定 51
ChromeDriver 51
　オプションの指定 52
　　■ Chromeのコマンドライン引数の指定　52
　　■ Chrome拡張の追加　52
　　■ Chrome実行ファイルの指定　52
　　■ Preferenceの変更　53
InternetExplorerDriver 54
　Capabilities 54
SafariDriver 54

4.3 要素の取得 55
findElements 55
ロケータ 55
　By.id 56
　By.name 56
　By.tagName 57
　By.className 57
　　COLUMN ロケータの調べ方　58
　By.linkText 59
　By.partialLinkText 59
　By.cssSelector 60
　By.xpath 60
子孫要素の取得 61

4.4 要素の操作 61
URL遷移 61
クリック 62
キー入力 62
チェックボックスの選択 63
ラジオボタンの選択 64
プルダウンの選択 64
　複数選択可能なselect要素 65
　Selectクラスの各種メソッド 66
submit 66

4.5 要素情報の取得 67
表示・非表示 67
有効・無効 67
存在するかどうか 68
選択状態 68
属性 69
テキスト 69
タグ名 69
CSSプロパティ 69
サイズ 70
位置 70

4.6 ブラウザ情報の取得 70
タイトル 70
URL 71
HTMLソース 71
ウィンドウ位置 71
ウィンドウサイズ 71
Cookie 72
 Cookieの取得 72
 Cookieの追加 73
 Cookieの削除 73

4.7 ブラウザの操作 74
画面キャプチャ 74
 画面キャプチャの取得範囲 75
JavaScriptの実行 76
 返り値の取得 76
 引数の指定 77
 非同期メソッドの呼び出し 78
ナビゲーション 79
 戻る 79
 進む 80
 リロード 80

4.8 待ち処理 80
Implicit Wait 80
Explicit Wait 81
 WebDriverWait 81
  ■ 最大待機時間の指定 82
  ■ さまざまな待機方法の指定 82
  ■ 任意の条件による指定 83
  ■ 待機失敗時のエラーメッセージの指定 84
  ■ 待機条件判定を行う間隔の指定 85
ページ読み込みの待ち時間 85

4.9 ポップアップ・ウィンドウ・フレーム 85
ポップアップ 85
 Alertダイアログ 85
 Confirmダイアログ 86
 Promptダイアログ 87
 SafariDriver、PhantomJSDriverの場合 88

ウィンドウ 88
   SafariDriver の設定 90
   名前のないウィンドウ 90
      ■ ウィンドウハンドルによる特定　90
      ■ ウィンドウタイトルによる特定　91
   ウィンドウを閉じる 92
   タブ 93
フレーム 93
   iframe 要素 93
   frame 要素 95
   入れ子のフレーム 95

4.10 その他のコマンド 96

アクション 96
   ダブルクリック 97
   右クリック 97
   マウスの移動 97
   ドラッグアンドドロップ 97
   キーを押しながらクリック 98
   Actions のメソッド一覧 98
イベントリスナ 100
   指定可能なイベント 101
   イベントリスナの解除 102
ログ取得 102
   ログレベルの指定 103

第5章　WebDriver コマンドの実践的活用　　105

5.1 さまざまな画面操作 105

ファイルアップロードダイアログ 105
ファイルダウンロード 106
   FirefoxDriver 106
   ChromeDriver 106
   InternetExplorerDriver 107
   SafariDriver 107
Basic 認証ダイアログ 107
   InternetExplorerDriver 108
   SafariDriver 109

5.2 さまざまなエラーチェック 109

JavaScript エラーのチェック 109
画像が表示されているかのチェック 110
HTTP ステータスコードの取得 110
   セットアップ 111
   利用方法 112

5.3 HTML5 の新機能 113

input 要素 113
   テキスト・数値の input 要素 113
   日付・時刻の input 要素 113
   type が range の input 要素 115
   type が color の input 要素 115

　　　　Web Storage 116
　　　　　　Session Storage 116
　　　　　　Local Storage 117
　　　　　　ChromeDriverの場合 117
　　　　Canvas 119

第6章　スクリプトの効率的なメンテナンス　　　　　　　　　120

6.1　ページオブジェクトパターン 120
　　　　ページオブジェクトパターンを使ったスクリプト 122
　　　　　　可読性の向上 128
　　　　　　共通化の基準がわかりやすい 128
　　　　　　目的のメソッドを見つけやすい 128
　　　　ページオブジェクト作成の指針 129
　　　　　　画面操作を抽象化したメソッドを提供する 129
　　　　　　ページ遷移を伴うメソッドは、新しいページオブジェクトを返す 130
　　　　　　遷移先ページが異なるメソッドは別のメソッドにする 131
　　　　　　Assertionロジックをページオブジェクトに含めない 131
　　　　　　ページ遷移の際に、きちんと遷移できたことをチェックする 131
　　　　@FindByとPageFactory 132
　　　　　　メカニズム 135
　　　　　　@FindByの引数の指定方法 136
　　　　　　@CacheLookup 137
　　　　　　その他の機能 138

6.2　データ駆動テスト 138
　　　　2つのテストランナー 139
　　　　Parameterizedテストランナーを使った方法 139
　　　　Theoriesテストランナーを使った方法 142

Part 3　便利なライブラリ　　　　　　　　　　　　　　143

第7章　Geb　　　　　　　　　　　　　　　　　　　　　　144

7.1　Gebとは 144

7.2　Groovy 145
　　　　Javaと比べて簡潔な記述 146
　　　　動的型付け言語である 146
　　　　defキーワードによる宣言 146
　　　　名前付き引数 146
　　　　プロパティ 147
　　　　クロージャ 148
　　　　delegate 148

7.3　セットアップ 149
　　　　Groovyプラグインのインストール 149
　　　　Gradleプラグインのインストール 150
　　　　プロジェクトの作成 151

7.4 Gebのテストスクリプト 152
7.5 基本のブラウザ操作 153
指定URLへの遷移 154
内部WebDriverのライフサイクル 154
Cookieのクリア 155
WebDriverインスタンスの取得 155
Browser.driveを使ったテスト 155
7.6 GebConfig.groovy 156
driver 156
その他の設定項目 157
7.7 画面要素の指定方法 158
$メソッドの引数 158
$メソッドの返り値 159
部分一致 160
Navigatorオブジェクトの各種メソッド 161
WebElementインスタンスの取得 162
7.8 画面要素の操作と情報取得 163
クリック 163
キー入力 163
画面情報の取得 164
フォームコントロール 165
　　valueの取得 166
　　テキスト入力欄への値セット 166
　　プルダウンへの値セット 166
　　チェックボックスへの値セット 166
　　ラジオボタンへの値セット 167
　　ファイルアップロードへの値セット 167
　　valueメソッドのショートカット 167
7.9 さまざまなブラウザ操作 168
画面キャプチャ・HTMLレポート 168
JavaScriptロジックの呼び出し 170
ポップアップ 170
待ち処理 171
　　Implicit Wait 172
7.10 ページオブジェクトパターン 173
url 175
at 175
content 176
現在のページの管理 176
contentのオプション 177
　　toオプション 177
　　waitオプション 177
　　toWaitオプション 178
WebDriverのページオブジェクトとの違い 178
7.11 Spockと組み合わせる 179
セットアップ 179

	Spockと組み合わせたテストスクリプト	179
	ブロック	181
	データ駆動テスト	181

第8章 FluentLenium 183

8.1 FluentLeniumとは 183
8.2 セットアップ 184
8.3 FluentLeniumのテストスクリプト 184
8.4 画面要素の指定方法 185
8.5 主なコマンド 186
URL遷移 186
クリック 187
テキスト入力 187
プルダウンの選択 187
画面キャプチャ 187
待ち処理 188
WebDriverコマンドの直接呼び出し 188
8.6 FluentTestのメソッドのオーバーライド 188
8.7 ページオブジェクトパターン 189

第9章 Capybara 192

9.1 Capybaraとは 192
9.2 ドライバ 192
9.3 セットアップ 193
9.4 Capybaraのテストスクリプト 193
9.5 主なコマンド 195
クリック 195
フォームコントロール 196
 テキスト入力 196
 プルダウンの選択 196
 チェックボックスの選択・非選択 196
 ラジオボタンの選択 196
要素の取得 197
値チェック 198
待ち処理 198
その他のコマンド 199
 URL遷移 199
 画面キャプチャ 199
 WebDriverコマンドの直接呼び出し 199
9.6 Capybara単独で実行する場合 200

Part 4　Seleniumのさまざまな活用方法　201

第10章　Selenium IDE　202

10.1　Selenium IDEとは　202
10.2　インストール手順　202
10.3　基本的な使い方　205
- 起動・記録　205
- 記録の停止　208
- 再生　208
- テストケースの保存　210
- 記録の再開　211
- 手作業でのコマンドの追加　213
- テストケースの追加、テストスイートの作成　214
- ロケータの自動判定機能の調整(Locator Builders)　216
- Test Schedulerを使った定時実行　218
- プログラミング言語へのエクスポート　219
  - エクスポートの使い方　220
  - エクスポートできないコマンドの例　221

10.4　ブラウザを操作するコマンド　221
- フォームの操作　221
  - ウィンドウやフレームの操作　222
  - 画面キャプチャの取得　223

10.5　値を検証・待機・保持するコマンド　223
- assert　224
  - HTML要素　224
  - ポップアップ　226
  - ページ全体の値の検証　226
  - その他　227
- verify　228
- waitFor　228
- store　229
- 期待値でのパターンマッチングの利用　230

10.6　Selenium IDEのプラグイン　230
- Implicit Wait　231
- SelBlocks　231
- Highlight Elements　231
- File Logging　231
- ScreenShot on Fail　232
- Test Results　232
- Power Debugger　232

10.7　WebDriver-Backed　232
- 環境の準備　233
- Selenium IDEの設定　233

　　　　WebDriver-Backedで再生 234
　10.8　UIマッピング 235

第11章　スマートフォンのテストとAppium　　237

11.1　スマートフォンのテストとは 237
スマートフォンのテストの種類 237
スマートフォン用Webサイトのテスト 238
スマートフォン用アプリのテスト 239
スマートフォンのテストに利用できるSelenium関連ツール 239
エミュレータを利用するか実機を利用するか 240

11.2　PCブラウザによるスマートフォン用Webサイトのテスト 241
PCブラウザでテストする場合の注意事項 241
Safariを利用したテスト 242
　　Safariのユーザエージェントの設定 242
　　タッチイベント 243
PC版Chromeを利用したテスト 244
　　Chromeのユーザエージェントの設定 244
　　タッチイベント 246
PhantomJSを利用したテスト 247
　　PhantomJSのユーザエージェントの設定 247
　　タッチイベント 247

11.3　Appium 247
SeleniumとAppium 248
　　Mobile JSON Wire Protocol 248
　　Appium独自コマンド 248
AppiumDriverの導入方法 249
AppiumのCapabilities 250
Appiumサーバの導入方法 250
Android開発環境の設定 252
　　Androidのエミュレータの設定 253
　　Androidの実機の設定 256
iOS開発環境の設定 257
　　iOSのシミュレータの設定 257

11.4　AppiumでのAndroid版Chromeの操作 258
ChromeDriverサーバの設定 258
Android版Chromeの操作 258
　　Appiumサーバの起動 258
　　AppiumDriverの実行 259

11.5　AppiumでのiOSのMobile Safariの操作 260
iOSシミュレータの設定 260
シミュレータ上のMobile Safariの操作 260
iOS実機のMobile Safariの操作 262
　　Safari Launcherのビルド 262
　　ios-webkit-debug-proxyのインストール 263
　　Mobile Safariの起動 264

第12章　CI環境での利用　266

12.1 前提 266
12.2 コマンドラインツールでのSeleniumの実行 266
標準的なコンソール実行 267
ビルドツールの利用 267
12.3 CIサーバ上でのSelenium実行環境の整備 268
Linux 269
　ディストリビューションの選択 269
　ヘッドレス環境向けの設定 269
　　■ PhantomJS　269
　　■ Xvfbとブラウザの併用　269
Windows 270
　ローカルシステムアカウントと、対話的デスクトップ 270
12.4 Jenkins 272
Jenkinsの導入時のTIPS 272
　LTS Releaseの選択 272
　Webサービスの待ち受けポートの確認と変更 273
　　■ Linux（Debian・Ubuntuなど）　273
　　■ Linux（RHEL・CentOSなど）　273
　　■ Windows　273
　追加プラグイン 273
　　■ Git Plugin　273
　　■ Build-timeout Plugin　274
定時実行ジョブの作成 274
　新規ジョブの登録 274
　ソースコード管理 276
　ビルド・トリガの実行設定 276
　タイムアウトの設定 277
　ビルドの設定 277
　ビルド後の処理 279
　設定の保存 280
ジョブの手動実行 280
実行結果の確認 281
Jenkinsスレーブでのジョブの実行 284
　スレーブの追加 284
　スレーブでのJenkinsエージェントの実行 286
12.5 Selenium Gridを併用した、複数ノードでのテストの実行 288
最小構成のSelenium Grid環境の作成 289
　ハブの起動 289
　ノードの起動、ハブへの接続 290
　ハブの状態の確認 290
RemoteWebDriverの利用 291
RemoteWebDriverの実行 291
複数のマシンにより構成されるSelenium Grid環境の作成 292
　テストスクリプト・ハブ・ノードのマシンの分離 293
　複数のノードと、ノードごとの使用条件の設定 294
実行結果の確認 297
Jenkinsとの連携 297

目次

　　　Selenium Pluginのビルドとインストール 297
　　　　■ ソースコードの入手　298
　　　　■ Mavenでビルド　298
　　　　■ Jenkinsにインストール　298
　　　ハブの設定 299
　　　ノードの設定 299
　　　　■ 設定の名前　301
　　　　■ Jenkinsスレーブの割り当て　301
　　　　■ WebDriverノードの選択、ノード上で実行するブラウザの指定　301
　　　　■ JSON形式でのノードの設定　302
　　　　■ 設定の保存　302
　　　ノードの起動 303
　　　ノードの状態の確認 304

Part 5　実践的な運用　305

第13章　運用　306

13.1　運用での典型的な問題 306
13.2　テストスクリプトの工夫 307
　　　テストスクリプトのバージョン管理 307
　　　依存関係のないテスト 307
　　　共通する記述のまとめ 308
　　　　既成のライブラリやフレームワークの利用 308
　　　　SeleniumのAPIに対するフック処理の追加 308
　　　　期待値の定数化 309
　　　テストスクリプトのリファクタリング 309
13.3　テストの実行の工夫 310
　　　テストの実行前の準備 310
　　　　Seleniumを利用するテストのレベル 310
　　　　テストの並列実行 310
　　　テスト実行時のリソース管理 311
　　　　テストを実行するためのリソース 311
　　　　テスト実行後のリソース解放 311
　　　　■ ブラウザ・ドライバのプロセスの残存　311
　　　　■ ブラウザのプロファイルデータの残存　312
　　　　■ 画面キャプチャなど、テスト結果データの残存　312
　　　テストの結果の確認 313
　　　　ログ 313
　　　　実行時間 315
　　　　画面キャプチャ 316
　　　　■ 正否の自動判定の難しさ　316
　　　　■ 目視チェックによる判定　317
　　　　■ 画面要素の位置情報で代替した自動判定　318
13.4　テスト環境の工夫 319
　　　自動テスト結果の通知 319
　　　自動テスト環境の維持 320
　　　　確実に動作する自動テスト環境を作るための、
　　　　構成ソフトウェアのバージョン管理 320

自動テスト環境でのSeleniumのバージョン更新 321

第14章　サイボウズの事例　322

14.1　開発プロセス 322
要件検討段階 323
仕様検討段階 323
実装段階 323
試験段階 325
リリースと改善活動 326

14.2　運用上の課題 327
Selenium Gridによる並列化 327
Dockerによるテスト環境の用意 327
テスト環境のクラウドへの移行 328
トラブル対応の属人性 329

14.3　まとめ 330

第15章　DeNAの事例　331

15.1　自動テストの対象となるサービスの概要 331
NBPFの全体像 331
　サーバサイドコンポーネント 333
　Mobage JS SDK 333
　Mobage Shell App SDK 333
Seleniumによる品質保証のアプローチ 333

15.2　ブラウザ自動テスト 334
テストWebアプリケーション 334
　何を自動テストで担保し、何を手動テストで担保するか 338
テストコンポーネント 338
　テストスクリプト 339
　テストサポートライブラリ 340
　　■ マルチデバイス対応　341
　　■ プラットフォームのクライアントとしての利用　342
　　■ 複数のテストスクリプトからの利用　343
JenkinsによるCI 344
　テストの安定性の問題に対するアプローチ 344
　テストの実行時間の問題に対するアプローチ 347
　テストの並列実行 348
　　■ テスト実行環境の独立　349
　　■ テストデータの独立　349
　　■ 各テスト実行ノード専用のテストデータの事前準備　350
　自動テストサポートWebアプリケーション 351

15.3　スマートフォンアプリ自動テスト 353
Mobage Shell App SDK 353
テストアプリ 354
　テストアプリの特徴 355
　　■ Informationビュー　355
　　■ 入力補助機能　355

目次

テストアプリビルドスクリプト 357
Jenkinsのテストアプリビルド 357
テストコンポーネント 358
スマートフォンアプリ自動テストのしくみ 359
- テストサポートライブラリ　359
- テストスクリプト　360
- テストの実行　362
- テスト結果　362

JenkinsによるCI 364
実機テスト環境 364
Jenkinsジョブ 364
- テストアプリビルドジョブ　364
- 自動テスト実行ジョブ　365

実機テストの課題について 365

Appendix 付録　367

付録A　CSSセレクタ・XPath早見表　368

A.1 CSSセレクタ 368
A.2 XPath 370

付録B　WebDriverコマンド早見表　371

B.1 Java 371
B.2 Ruby 374
B.3 JavaScript 377
B.4 C# 380
B.5 Python 383

索引 386
著者プロフィール 394

Part 1

Seleniumの基礎知識

- ✓ 第1章　テスト自動化とそのメリット
- ✓ 第2章　Seleniumの概要

第 1 章 テスト自動化とそのメリット

本章では、テスト自動化の概要とそのメリットについて説明します。

1.1 手作業によるソフトウェアテストの問題

　みなさんは、チームや個人で開発したソフトウェアをテストしているでしょうか。「もちろん、毎回きっちりテストケースを書いて実施している」という方もいれば、「テストが不十分で、システムの不具合が頻発している」という方、「個人的に作っているソフトウェアなので、不具合があっても大して問題ない」という方もいるかと思います。

　自分自身やごく少数の人間しか使用しないソフトウェアであれば、あまりテストをしなくても問題ないかもしれません。しかし、製品やサービスとして提供している本格的なソフトウェアの場合はそうはいきません。ソフトウェアの不具合は、ユーザの離脱やシステム保守コストの増大、データの破損やサービスの停止などの結果を招くため、適切なテストを実施して不具合を未然に発見・修正することが非常に重要になります。

　これまでのソフトウェア開発におけるテストの多くは、人間の手作業によって実行されてきました。この手作業によるテストを手動テストと呼びます。手動テストには、実は多くの問題点があります。

どんどん大きくなる回帰テストのコスト

　1年に1回といった低い頻度でしかリリースされないシステムの場合は、リリースの前にしっかり時間をかければ、手動テストでもシステムの品質を保つことができるでしょう。しかし、これが月に1回や週に1回、さらには毎日のように変更がリリースされ、日々改善されていくシステムであればどうでしょうか。その変更によって新たに不具合が作り込まれていないことを確認するには、変更内容のテストに加え、既存の機能が正しく動作していることを確認するテスト、

いわゆる回帰テストが必要になってきます。この回帰テストを、すべての機能についてリリースのたびに手動テストで実施すると、テストに要する人件費と時間は非常に大きなものになってしまいます（**図1.1**）。

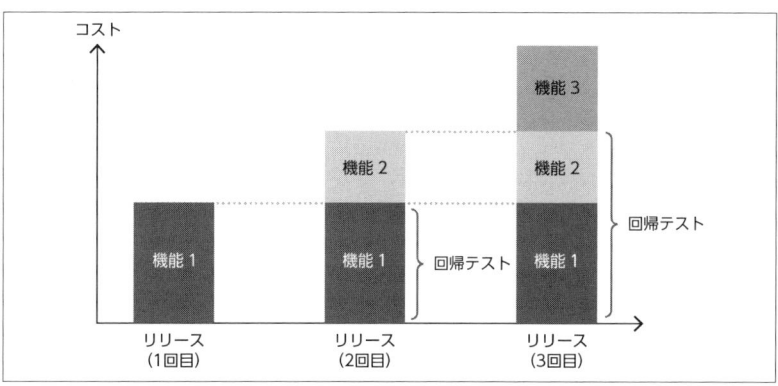

図1.1　リリースのたびに増大する回帰テストのコスト

同じテストを環境ごとに何度も実施する必要がある

たとえばWebアプリケーションの開発の場合、作成したWebアプリケーションが、多くの種類・バージョンのブラウザ上で問題なく動作するか、問題なく表示されるかを確認しなければなりません。サポート対象のブラウザの種類・バージョンが多い場合、これは非常に手間のかかるうえに単調な作業です（**図1.2**）。

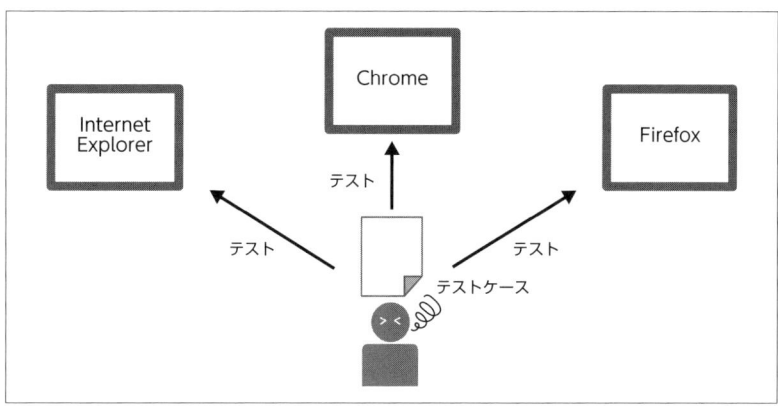

図1.2　多数のブラウザ環境に対し、同じテストを何回も実施する必要がある

ほかにも、開発するシステムにより、OSの種類・バージョンごとの動作確認や実行端末の種類ごとの動作確認など、同じようなテストを異なる環境ごとに実施しなければならないケースは多々あります。

開発・テスト作業効率の低下

手動テストの場合、コストがかかるためテストはリリース直前にまとめて実施するのが一般的です。その結果、開発期間中のソースコードには、ほかの開発者が作り込んだたくさんの不具合が含まれることになり、そのせいで開発者の手元でのテスト作業がうまくいかなかったり、不具合の調査に余計な時間が費やされたりします。作り込まれた不具合がすぐに検知されないことにより、ほかの開発者の時間が少しずつ奪われてしまうのです。

加えて、リリース前のテストで不具合が発覚した場合、この時点でシステムには多くの開発者によってさまざまな変更が入っているので、見つかった不具合の原因の切り分けに時間がかかります。変更してから時間が経っているため、その内容を思い出すのにも時間がかかってしまうでしょう（**図1.3**）。

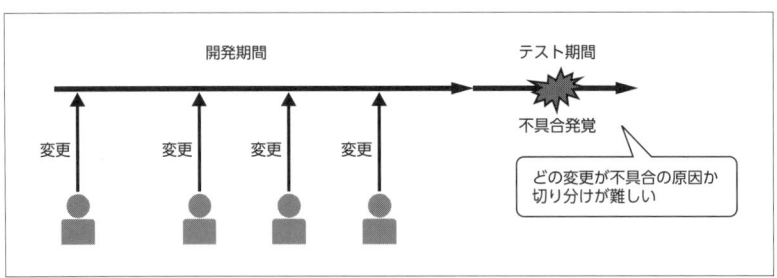

図1.3　多くの変更が入ると、不具合の切り分けが難しくなる

1.2　テストの自動化とは

このような手動テストの問題に対する有効なソリューションとして挙げられるのが、テストの自動化です。テストの自動化とは、その名前からもわかるように、テストを人間の手ではなく専用の自動テストツールを使いコンピュータで実施することを指します。

たとえば、本書で扱うブラウザ自動テストツールSelenium[注1]は、操作手順を

注1　http://www.seleniumhq.org/

指定したテストスクリプトに従い、ブラウザへのクリックやキー入力などを人間の手を介さずに自動で実行できます（**図1.4**）。

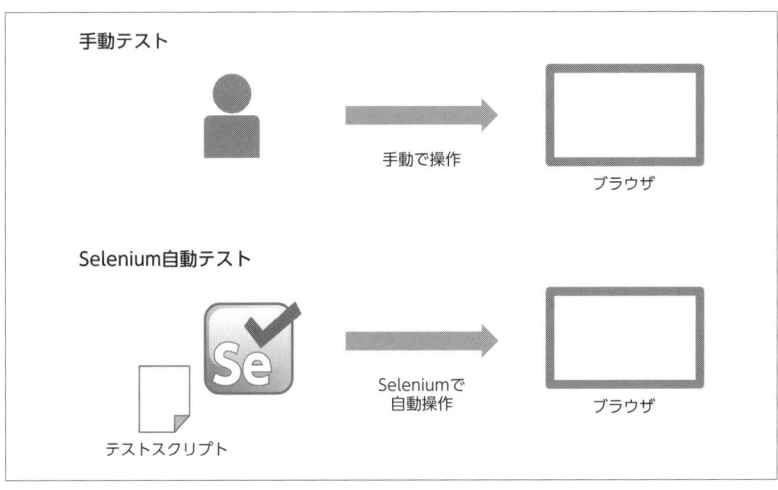

図1.4　手動テストと Selenium 自動テスト

　自動テストツールを使ったテスト実行には人件費がかからないため、テスト実行にかかるコストを劇的に引き下げることができます。人間の作業を完全に代替するほど優れたテストツールは今のところないので、テストスクリプトの作成やテスト結果の確認と分析など、人間の作業はもちろん必要ですが、うまく使えば手動テストが抱える多くの問題を解決してくれます。そのため、有償・無償を問わず多くの種類の自動テストツールが開発され、世界中で広く利用されています。

1.3　さまざまな種類の自動テストツール

　一口に自動テストツールといっても、さまざまな種類のものがあります。どのようなツールがあるか、簡単に見ていきましょう。

ユニットテストツール

　テストプログラムによって関数やクラス単体の動作をチェックするテストをユニットテストと呼びます。各関数・クラスに対し、その動作をチェックするテストプログラムを作成し、それを実行して正しく動作するかをチェックします。

リスト1.1は、JavaのユニットテストツールJUnit[注2]で記述したユニットテストプログラムの例です。ここでは、リスト1.2で定義された、数値の2乗を計算するsquareメソッドに対し、2を与えると返り値が4になることをチェックしています。

リスト1.1　JUnitによるテストプログラム

```java
import static org.hamcrest.CoreMatchers.*;
import static org.junit.Assert.*;

public CalcUtilsTest {

    @Test
    public void squareが2乗の値を返すこと() {
        assertThat(CalcUtils.square(2), is(4));
    }
}
```

リスト1.2　テスト対象のsquareメソッド

```java
public class CalcUtils {

    public static int square(int value) {
        return value * value;
    }
}
```

ユニットテストツールには、テストの実行や値のチェック、テスト結果レポートの生成など、さまざまな機能が備わっており、効率よくテストプログラムを作成できます。

画面テストツール

作成したプログラムを組み合わせ、実際にユーザが利用するのと同じ状態にしたシステムに対して行うテストを、システムテストやE2Eテスト（エンドツーエンドテスト）と呼びます。画面テストツールは、クリックやマウス操作などの画面操作を自動で行うことにより、主にこのシステムテストを自動化します。操作手順は人間がテストスクリプトを書いて指定する必要がありますが、人間の画面操作を記録し、テストスクリプトをそこから生成する記録・再生ツールも存在します。

本書で扱うSeleniumは、主にこの画面テストツールとして利用されます。

注2　http://junit.org/

静的解析ツール

ユニットテストツールや画面テストツールは、テスト対象のプログラムを実行して動作をテストします。一方、静的解析ツールは、プログラムを実行せずに、ソースコードの内容を解析することで、システムの不具合やコーディング規約違反を検出します。ソースコードの構文チェックや型チェックはコンパイラでも行えますが、静的解析ツールを併用することでよりさまざまな問題を実行前に検出できます。

不具合や潜在的な不具合要因を検出するツールとしてはJavaのFindBugs[注3]、コーディング規約違反を検出するツールとしてはJavaのCheckstyle[注4]などが知られています。

負荷テストツール

負荷テストツールは、システムに対する負荷テストを支援するツールです。システムの実行にかかる時間を測定したり、サーバへの大量のリクエストを擬似的に発生させたりできます。時間の測定や大量リクエスト処理は、そもそも人間の手では実施することが難しいため、負荷テストの際にはこういったツールが非常に役立ちます。

代表的な負荷テストツールとしては、Apache JMeter[注5]などが知られています。

セキュリティテストツール

セキュリティテストツールは、システムの脆弱性検査を行うツールです。SQLインジェクションやクロスサイトスクリプティングなど、さまざまな攻撃に対する脆弱性を検出できます。検査方法は、プログラムを実行せずにソースコードを静的解析する方法と、実際に動作しているプログラムに対し解析を行う方法があります。

以上、代表的な自動テストツールをいくつか取り上げました。

注3　http://findbugs.sourceforge.net/
注4　http://checkstyle.sourceforge.net/
注5　http://jmeter.apache.org/

テスト作業を効率化するテストツールのうち、どこまでを自動テストツールと呼ぶのかはあまり明確な定義がないようですが、ここではテストの実行を自動化するものを自動テストツールと位置付け、仕様書からテストケースを自動作成してくれるツールなどは取り上げませんでした。テストツールにはほかにもいろいろなものがあるので、興味のある方は調べてみるとよいでしょう[注6]。

1.4 テストを自動化するメリット

自動化されたテストには、手動テストと比べ次のようなメリットがあります。

回帰テストの実行コストを抑えられる

自動化することで、テストの実行にかかるコストは劇的に小さくなります。人間の手を介さずにテストを実行できるため、人件費がほとんどかからないのです。

ただし、テストが失敗した際の原因調査や、テスト対象システムの仕様変更に伴うテストスクリプトの修正など、自動テストの運用にもコストが発生するので、実行コストがなくなるわけではないことに注意してください。

また、初回のテストスクリプト作成は、手動でテストを1回行うのに比べて非常にコスト・時間がかかるため、低い頻度でしか実施しないテストは、自動化には向いていません。

似たようなテストを何度も実施できる

自動テストツールは、次のような、同じ作業を何度も繰り返すテストの実行にも最適です。

- 何パターンもの入力値に対する出力値をチェックするテスト
- さまざまな種類・バージョンのブラウザに対するWebアプリケーションの動作確認を行うクロスブラウザテスト
- さまざまな機種のスマートフォン・タブレット上での動作テスト

このような同じ動作の繰り返し作業は、非常に自動化に向いており、1度しか実施しないテストだとしても、手動テストと比べて低コスト・短時間で実施でき

[注6] たとえばNPO法人ASTERテストツールWGが発行する『テストツールまるわかりガイド(入門編)』(http://aster.or.jp/business/testtool_wg/pdf/Testtool_beginningGuide_Version1.0.0.pdf)には、さまざまな種類のテストツールが紹介されています。

る可能性が高いです。

開発フェーズの問題をすばやく検出できる

　自動テストは実行のコストが非常に低いため、開発期間中も頻繁に実行できます。毎日実行したり、ソースコードの変更がバージョン管理システムにコミットされるたびに実行したり、といったことも可能です。

　開発期間中から頻繁にテストを実行することで、開発者が作り込んだ不具合をすばやく検知できますし、そのような不正な修正がバージョン管理システムにコミットされないようにもできます。

　こうすることで、ある開発者の作り込んだ不具合によってほかの開発者の作業が妨げられることがなくなり、開発の効率がアップします。さらに、ソースコードを変更してすぐに問題に気づけるため、不具合の原因特定や修正も非常に容易になります。

　テストだけでなく、ビルドやサーバへのデプロイも含めて一連の作業を自動化し、開発段階から継続的に実施する手法を、継続的インテグレーションと呼びます。テストを頻繁に実行するためには、この一連の流れを自動化することが重要です（**図1.5**）。

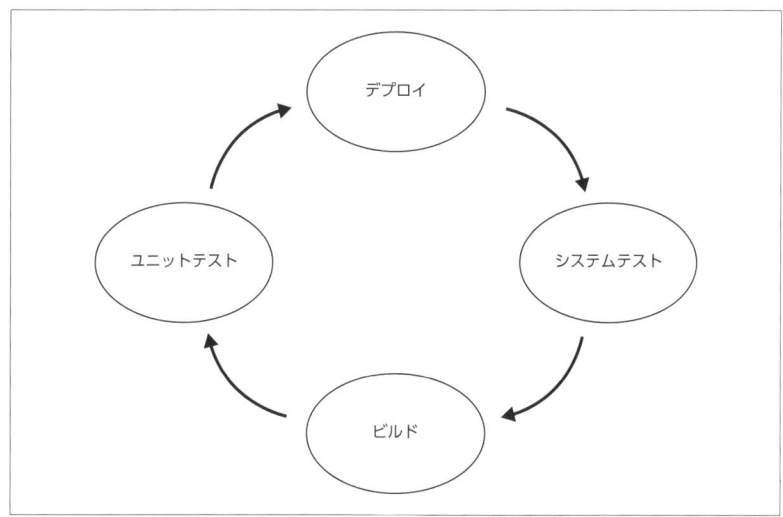

図1.5　継続的インテグレーション

市場の変化にすばやく追随できる

　テストをいつでも何度でも実行できるようになると、システムを改良してテストしリリースするというサイクルを、短い期間で頻繁に行えるようになります。現在のビジネス環境は非常に変化が激しく、スピードも要求されるようになってきているため、リリースサイクルを上げてこの変化にすばやく追随していくことは非常に重要です。

　テストのコストを抑えながら毎週、もしくは毎日のようにリリースを行い、かつ品質を一定に保つというのは、手動テストの場合には非常に難しい作業です。自動テストは、このような難しい要求に応えることができます。

システムの改善を諦めなくてよい

　あなたが自動化されたテストを持たない組織にいる場合、改修の影響をチェックするテストのボリュームが大き過ぎて、システムの機能改善やソースコードのリファクタリング[注7]を断念したことはないでしょうか？　あるいは、既存のソースコードへの影響範囲を小さくするために、あえてわかりにくい、もしくは冗長な改修方法を選んだことはないでしょうか？

　手動テストの実施には大きな工数がかかるため、自動化されたテストがないチームではシステム改修に対して保守的になる傾向があります。機能改善されない製品やサービスの競争力は長期的に見ると低下していきますし、リファクタリングされていないソースコードはどんどん複雑化してメンテナンスが難しくなっていきます。

　テストを自動化することで、システムの改修やリファクタリングを積極的に行い、システムを望ましい状態に保つことができます。

手動テストよりも正確でミスがない

　人間の行う作業にはミスがつきものです。不具合を見落としたり、初期データの設定を間違えた状態でテストを実施してしまったり、ときにはテスト項目を飛ばして実施してしまったりといったことが起こります。

注7　プログラムの挙動が変わらないようにしつつ、ソースコードの書き方や設計をよりよいものに改善することです。

自動テストならば、指定された検証をミスなく漏れなく行うことができ、こうしたヒューマンエラーの問題に悩まされることはありません。テストを実施する人間のスキルにも依存しないので、毎回同じテスト結果を得ることができます。

ただし、自動テストツールは指定された検証しか行わないため、人間ならテスト中にすぐ気づくような不正な挙動や画面崩れを見落とすこともあります。したがって、テストしたい内容に応じて自動テストと手動テストを使い分けることも重要です。

一定の品質を確実に保証できる

あなたが企業向けの重要なシステムの開発に携わっていて、そこで不具合を出してしまった場合に、ユーザから同じ不具合を二度と発生させない再発防止策を求められたことはないでしょうか。

自動テストならば、その不具合を検出するテストケースを追加することで、非常に納得感のある再発防止策としてユーザに提示できます。不具合は出ないに越したことはありませんが、万一発生した場合でも、その発見によってシステムの品質が着実に向上したという実感をユーザが得られれば、満足度の低下にはつながりにくいものです。自動テストがあれば、同じ不具合を再発させることなく、確実に品質を積み上げていくことができます。

快適に開発を行える

同じことを繰り返すテストは非常に退屈な作業です。単純作業を繰り返しても開発・テスト担当者のスキルは向上しませんし、モチベーションの低下にもつながります。

また、テストにかかるコストがボトルネックとなってシステムの改善を諦めなければならないケースが増えると、システムを改善しようという意欲が薄れてしまい、モチベーションは低下し、最終的には人材の流出にもつながります。

テストの自動化にもそれなりの手間と時間はかかりますが、それはクリエイティブな仕事であり、チームの技術力向上にもつながるものです。工数が同じであれば手動でテストを続けるよりも自動化に取り組むべきだと思いますし、工数が削減されるのであればなおさらです。

1.5 自動テストツールの使い分け

　自動テストツールにはさまざまな種類のものがあるので、必要に応じてそれを適切に使い分けることが重要になります。特に問題になりやすいのが、画面テストツールの適切な使いどころです。

　画面テストよりもユニットテストのほうが短時間で実行でき、不具合の原因の切り分けも容易であるため、自動テストの運用を楽にするには、ユニットテストでできるだけ広い範囲をカバーするのがよいでしょう。ただし、システムを結合した状態での実際のユーザ動作はユニットテストツールでは検証できないので、この範囲を画面テストツールを使って検証するのが有効です。

　画面テストツールのことを初めて知ったユーザは、ついついすべてのテストを画面テストツールを使って自動化しようとしがちですが、テストの実行時間とメンテナンスのコストが非常に増大してしまうので、これは避けなければなりません。画面テストツールを流用してセキュリティテストや負荷テストも実施したくなりますが、そういったテストはできるだけ専用のツールの利用を検討すべきです。

　画面テストツールのその他の有効な使いどころとしては、すでに稼働しているシステムにテスト自動化を導入するケースが考えられます。自動テストのないシステムは、そもそもユニットテスト困難な密結合なモジュール設計になっていることが多く、ユニットテストの導入にはリファクタリングの多大な労力が伴います。こうした場合には、まず画面テストツールを使って基本的な動きを担保したうえで、リファクタリングを行いつつユニットテストによる自動化を進めていくという手法が有効であるといえるでしょう。

第2章 Selenium の概要

本章では、Seleniumとはどのようなツールなのか、その概要を説明していきます。

2.1 Selenium とは

Seleniumは、Webアプリケーションの画面操作を自動化するツールです。クリックやキー入力、画面に表示された値の取得や画面キャプチャの取得など、ブラウザに対するさまざまな操作を自動で行うことができます。主に画面テストの自動化に利用されますが、単純作業の自動化など他の用途にも利用できます。本書では、画面テストツールとしての使い方だけを説明します。

世界中で多くの企業に利用されており、今やブラウザ画面テストツールのデファクトスタンダードであると言っても過言ではないでしょう。日本でも大手Web企業を始めとしてさまざまな企業で利用されています[注1]。

SeleniumはApacheライセンス2.0[注2]で公開されたオープンソースのツールであり、誰でも無償で利用したり改変したりできます。

Selenium のしくみ

Seleniumのブラウザ操作のしくみは、図2.1のようになります。

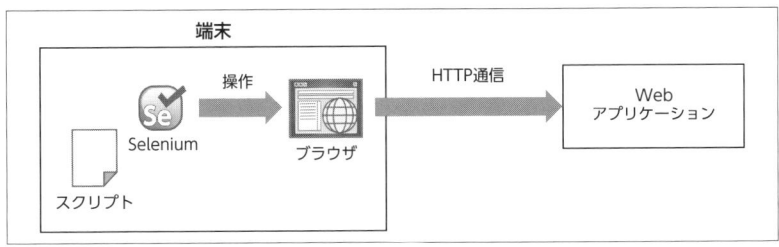

図2.1　Seleniumによるブラウザ操作

注1　14章と15章では、実際に2つの企業での活用事例を紹介しています。
注2　https://github.com/SeleniumHQ/selenium/blob/master/LICENSE

この図からわかるように、Seleniumは基本的にブラウザと同じマシンにインストールして利用します。Webアプリケーションのサーバ側には、特別な設定やインストール作業は必要ありません。また、Seleniumによるブラウザの自動操作を行うためには、その動作手順を記述したスクリプトを作成し、Seleniumがインストールされたマシン上に配置しておく必要があります。スクリプトを指定してSeleniumを実行すると、スクリプトに記載された手順に従って、マシンにインストールされたブラウザが自動で立ち上がり、クリックやキー入力などの画面操作が行われます。

多様なブラウザ・プラットフォームで利用できる

Seleniumのスクリプトは、さまざまな種類のブラウザやOS、端末上で実行でき、最近ではデスクトップ端末に加えてスマートフォンやタブレットなどのモバイル端末上でのブラウザテスト実行も可能です。

Seleniumがサポートしている主なブラウザ・OSは次の通りです[注3]。

- ブラウザ
  - Firefox
  - Chrome
  - Internet Explorer
  - Microsoft Edge[注4]
  - Safari
  - Opera
  - PhantomJS[注5]
- **OS**
  - Windows
  - Mac OS X
  - Linux
  - iOS
  - Android

注3　iOS・Androidのテストに関しては、Seleniumと同じコマンド体系でスクリプトを記述できる、Appiumなどのツールがよく利用されます。Appiumについては11章で説明します。
注4　Windows 10で追加された新たなブラウザです。
注5　GUI描画を行わないヘッドレスブラウザの一種です。PhantomJSについては3章の39ページの説明を参照してください。

Webアプリケーションのテストでチェックすべき主要なブラウザ・OSは網羅されていると言えるでしょう。各種ブラウザでの動作確認や画面キャプチャ取得をSeleniumで行うことで、手動テストよりも低コストでクロスブラウザテストを行えます。

Seleniumを支えるコミュニティ

Seleniumの普及に伴い、Seleniumを取り巻くコミュニティの活動も広がりを見せています。次に主なものを挙げます[6]。

- **Selenium Developers**
  Selenium開発者のGoogle Group[7]。2,500名を超えるメンバーが参加しており、Seleniumの開発に関するやりとりが行われている
- **Selenium Users**
  SeleniumユーザのGoogle Group[8]。1万9,000名を超えるメンバーが参加しており、Seleniumの利用方法に関する質問などが日々活発にやりとりされている
- **Selenium Test Automation User Group**
  SeleniumユーザのLinkedInグループ[9]。4万6,000名を超えるメンバーが参加しており、こちらも日々活発にやりとりがされている
- **日本Seleniumユーザーコミュニティ**
  筆者らが中心となって運営している、日本語のコミュニティ[10]。Seleniumに関する情報共有や質問ができるGoogle Group・チャットグループに加え、勉強会も不定期で開催している。Google Groupには400名を超えるメンバーが参加している

2.2 Seleniumを構成するツール群

Seleniumというのは、単体のツールではありません。最初の大元となったSelenium Core[11]から派生して、多くの関連ツールが世界中の開発者の手に

---

[6] コミュニティの人数などは、2015年12月時点のものです。
[7] https://groups.google.com/forum/?hl=en#!forum/selenium-developers
[8] https://groups.google.com/forum/?hl=en#!forum/selenium-users
[9] https://www.linkedin.com/groups/Selenium-Test-Automation-User-Group-961927
[10] http://www.selenium.jp
[11] 現在は単体で利用することはほぼありません。
http://www.seleniumhq.org/docs/01_introducing_selenium.jsp#brief-history-of-the-selenium-project

よって開発されています。本節では、これらのツールについて、それぞれ簡単に紹介します。

Selenium WebDriver

　プログラミング言語のコードからブラウザ操作が可能なライブラリです。Java・Ruby・JavaScriptなど、各言語のライブラリとして提供されています。柔軟な処理や、コードの共通化によるスクリプトのメンテナンスコスト削減が可能なので、本格的なテスト自動化に適しています。図2.2は、Javaで記述したSelenium WebDriverスクリプトをEclipseから開いたものです。

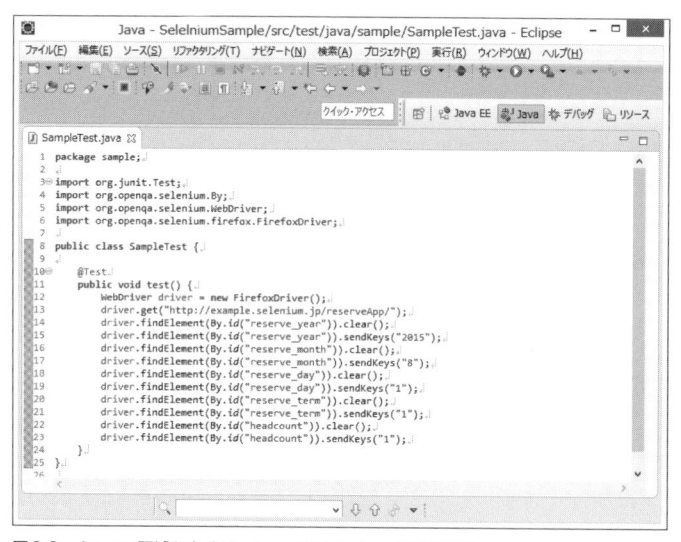

図2.2　Javaで記述したSelenium WebDriverスクリプト

　また、Geb（7章）やCapybara（9章）などの、Selenium WebDriverのAPIをラップしてより使いやすくしたツールも、さまざまな開発者によって作られています。

　さらに、Selenium WebDriverと同じコマンド体系でスマートフォンのブラウザやネイティブアプリのテストを可能にする、Appium（11章）・ios-driver・Selendroidといったツールも、Seleniumプロジェクトの外で誕生し、開発が進められています。

　Selenium WebDriverは、単にWebDriverと呼ばれることもよくあります。本書でも、以降では単にWebDriverと呼びます。

Selenium RC

　WebDriverより以前に存在した古い形式のライブラリで、WebDriverのライブラリとは互換性がありません。下位互換のために残されているだけなので、新たにSeleniumを利用する場合はWebDriverを利用しましょう（本書でも、Selenium RCの具体的な利用方法などは扱いません）。

　Selenium RCは、JavaScriptを使ってブラウザ操作を行っていましたが、ブラウザのセキュリティ制限を受けるため多くの動作の制約がありました。WebDriverは、JavaScriptではなくOSネイティブのイベントやブラウザ内部の機能を利用するため、こういった制約を受けなくなっています。

　古い形式であるSelenium RCはSelenium 1、WebDriverはSelenium 2と呼ばれることもあります。

Selenium IDE

　ブラウザ操作を記録して再生できる、Firefoxのアドオンです。基本的にFirefox上での記録・再生用に作られています[注12]。図2.3はSelenium IDEのメイン画面です。

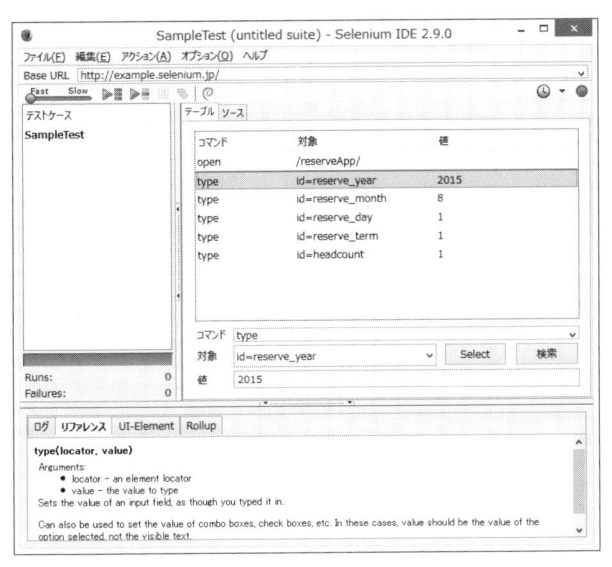

図2.3　Selenium IDEのメイン画面

注12　10.7節のように、Firefox以外のブラウザで再生する方法もあります。

Selenium IDEではプログラムを書かなくても手軽にスクリプトを作成できるため、Seleniumを体験してみるのには最適です。しかし、似たようなスクリプトの共通化や柔軟な処理の記述は難しいため、本格的な運用にはWebDriverを利用したほうがよいでしょう。

Selenium Builder

Selenium IDEの後継ツールを目指して開発されている、ブラウザ操作を記録・再生するためのFirefoxアドオンです。記録・再生はFirefox上でしか行えません。図2.4はSelenium Builderのメイン画面です。

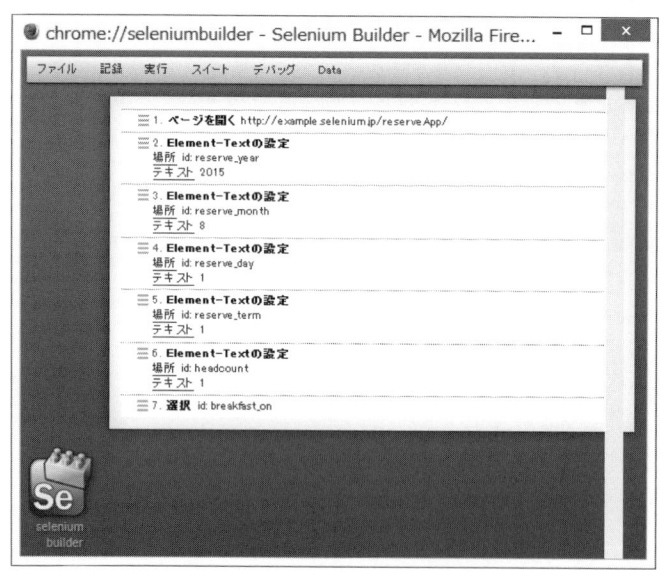

図2.4　Selenium Builderのメイン画面

Selenium IDEはWebDriverよりも前に開発されたため、内部のロジックはSelenium RCがベースになっています。Selenium BuilderはSelenium RCとWebDriverの両方のロジックを簡単に切り替えて利用できる点が特徴です。

ただし後発のツールということもあり、機能や使いやすさはまだまだSelenium IDEに劣るという印象です。

本書では、Selenium Builderについて詳しく扱いません。興味のある方は、http://blog.trident-qa.com/2013/12/selenium-builder-vs-ide-recap/ などを参考にしてください。

> **COLUMN　Selenium 3**
>
> 　Seleniumプロジェクトでは現在、次期バージョンであるSelenium 3の開発が進められています。どうやら進捗は芳しくないようですが、次のような大きな変更が計画されています[注a]。
>
> - **Selenium RCの古い実装の削除**
>   WebDriverのライブラリには、現在も下位互換性のためにSelenium RCのロジックが含まれています。Selenium 3では、Selenium RCのコマンドは非推奨APIとして残しつつも、その内部実装はWebDriverベースで置き換えられる予定です。
>
> - **モバイル向けWebDriverのAPI統一**
>   Appium・Selendroid・ios-driverといったモバイル向けのツールのAPIを共通化し、それをSelenium 3の仕様として取り込む予定です。
>
> 注a　http://www.selenium.jp/translation/selenium3norodomappu

2.3　ブラウザテストの標準仕様へ

　現在では、WebDriverはブラウザテストの標準仕様になりつつあります。

　WebDriverは、プログラミング言語で記述したスクリプトからコマンドを発行するクライアント側ロジックと、コマンドを受信して実際のブラウザ操作を行うサーバ側ロジックで構成されています。このコマンドは、JSON Wire Protocol[注13]というHTTP通信をベースにした独自のプロトコルでやりとりされています。図2.5は、このやりとりの様子を表したものです。クライアント側から発行されたコマンドは通信によってサーバ側へ送られ、ブラウザ操作の結果は再び通信によってクライアント側へ戻されます。この図から明らかなように、サーバ側ロジックはテスト対象のWebアプリケーションのサーバとは別物ですので注意してください。

　Web関連の標準策定を行う団体W3C[注14]（*World Wide Web Consortium*）では、このJSON Wire Protocolをもとにしたブラウザテストの標準仕様WebDriver APIの策定作業が始まっています。仕様策定はWebDriverの開発者らによって進められており、すでに標準仕様の最初の段階であるWorking Draft[注15]が公開されています。

注13　https://code.google.com/p/selenium/wiki/JsonWireProtocol
注14　http://www.w3.org/
注15　http://www.w3.org/TR/webdriver/

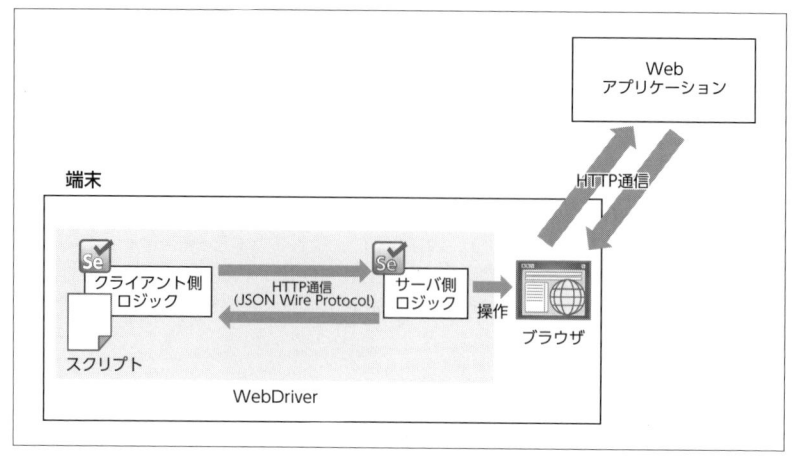

図2.5 WebDriverのアーキテクチャ

　WebDriver APIにおいては、クライアント側はローカルエンド、ブラウザ側はリモートエンドと呼ばれます。本書では、WebDriverのアーキテクチャについて説明する際には、基本的にこのWebDriver API・ローカルエンド・リモートエンドという用語を使用します。

　リモートエンド側のロジックの開発・メンテナンスを、Seleniumプロジェクトチームからブラウザ開発チームに移す動きも進んでいます。Chrome[16]・Microsoft Edge[17]・Opera[18]はすでに各ブラウザの開発チームによってメンテナンスされていますし、Firefox[19]についても、移行の動きがあるようです。

- -

　本章では、Seleniumの概要について説明しました。3章では、WebDriverについて、いよいよ具体的にその利用方法を説明していきます。

注16　https://sites.google.com/a/chromium.org/chromedriver/
注17　https://www.microsoft.com/en-us/download/details.aspx?id=48212
注18　https://github.com/operasoftware/operachromiumdriver
注19　http://www.theautomatedtester.co.uk/blog/2012/marionette-the-future-of-firefoxdriver-in-selenium.html

Part 2

WebDriver

- ☑ 第3章　WebDriver入門
- ☑ 第4章　WebDriverコマンド徹底解説
- ☑ 第5章　WebDriverコマンドの実践的活用
- ☑ 第6章　スクリプトの効率的なメンテナンス

第3章 WebDriver入門

本章では、WebDriverの利用方法について具体的に説明していきます。

3.1 セットアップとスクリプトのサンプル

2章で説明したように、WebDriverはさまざまなプログラミング言語のライブラリとして提供されており、これらのライブラリはクライアントライブラリと呼ばれています。クライアントライブラリには、Selenium開発チームによりメンテナンスされている公式のものと、Selenium開発チームの外部でメンテナンスされている非公式のものがあります。本節では、公式クライアントライブラリが提供されている、Java・Ruby・JavaScript・C#・Pythonに対するセットアップ手順とスクリプトの書き方を、それぞれ説明していきます[注1]。本章ではすべての公式クライアントライブラリを扱いますが、4章以降では、主にJavaのクライアントライブラリを題材にWebDriverの説明をしていきます。

なお、本節のセットアップ手順では、ブラウザにFirefoxを使用します。その他のブラウザを使用する方法は、3.2節で解説します。

また、このセットアップ手順は、WindowsおよびMac OS X上でWebDriverスクリプトを作成し、手元で実行するための手順です。作成したスクリプトを専用のサーバ上で定期的に実行するためのセットアップについては、12章を参考にしてください。

Java

セットアップ

Javaでテストスクリプトを作成する場合、通常のJava開発と同様に

注1 非公式のものとしては、Perl・PHP・Haskell・Objective-Cなどに対するクライアントライブラリがあります。クライアントライブラリの一覧はhttp://www.seleniumhq.org/download/ から確認できます。

Eclipse[注2]・IntelliJ IDEA[注3]・NetBeans[注4]などのIDE（*Integrated Development Environment*、統合開発環境）を使うのが一般的です。ここでは、EclipseからWebDriverテストを実行するためのセットアップ手順を説明します。

EclipseやJavaをまだインストールしていない場合は、Windowsであれば、Pleiades All in Oneを使うと、Javaおよび日本語化されたEclipseを一括でインストールできて簡単です。Pleiades All in Oneのインストールは`http://mergedoc.osdn.jp/index.html`から行えます。Mac OS Xの場合はPleiades All in Oneは利用できないので、`https://eclipse.org/downloads/`からEclipseをダウンロードします。

Eclipse上でのWebDriverのセットアップには、Jarファイルとして提供されるJavaのクライアントライブラリを直接Eclipseに追加する方法と、Javaのビルドツールである Maven[注5] や Gradle[注6] のパッケージ管理機能を使う方法があります。それぞれの方法について見ていきましょう。

── Jarを直接利用する方法

Selenium公式サイトのダウンロードページ（`http://www.seleniumhq.org/download/`）を開き、Selenium Client & WebDriver Language BindingsからJavaの「Download」をクリックすると（図3.1）、ライブラリがZIPファイル形式でダウンロードされます。ダウンロードしたファイルは、ダブルクリックするなどの方法で解凍しておきます。

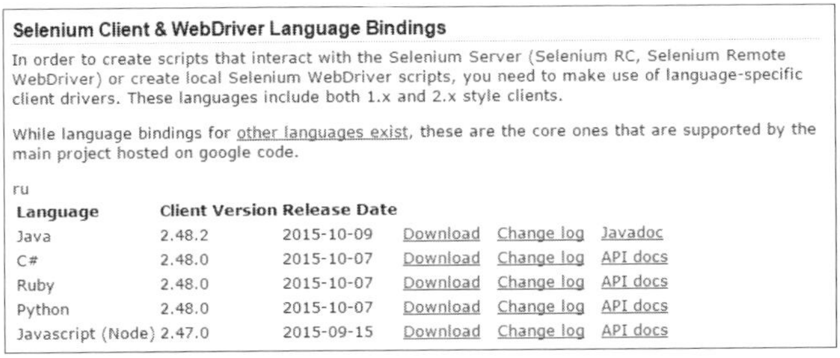

図3.1　Javaクライアントライブラリのダウンロード

続いて、次の設定を行います。

注2　https://eclipse.org/
注3　https://www.jetbrains.com/idea/
注4　https://netbeans.org/
注5　https://maven.apache.org/
注6　http://gradle.org/

第3章　WebDriver 入門

❶ Java プロジェクトを未作成の場合は、Eclipse のメニューの「ファイル」＞「新規」＞「Java プロジェクト」から作成しておく
❷ プロジェクトのルートディレクトリに Eclipse 上で「libs」ディレクトリを作成し、先ほど解凍した「selenium-***」ディレクトリ（「***」の部分は、ダウンロードしたバージョンによって異なる）の中にある次の3つを、Eclipse 上で libs 直下にドラッグアンドドロップでコピーして配置する

- selenium-java-***.jar
- selenium-java-***-srcs.jar
- selenium-***/libs 以下のすべての Jar ファイル（Eclipse の libs/libs 以下ではなく、libs 直下に配置する）

❸ Eclipse のパッケージエクスプローラでプロジェクトを右クリックし、「プロパティー」＞「Java のビルド・パス」＞「ライブラリー」を開く
❹ 「Jar 追加」からプロジェクトルートディレクトリの libs の直下に置いたすべての Jar ファイルを追加し、「OK」を押して変更を保存する（図3.2）

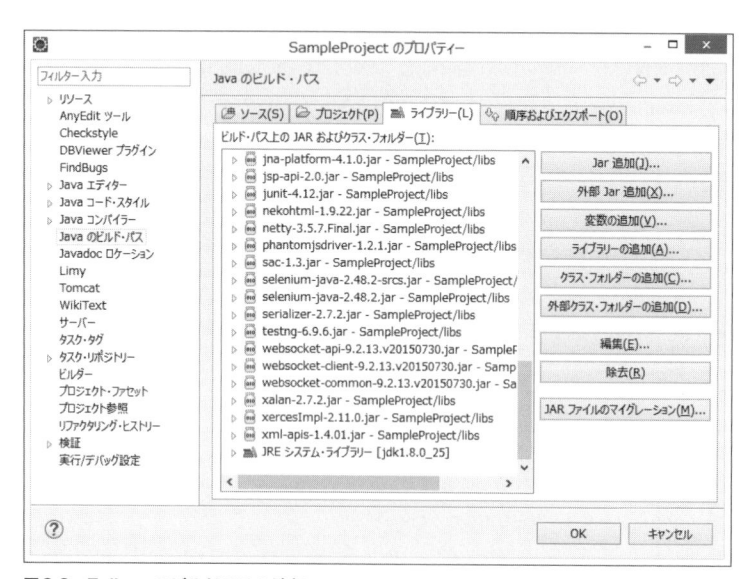

図3.2　Eclipse のビルドパスの追加

　以上でセットアップが完了しました。この方法は手軽ですが、依存する Jar ファイルのバージョン管理が煩雑になるなどさまざまな難点があるので、できれば次に説明する Maven や Gradle を利用するほうがよいでしょう。

── Mavenを利用する方法

Mavenを使い慣れている方は、pom.xmlに**リスト3.1**の依存関係を追加することでWebDriverをダウンロードできます[注7]。

リスト3.1　クライアントライブラリを利用するためのpom.xmlの設定

```
<dependencies>
  <dependency>
    <groupId>org.seleniumhq.selenium</groupId>
    <artifactId>selenium-java</artifactId>
    <version>最新のバージョン番号</version>
  </dependency>
</dependencies>
```

── Gradleを利用する方法

Gradleを使い慣れている方は、build.gradleに**リスト3.2**の依存関係を追加することでWebDriverをダウンロードできます[注8]。

リスト3.2　クライアントライブラリを利用するためのbuild.gradleの設定

```
dependencies {
    compile 'org.seleniumhq.selenium:selenium-java:最新のバージョン番号'
}
```

スクリプトの書き方

セットアップが完了したので、続いてWebDriverのスクリプトの書き方を説明します。**リスト3.3**は、Javaで記述したWebDriverのスクリプトの例です。

リスト3.3　JavaのWebDriverスクリプト例

```java
import org.openqa.selenium.By;
import org.openqa.selenium.firefox.FirefoxDriver;
import org.openqa.selenium.WebDriver;

public class SampleScript {

    public static void main(String[] args) {
        WebDriver driver = new FirefoxDriver();
        driver.get("http://example.selenium.jp/reserveApp");
        driver.findElement(By.id("guestname")).sendKeys("サンプルユーザ");
        driver.findElement(By.id("goto_next")).click();
        driver.quit();
```

[注7] アプリケーションのコードとテストコードが同じプロジェクトに含まれる場合は、<scope>test</scope>を指定して、WebDriverのライブラリがテストコードのコンパイル・実行時にのみ使用されるようにしましょう。

[注8] アプリケーションのコードとテストコードが同じプロジェクトに含まれる場合は、compileタスクの代わりにtestCompileタスクを指定して、WebDriverのライブラリがテストコードのコンパイル・実行時にのみ使用されるようにしましょう。

```
    }
}
```

このスクリプトを「SampleScript.java」という名前で保存し、Eclipseのパッケージエクスプローラで右クリックして「実行」＞「Java アプリケーション」を選ぶと、Firefoxが起動してブラウザ操作が行われます。Firefoxは、事前にマシンにインストールしておく必要があります。

リスト3.3のスクリプトで行っているブラウザ操作の流れは次のようになります。

❶ まず、操作するブラウザの種類に応じたWebDriverインスタンスを生成する。ここでは、Firefoxを操作するのでFirefoxDriverのインスタンスを生成する
❷ インスタンスを生成するとブラウザが起動するので、続いてgetメソッドを使って操作対象のページに遷移する。ここでは、日本Seleniumユーザーコミュニティが提供するサンプルWebページに遷移している
❸ sendKeysメソッドでキー入力を行う。操作対象要素の指定にはfindElementメソッドを使い、要素のid属性やname属性、CSSセレクタなどさまざまな方法で要素を指定できる
❹ 同様に操作対象要素を指定し、clickメソッドでクリックを行う
❺ 最後にquitメソッドでブラウザを閉じて終了する

JavaによるWebDriverスクリプトの詳細な書き方については、4章で説明します。

テストフレームワーク

実際にWebDriverのテストを作成する際は、テスト実行結果の管理・初期化処理・終了処理・値のチェックなどの機能を持ったテストフレームワークと組み合わせて使うのが一般的です。Javaの場合は、JUnit[注9]やTestNG[注10]などのテストフレームワークがあります。JUnitと組み合わせた利用方法については、43ページで説明します。

注9　http://junit.org/
注10　http://testng.org/doc/index.html

Ruby

セットアップ

Rubyのクライアントライブラリは、パッケージ管理システムRubyGems[注11]を使ってインストールするのが簡単です。RubyとRubyGemsのインストールがまだの場合は、https://www.ruby-lang.org/ja/ からインストールできます。Windowsマシンの場合はRubyInstaller[注12]を使うとよいでしょう。

RubyとRubyGemsがインストールされた状態で、次のコマンドを実行すれば、WebDriverの実行に必要なライブラリがインストールされます。

```
$ gem install selenium-webdriver
```

Mac OS Xでパーミッションエラーが出る場合は、sudoコマンドを使って実行します。

スクリプトの書き方

リスト3.3のスクリプトをRubyで記述すると、**リスト3.4**のようになります。

リスト3.4　RubyのWebDriverスクリプト例

```ruby
require "selenium-webdriver"

driver = Selenium::WebDriver.for :firefox
driver.get('http://example.selenium.jp/reserveApp')
driver.find_element(:id, 'guestname').send_keys('サンプルユーザ')
driver.find_element(:id, 'goto_next').click
driver.quit
```

このスクリプトを「sample_script.rb」という名前で保存して次のコマンドを実行すると、WebDriverによるブラウザ操作が行われます。

```
$ ruby sample_script.rb
```

Rubyのクライアントライブラリで使える基本的なコマンドの一覧は、付録B「WebDriverコマンド早見表」にまとめています。

テストフレームワーク

RubyでWebDriverと組み合わせて利用できるテストフレームワークとして

注11　https://rubygems.org/
注12　http://rubyinstaller.org/

は、RSpec[注13]やtest-unit[注14]があります。

JavaScript

JavaScriptのクライアントライブラリには非公式のものがたくさん存在しますが、ここでは公式クライアントライブラリselenium-webdriver[注15]について説明します。

セットアップ

selenium-webdriverは、Node.js上でWebDriverスクリプトを実行するためのライブラリで、パッケージ管理システムnpmを使ってインストールするのが簡単です。Node.jsとnpmのインストールがまだの場合は、https://nodejs.org/からインストールできます。

Node.jsとnpmがインストールされた状態で、次のコマンドを実行すれば、WebDriverの実行に必要なライブラリがインストールされます。

```
$ npm install selenium-webdriver
```

スクリプトの書き方

リスト3.3のスクリプトをJavaScriptで記述すると、リスト3.5のようになります。

リスト3.5　JavaScriptのWebDriverスクリプト例

```javascript
var webdriver = require('selenium-webdriver');
var By = require('selenium-webdriver').By;

var driver = new webdriver.Builder().forBrowser('firefox').build();
driver.get('http://example.selenium.jp/reserveApp');
driver.findElement(By.id('guestname')).sendKeys('サンプルユーザ');
driver.findElement(By.id('goto_next')).click();
driver.quit();
```

このスクリプトを「sample_script.js」という名前で保存して次のコマンドを実行すると、WebDriverによるブラウザ操作が行われます。

```
$ node sample_script.js
```

注13　http://rspec.info/
注14　http://test-unit.github.io/
注15　https://www.npmjs.com/package/selenium-webdriver

JavaScriptのクライアントライブラリで使える基本的なコマンドの一覧は、付録B「WebDriverコマンド早見表」にまとめています。

テストフレームワーク

JavaScriptでWebDriverと組み合わせて利用できるテストフレームワークとしては、mocha[注16]やJasmine[注17]、QUnit[注18]があります。

C#

セットアップ

C#のクライアントライブラリは、Windowsマシンでのみ利用できます。C#でテストスクリプトを作成する場合、Visual Studioを使うのが一般的です。ここでは、Visual Studio Express EditionでWebDriverテストを実行するためのセットアップ手順を説明します。Visual Studioのインストールがまだの場合は、https://www.visualstudio.com/products/visual-studio-express-vs.aspx からExpress Editionをインストールできます。C#はVisual Studioをインストールすれば利用できるようになるので、特別なセットアップは不要です。

C#のクライアントライブラリは、パッケージ管理システムNuGet[注19]を使ってインストールするのが簡単です。NuGetは、Visual Studio 2012以降であれば最初から同梱されています。

クライアントライブラリのインストール手順は次の通りです。

❶ プロジェクトを未作成の場合は、Visual Studioの「ファイル」>「新規作成」>「プロジェクト」で、「テンプレート」>「Visual C#」>「コンソール アプリケーション」などを選んで作成しておく

❷ Visual Studioのソリューションエクスプローラでプロジェクトを右クリックして「NuGet パッケージの管理」、もしくはソリューションを右クリックして「ソリューションの NuGet パッケージの管理」を選択する

❸「オンライン」>「すべて」を選択し、「オンライン の検索」に検索キーワードとして「Selenium」を入力する

❹ 表示された「Selenium WebDriver」と「Selenium WebDriver Support Classes」の「インストール」ボタンを押して、それぞれインストールする（図3.3）

注16　http://mochajs.org/
注17　http://jasmine.github.io/
注18　http://qunitjs.com/
注19　https://www.nuget.org/

第 3 章　WebDriver 入門

図3.3　C#クライアントライブラリのインストール

　これでクライアントライブラリがインストールされました。なお、インストールはソリューションまたはプロジェクトごとに行われます[注20]。

スクリプトの書き方

　リスト 3.3 のスクリプトを C# で記述すると、**リスト 3.6** のようになります。

リスト3.6　C#のWebDriverスクリプト例

```
using OpenQA.Selenium;
using OpenQA.Selenium.Firefox;

namespace SampleProject
{
    class SampleProgram
    {
        static void Main(string[] args)
        {
            IWebDriver driver = new FirefoxDriver();
            driver.Navigate().GoToUrl(
                "http://example.selenium.jp/reserveApp");
            driver.FindElement(By.Id("guestname")).SendKeys("サンプルユーザ");
            driver.FindElement(By.Id("goto_next")).Click();
            driver.Quit();
        }
    }
}
```

注20　ここで紹介した方法のほかに、「ツール」>「NuGet パッケージ マネージャー」>「パッケージ マネージャー コンソール」からインストールする方法もあります。この方法なら、パッケージのバージョン番号を明示的に指定することも可能です。

3.1 セットアップとスクリプトのサンプル

このスクリプトを「SampleScript.cs」という名前で保存し、Visual Studio上で開始ボタンを押して実行すると、ブラウザ操作が行われます。

C#のクライアントライブラリで使える基本的なコマンドの一覧は、付録B「WebDriverコマンド早見表」にまとめています。

テストフレームワーク

C#でWebDriverと組み合わせて利用できるテストフレームワークとしては、NUnit[注21]や、Visual Studioに付属している単体テストツール[注22]があります。

Visual Studio付属の単体テストツールを利用する場合は、Visual Studioのプロジェクトは「単体テスト プロジェクト」として作成します。

Python

セットアップ

Pythonのクライアントライブラリは、パッケージ管理システムpipを使ってインストールするのが簡単です。Pythonのインストールがまだの場合はhttps://www.python.org/downloads/から、pipのインストールがまだの場合はhttps://pip.pypa.io/en/stable/installing/からインストールできます。なおpipは、Python 2.7.9以降およびPython 3.4以降であれば最初から同梱されています。

Pythonとpipがインストールされた状態で、次のコマンドを実行すれば、WebDriverの実行に必要なライブラリがインストールされます。

```
$ pip install selenium
```

Mac OS Xでパーミッションエラーが出る場合は、sudoコマンドを使って実行します。

スクリプトの書き方

リスト3.3のスクリプトをPythonで記述すると、**リスト3.7**のようになります。

リスト3.7 PythonのWebDriverスクリプト例

```
from selenium import webdriver
```

注21 http://www.nunit.org/
注22 https://msdn.microsoft.com/ja-jp/library/vstudio/dd264975(v=vs.120).aspx

```
driver = webdriver.Firefox()
driver.get('http://example.selenium.jp/reserveApp')
driver.find_element_by_id('guestname').send_keys('サンプルユーザ')
driver.find_element_by_id('goto_next').click()
driver.quit()
```

このスクリプトを「sample_script.py」という名前で保存して次のコマンドを実行すると、WebDriverによるブラウザ操作が行われます。

```
$ python sample_script.py
```

Pythonのクライアントライブラリで使える基本的なコマンドの一覧は、付録B「WebDriverコマンド早見表」にまとめています。

テストフレームワーク

PythonでWebDriverと組み合わせて利用できるテストフレームワークとしては、Pythonに標準で付属しているunittest[注23]があります。

3.2 さまざまなドライバのセットアップ

前節のサンプルスクリプトでは、Firefoxを使ったブラウザ操作の実行方法を説明しました。WebDriverのスクリプトは、利用するドライバクラス（FirefoxDriverなどの、利用するブラウザに応じたクラス）を差し替えることで、さまざまなブラウザ上で実行できます。たとえば、リスト3.3のWebDriver driver = new FirefoxDriver();のロジックをWebDriver driver = new ChromeDriver();に差し替えれば、Chrome上でスクリプトが実行できます。しかし、このロジックをただ書き換えるだけでいろいろなブラウザで実行できるわけではなく、ドライバの種類に応じたさまざまなセットアップが必要になります。本節では、Firefox・Chrome・Internet Explorer[注24]・Safari・PhantomJSのドライバのセットアップ手順を説明していきます。

本節ではJavaを例に説明しますが、必要なセットアップは他の言語でも基本的に同じです。Java以外の言語におけるドライバクラスのインスタンスの生成方法については、付録B「WebDriverコマンド早見表」を参考にしてください。

注23 https://docs.python.org/3/library/unittest.html#module-unittest
注24 なお、Microsoft Edgeのドライバについては、2015年12月時点ではリリースされてからまだ日が浅く、不安定な点も多いので、本書では扱いません。利用方法を知りたい場合はhttps://msdn.microsoft.com/ja-jp/library/mt188085(v=vs.85).aspxなどを参考にしてください。

FirefoxDriver

　FirefoxDriverを利用する場合、Firefoxがマシンにインストールされていれば、それ以外に特別なセットアップは不要です。Javaでは、**リスト3.8**のようにしてorg.openqa.selenium.firefox.FirefoxDriverクラスのインスタンスを生成すれば、Firefox上でスクリプトが実行されます。

リスト3.8　FirefoxDriverクラスを利用したスクリプト

```
WebDriver driver = new FirefoxDriver();
```

ChromeDriver

　ChromeDriverを利用するには、ChromeとWebDriverのクライアントライブラリに加えて、ChromeDriverサーバという専用の実行ファイルが必要です。ChromeDriverサーバをダウンロードするには、ダウンロードサイト（https://sites.google.com/a/chromium.org/chromedriver/downloads）を開いて「Latest Release」のバージョンのものをクリックし（**図3.4**）、利用するOSに応じたZIPファイルをダウンロードします。

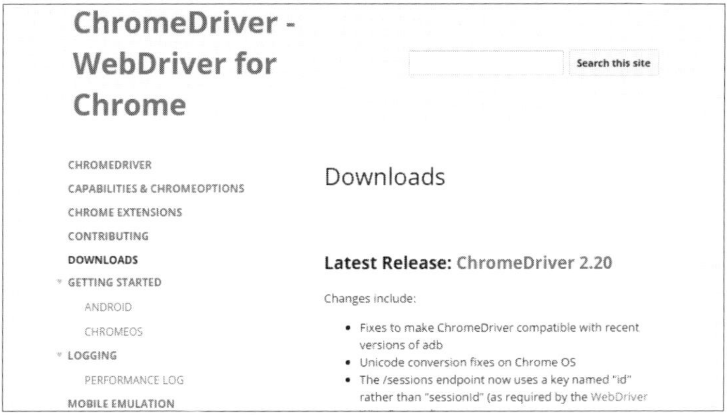

図3.4　ChromeDriverサーバのダウンロードページ

　ZIPファイルを解凍すると、Windowsであればchromedriver.exe、Mac OS Xであればchromedriverというファイルを取得できます。これがChromeDriverサーバの実行ファイルです。

　JavaのWebDriverスクリプトでChromeDriverを利用する場合、このChromeDriverサーバの実行ファイルをPATHの通った場所に配置しておくか、Java

のシステムプロパティで実行ファイルの場所を指定する必要があります。リスト3.9ではシステムプロパティで実行ファイルの場所を指定し、org.openqa.selenium.chrome.ChromeDriverクラスのインスタンスを生成しています。

リスト3.9　ChromeDriverクラスを利用したスクリプト

```
System.setProperty("webdriver.chrome.driver", "ChromeDriverサーバのパス");
WebDriver driver = new ChromeDriver();
```

　スクリプトを実行すると、ChromeDriverサーバのプロセスが別に起動します。クライアントライブラリが実行する各ブラウザ操作のコマンドはChromeDriverサーバに送られ、ChromeDriverサーバがChromeに対するブラウザ操作を行います。

InternetExplorerDriver

IEDriverサーバのセットアップ

　InternetExplorerDriverはWindows上でのみ利用可能です。InternetExplorerDriverを利用するには、WebDriverのクライアントライブラリに加えて、IEDriverサーバという専用の実行ファイルが必要です。IEDriverサーバは、ChromeDriverサーバと同様、クライアントライブラリからのコマンドを受け取って実際にInternet Explorerを操作する役割を担います。

　IEDriverサーバは、Selenium公式サイトのダウンロードページ (http://www.seleniumhq.org/download/) からダウンロードできます。IEDriverサーバには、32ビット版と64ビット版 (図3.5) があり、32ビットマシンであれば32ビット版を、64ビットマシンであれば32ビット版か64ビット版のいずれかを使用できますが、64ビット版ではキー入力の実行が非常に遅くなるという問題があるため、常に32ビット版を利用することが推奨されています[注25]。

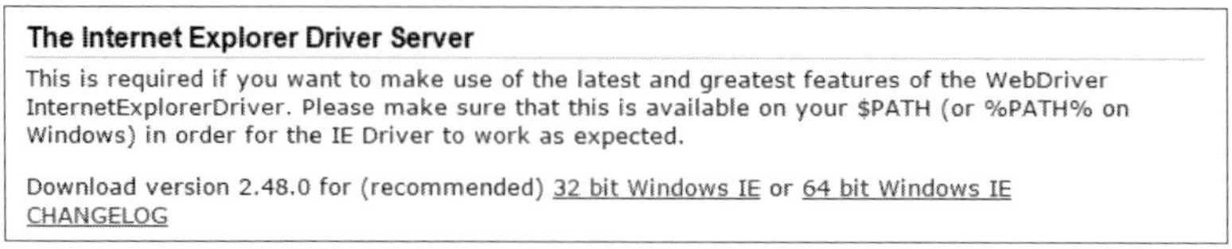

The Internet Explorer Driver Server
This is required if you want to make use of the latest and greatest features of the WebDriver InternetExplorerDriver. Please make sure that this is available on your $PATH (or %PATH% on Windows) in order for the IE Driver to work as expected.

Download version 2.48.0 for (recommended) 32 bit Windows IE or 64 bit Windows IE
CHANGELOG

図3.5　IEDriverサーバのダウンロードページ

注25　ただし32ビット版には、WebDriverの画面キャプチャコマンドでスクロールの範囲外をキャプチャできないという制約があります。詳細はhttp://jimevansmusic.blogspot.jp/2014/09/screenshots-sendkeys-and-sixty-four.htmlを参考にしてください。

32ビット版か64ビット版のどちらかを選ぶとZIPファイルがダウンロードされ、これを解凍すると「IEDriverServer.exe」というファイルを取得できます。これがIEDriverサーバの実行ファイルです。

　JavaのWebDriverスクリプトでInternetExplorerDriverを利用する場合、このIEDriverサーバの実行ファイルをPATHの通った場所に配置しておくか、Javaのシステムプロパティで実行ファイルの場所を指定する必要があります。リスト3.10ではシステムプロパティで実行ファイルの場所を指定し、org.openqa.selenium.ie.InternetExplorerDriverクラスのインスタンスを生成しています。

リスト3.10　InternetExplorerDriverクラスを利用したスクリプト

```
System.setProperty("webdriver.ie.driver", "IEDriverサーバのパス");
WebDriver driver = new InternetExplorerDriver();
```

▌Internet Explorerの設定

　InternetExplorerDriverを利用するための設定はこれで終わりではありません。WindowsやInternet Explorerのさまざまな制限から起きる問題を回避するために、さらに次の設定が必要です。

──保護モードの設定

　まず、Internet Explorerの保護モードをすべてのゾーンで同じにする必要があります。セキュリティの観点からすべて有効にするとよいでしょう。

　この設定を行うには、まずInternet Explorerを開き、「インターネット オプション」＞「セキュリティ」を選択します。セキュリティの設定は「インターネット」「ローカル イントラネット」「信頼済みサイト」「制限付きサイト」の4つに対し個別に行うことができますが、その4つすべてに対し「保護モードを有効にする」のチェックを入れます（**図3.6**）。

第3章　WebDriver入門

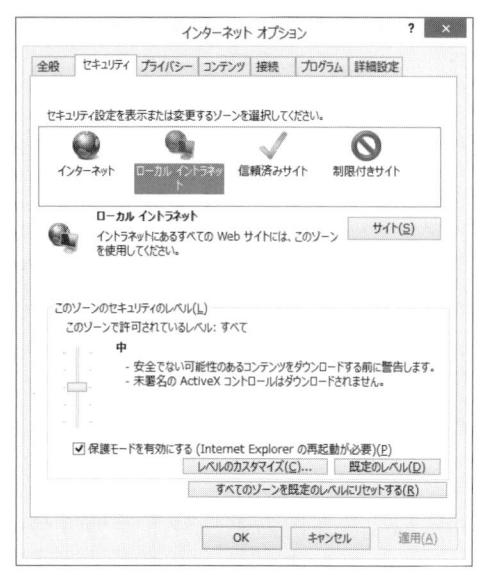

図3.6　すべての保護モードを有効にする

　チェックを入れたら「OK」を押し、Internet Explorerを一度終了すれば設定が有効になります。

──拡張保護モードの設定

　Internet Explorer 10以降の場合、拡張保護モードという機能がありますが、InternetExplorerDriverの実行時にはこれを無効にする必要があります。
　この設定を行うには、Internet Explorerメニューの「インターネット オプション」＞「詳細設定」を選び、「拡張保護モードを有効にする」のチェックが入っていれば外し、「OK」を押して設定を保存します（**図3.7**）。チェックを外した場合は、設定を反映させるためにコンピュータを一度再起動させる必要があります。

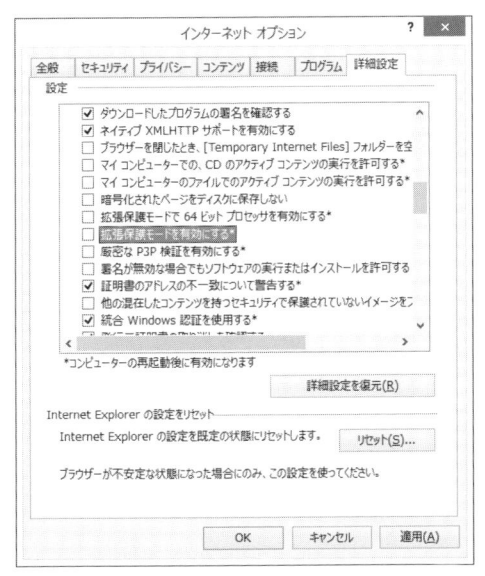

3.2 さまざまなドライバのセットアップ

図3.7 拡張保護モードを無効にする

── レジストリの設定

Internet Explorer 11の場合、さらにレジストリの設定も必要です。

32ビット版Windowsの場合は**リスト3.11**のキー、64ビット版Windowsの場合は**リスト3.12**のキーに対し、iexplore.exeというDWORD値を新規に作成し、その値を0にしておきます。FEATURE_BFCACHEというキーが存在しない場合は作成しましょう（**図3.8**）。

リスト3.11　32ビット版Windowsの変更対象レジストリキー

```
HKEY_LOCAL_MACHINE¥SOFTWARE¥Microsoft¥Internet Explorer¥Main¥FeatureControl¥FEA
TURE_BFCACHE
```

リスト3.12　64ビット版Windowsの変更対象レジストリキー

```
HKEY_LOCAL_MACHINE¥SOFTWARE¥Wow6432Node¥Microsoft¥Internet Explorer¥Main¥Featur
eControl¥FEATURE_BFCACHE
```

レジストリの値は、間違った変更をしてしまうとコンピュータが正常に動作しなくなる恐れもあるので、慎重に行うようにしてください。

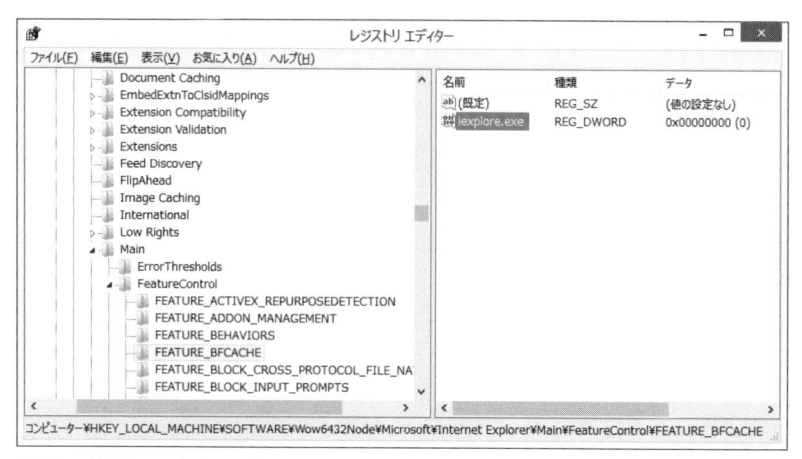

図3.8 変更後のレジストリの値

SafariDriver

　Mac OS X上で利用可能です[注26]。SafariDriverを利用する場合、WebDriverのSafari拡張機能をあらかじめインストールしておく必要があります[注27]。拡張機能をインストールするには、Selenium公式サイトのダウンロードページ（http://www.seleniumhq.org/download/）の「SafariDriver」から最新のバージョンを選びます（図3.9）。すると、「SafariDriver.safariextz」というファイルがダウンロードされます。

図3.9 SafariDriverのダウンロード

　このファイルをダブルクリックすると図3.10のダイアログが表示され、「信頼」を選べば拡張機能がインストールされます。

注26　Windows版のSafariもありますが、もう何年も更新は止まっており、セキュリティホールも修正されないままなので、本書では取り上げません。
注27　古いバージョンのSafariおよびWebDriverでは拡張機能は自動的にインストールされましたが、最新のバージョンでは手動でインストールする必要があります。

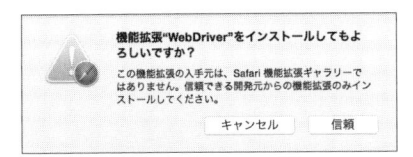

図3.10　SafariDriverのインストール確認ダイアログ

Javaでは、リスト3.13のようにしてorg.openqa.selenium.safari.SafariDriverクラスのインスタンスを生成すれば、Safari上でスクリプトが実行されます。

リスト3.13　SafariDriverクラスを利用したスクリプト

```
WebDriver driver = new SafariDriver();
```

PhantomJSDriver

PhantomJSとは

PhantomJS[注28]は、ヘッドレスブラウザと呼ばれる、ユーザインタフェースを持たないブラウザです。JavaScriptのAPIを介して操作を行ったり、画面情報を取得したりできます。レンダリングエンジンとJavaScriptエンジンには、ともにSafariと同じWebKit[注29]とJavaScriptCore[注30]を利用しています。

WebDriverのテストは、PhantomJSを使って行うこともできます。画面キャプチャの取得も可能です。PhantomJSを使ったテストの利点は次の通りです。

- 画面描画が不要な分、通常のブラウザに比べて高速に動作する
- LinuxなどのGUIを持たない環境でも簡単に利用できる

WebDriverを使ったテストができるヘッドレスブラウザには、ほかにHtmlUnit[注31]というものもありますが、PhantomJSのほうがより実際のブラウザに近い挙動であることから、最近はPhantomJSが利用されることが多いようです。

PhantomJSのセットアップ

PhantomJSのダウンロードページ(http://phantomjs.org/download.html)から、利用するOSに応じたZIPファイルをダウンロードします(図3.11)。

注28　http://phantomjs.org/
注29　http://www.webkit.org/
注30　https://trac.webkit.org/wiki/JavaScriptCore
注31　http://htmlunit.sourceforge.net/

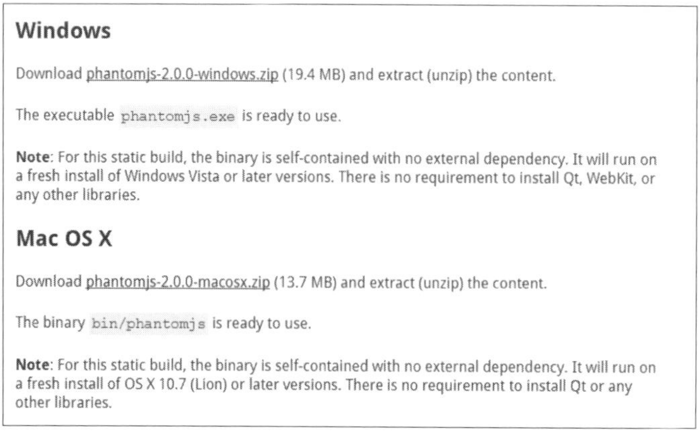

```
Windows

Download phantomjs-2.0.0-windows.zip (19.4 MB) and extract (unzip) the content.

The executable phantomjs.exe is ready to use.

Note: For this static build, the binary is self-contained with no external dependency. It will run on
a fresh install of Windows Vista or later versions. There is no requirement to install Qt, WebKit, or
any other libraries.

Mac OS X

Download phantomjs-2.0.0-macosx.zip (13.7 MB) and extract (unzip) the content.

The binary bin/phantomjs is ready to use.

Note: For this static build, the binary is self-contained with no external dependency. It will run on
a fresh install of OS X 10.7 (Lion) or later versions. There is no requirement to install Qt or any
other libraries.
```

図3.11　PhantomJSのダウンロードページ

　ただし、このページから取得できるPhantomJSの実行ファイルは、Mac OS Xバージョン10.10以降ではうまく動作しません（2015年12月時点）。この問題を修正した実行ファイルがhttps://github.com/eugene1g/phantomjs/releases/tag/2.0.0-binのphantomjs-2.0.0-macosx.zipから取得できるので、Mac OS Xバージョン10.10以降の場合はこちらを使用してください。

　ZIPファイルを解凍すると、binディレクトリの中に、Windowsであればphantomjs.exe、Mac OS Xであればphantomjsというファイルがあります。これがPhantomJSの実行ファイルです。

PhantomJSDriverのセットアップ

　続いて、PhantomJSをWebDriverから利用するためのセットアップを行います。Java以外の言語のクライアントライブラリには、PhantomJSのドライバクラスが最初から含まれていますが、Javaの場合は含まれていないので、まずこれをセットアップする必要があります。セットアップにはMavenやGradleなどのパッケージ管理機能を利用するのが簡単です。

　Mavenの場合は、pom.xmlに**リスト3.14**の依存関係を追加します。バージョン番号は最新のものを利用してください[32]。なお、phantomjsdriverが依存しているselenium-remote-driverというライブラリのバージョンが古く、Mavenを使うとバージョン不整合が起きるため、selenium-remote-driverのバージョンを明示的に指定しています。

---

[32] 正式なJavaのPhantomJSのドライバは、groupIdがcom.github.detroのものですが、現時点で最新バージョンのWebDriverに対応していないため、リスト3.14ではcom.codeborneのものを使用しています。

リスト3.14　PhantomJSのドライバクラスを利用するためのpom.xmlの設定

```
<dependencies>
  <dependency>
    <groupId>com.codeborne</groupId>
    <artifactId>phantomjsdriver</artifactId>
    <version>最新のバージョン番号</version>
  </dependency>
  <dependency>
    <groupId>org.seleniumhq.selenium</groupId>
    <artifactId>selenium-remote-driver</artifactId>
    <version>最新のバージョン番号</version>
  </dependency>
</dependencies>
```

　Gradleの場合は、build.gradleにリスト3.15の依存関係を追加します。

リスト3.15　PhantomJSのドライバクラスを利用するためのbuild.gradleの設定

```
dependencies {
    compile 'com.github.detro:phantomjsdriver:最新のバージョン番号'
}
```

　準備ができたのでPhantomJSDriverを実際に利用してみましょう。JavaのWebDriverスクリプトでPhantomJSDriverを利用する場合、PhantomJS実行ファイルをPATHの通った場所に配置しておくか、Javaのシステムプロパティで実行ファイルの場所を指定する必要があります。リスト3.16ではシステムプロパティで実行ファイルの場所を指定し、org.openqa.selenium.phantomjs.PhantomJSDriverクラスのインスタンスを生成しています。

リスト3.16　PhantomJSDriverクラスを利用したスクリプト

```
System.setProperty("phantomjs.binary.path", "PhantomJS実行ファイルのパス");
WebDriver driver = new PhantomJSDriver();
```

　スクリプトを実行すると、PhantomJSのプロセスが起動します。PhantomJSには、GhostDriver[33]というライブラリが含まれており、クライアントライブラリが実行する各ブラウザ操作のコマンドはこのGhostDriverに送られます。そしてこのGhostDriverが、PhantomJS上で実際のブラウザ操作を行います。

　本章では、WebDriverのセットアップと基本的な利用方法を説明しました。4章では、WebDriverの各コマンドについて、詳しく見ていくことにします。

注33　https://github.com/detro/ghostdriver

第4章

WebDriverコマンド徹底解説

本章では、WebDriverの各コマンドの使い方について詳しく説明します。Java以外の言語のクライアントライブラリについては、付録B「WebDriverコマンド早見表」に代表的なコマンドをまとめているので、そちらを参考にしてください。

4.1 ブラウザの生成と破棄

ブラウザの生成

3章で説明したように、WebDriverテストの開始時にはまず、テストするブラウザに応じたWebDriverインスタンスを生成します（**リスト4.1**）。

リスト4.1　WebDriverインスタンスの生成
```
WebDriver driver = new FirefoxDriver();
```

生成されたインスタンスは必ずorg.openqa.selenium.WebDriverインタフェースを実装しています。コンストラクタには、Capabilitiesなどのさまざまな引数を指定できます。これについてはのちほど説明します。

インスタンスを生成した時点でブラウザのウィンドウが自動的に起動し、テストを実行する準備が整います。

ブラウザの破棄

ブラウザの破棄は、WebDriverインタフェースのquitメソッドで行います（**リスト4.2**）。

リスト4.2　WebDriverインスタンスの破棄
```
driver.quit();
```

quitメソッドを呼び出すと、WebDriverインスタンスから開かれたすべてのブラウザウィンドウが閉じ、ChromeDriverサーバ・IEDriverサーバ・

PhantomJSのプロセスがあれば終了し、WebDriverとブラウザ間のセッションが終了します。quitされたWebDriverインスタンスを使ってブラウザ操作を行おうとすると、SessionNotFoundExceptionが発生します[注1]。

　quitメソッドを呼び出さずにテストプロセスを終了すると、ブラウザのウィンドウは閉じられず、ChromeDriverサーバ・IEDriverサーバ・PhantomJSのプロセスも終了されずに残ってしまいます。新たにWebDriverインスタンスを生成しても、これらのウィンドウ・プロセスは再利用されないため、残ってしまったものは手動で終了させる必要があります。

　テストプログラムを途中で強制終了した場合も、これらのウィンドウ・プロセスは当然残ってしまいます。たとえばデバッグ中のテストをEclipseの「停止」ボタンで終了させた場合も、quitメソッドは呼び出されず、ウィンドウ・プロセスが残ってしまいます。

テストフレームワークとの組み合わせ

　WebDriverは、特定のテストフレームワークに依存しない、汎用的なブラウザ操作ライブラリという思想で作られているため、テスト実行結果の管理・初期化処理・終了処理・値のチェックなどを行うには、何らかのテストフレームワークと組み合わせて利用する必要があります。Javaの場合、JUnit[注2]やTestNG[注3]などのユニットテストフレームワークが利用されることが多いです。本書では、主にJUnitと組み合わせた利用方法を取り上げます。なお、JUnit自体の利用方法については詳しく説明しません。興味のある方は『JUnit実践入門』[注4]などを参考にしてください。

初期化処理と終了処理

　テスト数がそれほど多くない場合、テスト同士が互いに影響を及ぼさないよう、WebDriverのインスタンスは毎回生成するのがよいでしょう。リスト4.3では、JUnitのテストメソッド（@Testアノテーションが付けられたメソッド）ごとに呼ばれる初期化処理（@Beforeアノテーションが付けられたメソッド）でWebDriverインスタンスを毎回生成し、終了処理（@Afterアノテーションが付

注1　quitと似たcloseというメソッドもありますが、これについては4.9節の「ウィンドウを閉じる」のところで説明します。通常はquitメソッドを利用すれば問題ないでしょう。
注2　http://junit.org/
注3　http://testng.org/doc/index.html
注4　渡辺修司著『JUnit実践入門 —— 体系的に学ぶユニットテストの技法』（WEB+DB PRESS plusシリーズ）技術評論社、2012年

けられたメソッド) で毎回破棄しています。

リスト4.3　WebDriverインスタンスを毎回生成する

```java
import org.junit.After;
import org.junit.Before;
import org.junit.Test;

public class SampleTest {
    private WebDriver driver;

    @Before
    public void setUp() {
        driver = new FirefoxDriver();
    }

    @Test
    public void 処理Aが成功すること() {
        // 略
    }

    @Test
    public void 処理Bが成功すること() {
        // 略
    }

    @After
    public void tearDown() {
        driver.quit();
    }
}
```

　テスト数が多い場合、テストごとにWebDriverのインスタンスを生成していると、ブラウザウィンドウが毎回新たに起動され、テスト実行に時間がかかってしまいます。この場合、WebDriverインスタンスおよびブラウザウィンドウは、テストクラスごと、もしくはすべてのテストクラス間で同じインスタンスを使い回すのがよいでしょう。**リスト4.4**は、すべてのテストクラス間で同一のWebDriverインスタンスを使い回すスクリプトの例で、各テストクラス共通の継承元クラスTestBaseを作成し、テストクラスごとの初期化処理 (@BeforeClassアノテーションが付けられたメソッド) でstaticなWebDriverインスタンスを生成しています。また、ShutdownHookのしくみを使い、Javaプロセスの終了時にWebDriverインスタンスのquitメソッドが呼ばれるようにしています。

4.1 ブラウザの生成と破棄

リスト4.4　同じWebDriverインスタンスを使い回す

```java
import org.junit.BeforeClass;
// 略

public class TestBase {

    protected static WebDriver driver = null;

    @BeforeClass
    public static void setUpBeforeClass() {
        if (driver == null) {
            driver = new FirefoxDriver();
            Runtime.getRuntime().addShutdownHook(new Thread() {

                @Override
                public void run() {
                    driver.quit();
                }
            });
        }
    }
}
```

　なお、WebDriverのインスタンスを使い回す場合、前回のテストでセットされたCookie・ブラウザキャッシュ・Web Storageなどの情報はそのまま残ってしまいます。これが問題になるテストについては、テスト前に現在のドメインのCookieやWeb Storageを削除する[注5]か、それでも不十分な場合はそのテストの開始前にWebDriverインスタンスを生成しなおすとよいでしょう。

▍値のチェック

　値のチェック処理を行う、いわゆるAssertionの処理もテストフレームワークのメソッドを流用します。**リスト4.5**では、WebDriverインスタンスを使って現在開かれているページのタイトルを取得し、JUnitのassertThatメソッドを使って期待した値と一致しているかチェックしています。

リスト4.5　JUnitによるAssertion

```java
import static org.hamcrest.CoreMatchers.*;
import static org.junit.Assert.assertThat;
// 略
assertThat(driver.getTitle(), is("ログイン画面"));
```

注5　Cookieの削除方法については73ページ、Web Storageの削除方法については116ページで説明しています。

Capabilities

　Capabilitiesとは、WebDriverインスタンスに対するさまざまな設定情報を保持するクラス（もしくはそのインスタンス）です。WebDriverインスタンスのコンストラクタに、Capabilitiesインタフェースを実装したオブジェクトを渡すことで、WebDriverインスタンスに関するさまざまな設定を行うことが可能です。

　実際のプログラム中では、主にCapabilitiesを実装したDesiredCapabilitiesクラスを利用します。リスト4.6では、DesiredCapabilitiesオブジェクトを使って、WebDriverが起動したブラウザが使用するプロキシサーバを指定しています。

リスト4.6　DesiredCapabilitiesを使ってプロキシサーバを指定

```
import org.openqa.selenium.Proxy;
import org.openqa.selenium.remote.DesiredCapabilities;
import org.openqa.selenium.remote.CapabilityType;
// 略

Proxy proxy = new Proxy();
// localhost:8080のプロキシサーバを利用
proxy.setHttpProxy("localhost:8080");
DesiredCapabilities capabilities = new DesiredCapabilities();
capabilities.setCapability(CapabilityType.PROXY, proxy);
driver = new FirefoxDriver(capabilities);
```

　setCapabilityメソッドでは、設定項目のキーと、値となるオブジェクトを指定します。キーは文字列で、CapabilityTypeインタフェースにはよく使われるキーの値が定数として定義されています。値は任意のオブジェクトで、その型は設定するキーごとに異なります。

　よく利用されるキーについては、このあとの説明の中でその都度解説していきます。特定のブラウザでのみ有効なキーも多数あります。Capabilitiesに指定可能なキーの一覧はSelenium公式サイトのWikiページ[注6]にあるので、興味のある方はそちらを参考にしてください。

注6　https://code.google.com/p/selenium/wiki/DesiredCapabilities

4.2　ドライバ固有の設定

　WebDriverの設定の中には、たとえばテスト実行時に有効なFirefoxアドオンの追加など、特定のドライバに対してのみ行うものがあります。このようなドライバ固有の設定は、WebDriverインタフェースではなく、FirefoxDriverクラスなど個別のドライバクラスに定義されたメソッドやコンストラクタを使って行います。これらの設定についてドライバごとに見ていきましょう。

FirefoxDriver

Firefoxプロファイルの指定

── プロファイルとは

　Firefoxは、ブラウザの履歴・ブックマーク・アドオンなどユーザ固有のデータや、ブラウザに関する各種設定情報をプロファイルと呼ばれるフォルダに保存しています。Firefoxのメニューから「ヘルプ」＞「トラブルシューティング情報」を開き（**図4.1**）、「プロファイルフォルダ」の「フォルダを開く」を押すと、プロファイルフォルダの内容を実際に確認できます（**図4.2**）。「***.default」という名前のフォルダがデフォルトのプロファイルフォルダです。

図4.1　Firefoxのトラブルシューティング情報

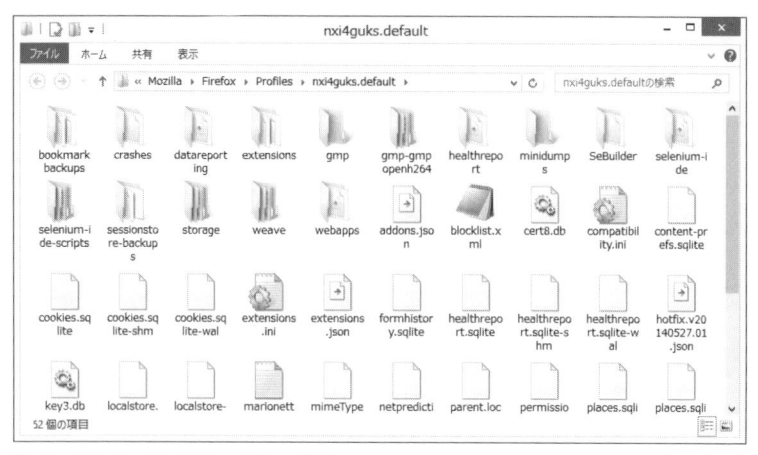

第 4 章　WebDriver コマンド徹底解説

図4.2　Firefoxのプロファイルフォルダ

　プロファイルフォルダは、デフォルトのもの以外に複数作成できます。次のように-Pオプションを指定してFirefoxを起動すると、図4.3のようにプロファイル選択ダイアログが表示され、新たなプロファイルの作成や他のプロファイルを使っての起動が可能です。

```
C:>"C:¥...¥firefox.exe" -P
```

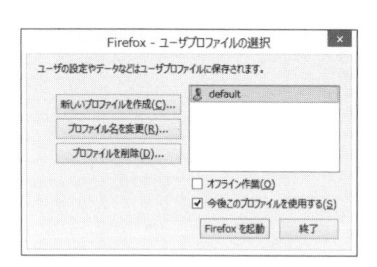

図4.3　Firefoxのプロファイル選択ダイアログ

　FirefoxDriverクラスのインスタンスを生成すると、特に指定しなければ、新しいプロファイルディレクトリが一時的に作成され、そのプロファイルを使ってFirefoxが起動されます。この場合、普段利用しているFirefoxにインストールしたアドオンやブックマークなどは利用できません。
　以降では、Firefoxのさまざまなプロファイル情報を変更する方法を説明します。

── Preferenceの変更

Firefoxのプロファイル中には、Preferenceと呼ばれる、Firefoxの挙動を細かく制御できる情報が保存されています。Firefoxのアドレスバーに「about:config」と入力すると、このPreferenceの一覧を見ることができます（図4.4）。

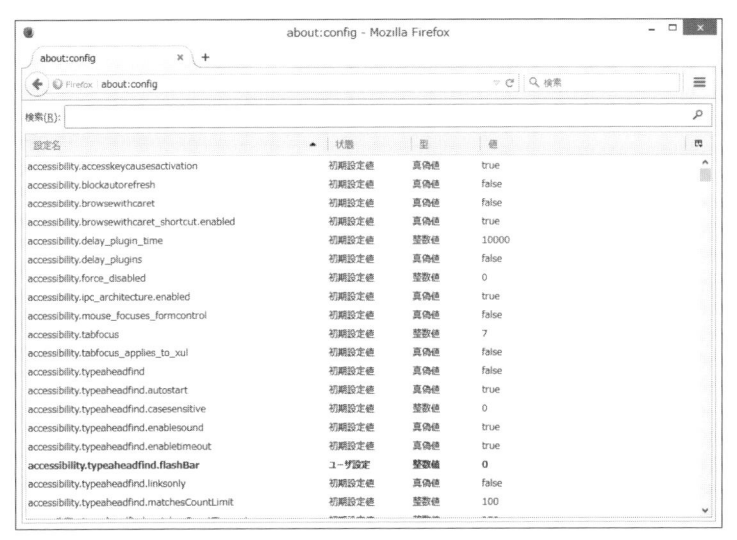

図4.4　FirefoxのPreferenceの一覧

これらの値は、FirefoxDriverによるテスト実行時に変更可能です。そのためには、**リスト4.7**のようにorg.openqa.selenium.firefox.FirefoxProfileクラスのsetPreferenceメソッドを使います。リスト4.7では、ZIPファイルダウンロード時の確認ダイアログを表示しないようPreferenceを変更しています。

リスト4.7　FirefoxのPreferenceの変更

```
FirefoxProfile profile = new FirefoxProfile();
// ZIPファイルのダウンロード時に確認ダイアログを表示しない
profile.setPreference(
    "browser.helperApps.neverAsk.saveToDisk", "application/zip");
WebDriver driver = new FirefoxDriver(profile);
```

setPreferenceメソッドの第1引数には変更するPreferenceのキーを、第2引数には変更後の値を指定します。一部のPreferenceのキーについては変更できないようになっており、setPreferenceメソッドの引数に指定するとIllegal

ArgumentExceptionが発生します[注7]。

── アドオンの追加

Firefoxには、Firefox自体の機能を拡張するアドオンのしくみがあります。このアドオンの実体は、.xpiという拡張子を持ったファイルです。たとえばWebページ開発を助けるさまざまな機能を持つアドオンFirebugのインストールページ[注8]をFirefoxで開き、「Firefoxへ追加」のボタンを右クリックして「名前を付けてリンク先を保存」を選ぶと、アドオンをFirefoxにインストールする代わりにxpiファイルがダウンロードされます（**図4.5**）。

図4.5　アドオンをxpiファイルとして保存する

addExtensionメソッドを使うと、FirefoxDriverによるテスト時に利用するアドオンを追加できます。**リスト4.8**では、あらかじめダウンロードしておいたFirebugのxpiファイルへのパスをaddExtensionメソッドで指定しています。

リスト4.8　アドオンの追加

```
FirefoxProfile profile = new FirefoxProfile();
profile.addExtension(new File("firebug-***-fx.xpiへのパス"));
WebDriver driver = new FirefoxDriver(profile);
```

注7　https://github.com/gempesaw/Selenium-Remote-Driver/blob/master/lib/Selenium/Firefox/webdriver_prefs.json でfrozenとなっているものが変更できないキーです。
注8　https://addons.mozilla.org/ja/firefox/addon/firebug/

――プロファイルフォルダの指定

FirefoxProfileのコンストラクタには、既存のプロファイルフォルダへのパスの指定も可能です（リスト4.9）。この場合、そのプロファイルでインストールされたアドオンやブックマークは、FirefoxDriverから起動されたFirefox上で利用可能です。

リスト4.9　プロファイルフォルダのパスを指定

```
FirefoxProfile profile = new FirefoxProfile(
    new File("プロファイルフォルダへのパス"));
WebDriver driver = new FirefoxDriver(profile);
```

この方法でプロファイルを読み込むと、どのようなプロファイル設定がされているのかわかりづらくなるため、基本的には利用しないほうがよいでしょう。代わりに、引数なしコンストラクタで生成したFirefoxProfileインスタンスに対し、プログラム中で明示的にプロファイル設定を指定するほうがよいでしょう。

Firefox実行ファイルの指定

Firefoxのインストール先ディレクトリをデフォルトとは違う場所にしていたり、複数のバージョンのFirefoxを1つのマシンにインストールしたりしている場合には[注9]、Firefoxの実行ファイルの場所を明示的に指定する必要があります。org.openqa.selenium.firefox.FirefoxBinaryクラスを使うと、リスト4.10のようにFirefoxの実行ファイルの場所を明示的に指定できます。

リスト4.10　Firefox実行ファイルのパスを指定

```
WebDriver driver = new FirefoxDriver(
    new FirefoxBinary(new File("C:\\...\\firefox.exe")), null);
```

ChromeDriver

FirefoxDriverの場合と同様、ChromeDriverから起動されたChromeも、特に指定しなければ、何も設定がされていない新しい状態で起動され、普段利用しているChromeにインストールしたアドオンやブックマークなどは利用できません。

注9　下位バージョンのFirefoxはhttps://ftp.mozilla.org/pub/mozilla.org/firefox/releases/からダウンロードできます。

オプションの指定

org.openqa.selenium.chrome.ChromeOptionsクラスを使うと、テスト時のChromeの挙動を細かく制御できます。

── Chromeのコマンドライン引数の指定

addArgumentsメソッドを使うと、ChromeDriverクラスは指定されたコマンドライン引数を追加してChromeを起動します。リスト4.11では、Chromeに--incognitoオプションを指定してシークレットモードで起動しています。Chromeの引数に指定可能なオプションの一覧は、Chromeプロジェクトの開発者Peter Beverloo氏のブログ記事[注10]に詳しくまとまっています。

リスト4.11　Chromeのコマンドライン引数の指定

```
ChromeOptions options = new ChromeOptions();
options.addArguments("incognito");
WebDriver driver = new ChromeDriver(options);
```

── Chrome拡張の追加

Chromeにも、Chromeの機能を追加するChrome拡張のしくみがあります。その実体は、.crxという拡張子を持ったファイルです。addExtensionsメソッドを使って、このcrxファイルを指定すると、ChromeDriverは指定されたChrome拡張を追加してChromeを起動します[注11]（リスト4.12）。

リスト4.12　Chrome拡張の指定

```
ChromeOptions options = new ChromeOptions();
options.addExtensions(new File("extension_***.crxへのパス"));
WebDriver driver = new ChromeDriver(options);
```

── Chrome実行ファイルの指定

Chromeのインストール先ディレクトリをデフォルトとは違う場所にしているなど、Chromeの実行ファイルの場所を明示的に指定したい場合には、setBinaryメソッドを使うことができます（リスト4.13）。

リスト4.13　Chrome実行ファイルのパスの指定

```
ChromeOptions options = new ChromeOptions();
options.setBinary(new File("C:\\...\\chrome.exe"));
WebDriver driver = new ChromeDriver(options);
```

注10　http://peter.sh/experiments/chromium-command-line-switches/
注11　Chrome拡張のcrxファイルは、Give Me CRX（https://chrome.google.com/webstore/detail/give-me-crx/acpimoebmfjpfnbhjgdgiacjfebmmmci）というChrome拡張を使うと簡単に取得できます。

── Preferenceの変更

Chromeの細かい設定情報であるPreferenceの値を、WebDriver実行時に一時的に変更できます。**リスト4.14**では、Chromeでダウンロードしたファイルの保存先ディレクトリを一時的に変更しています。

リスト4.14　ChromeのPreferenceの変更

```
Map<String, Object> prefs = new HashMap<String, Object>();
prefs.put("download.default_directory", "ダウンロード先ディレクトリのパス");
ChromeOptions options = new ChromeOptions();
options.setExperimentalOption("prefs", prefs);
WebDriver driver = new ChromeDriver(options);
```

Preferenceのキーにどのようなものがあるかは、次の手順で調べることができます。

❶ 「chrome://version」をChromeで開き、「プロフィールパス」の値を確認する（図4.6）
❷ 「プロフィールパス」のディレクトリにある「Preferences」ファイルを開くと、Chromeが現在使用しているPreferenceの情報がJSON形式で確認できる

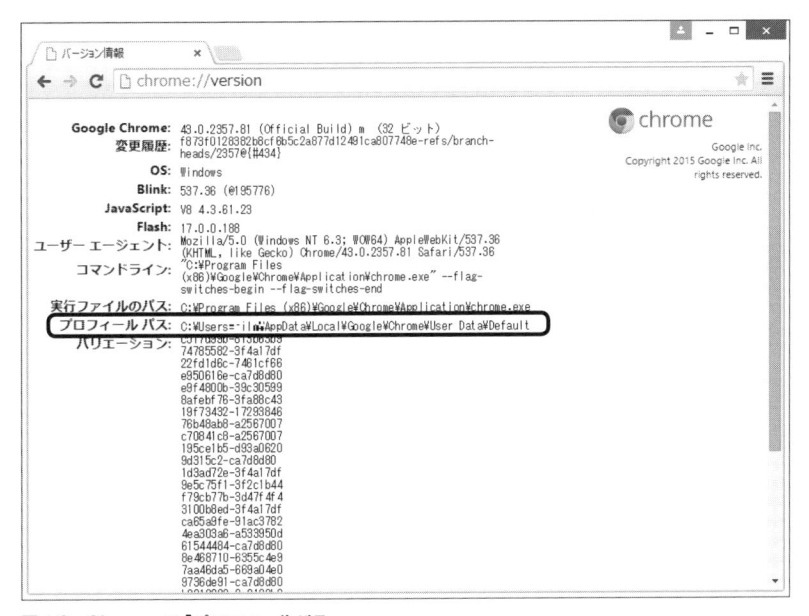

図4.6　Chromeの「プロフィールパス」

InternetExplorerDriver

Capabilities

InternetExplorerDriverクラス固有のCapabilitiesのうち、役に立つものをいくつか紹介します(**表4.1**)。

表4.1　InternetExplorerDriverクラス固有の主なCapabilities

キー	型	デフォルト	内容
browserAttachTimeout	int	0	ミリ秒で指定する。この時間内にInternet Explorerを起動できなければエラーが発生する。0を指定すると、Internet Explorerが起動されるまでタイムアウトなしで待機し続ける
requireWindowFocus	boolean	false	trueを指定すると、マウス・キーボード入力の際にブラウザウィンドウにフォーカスが移動するようになる。これにより再生操作がより正確になり安定するが、フォーカスが奪われるためテスト再生中に同じマシン上で別の作業をすることは困難になる
ie.ensureCleanSession	boolean	false	trueを指定すると、Internet Explorer起動時にキャッシュ・Cookie・履歴・フォーム入力の情報を削除する。WebDriverで起動したInternet Explorer以外のデータも削除されることに注意する
logFile	String	標準出力	IEDriverサーバのログ出力先ファイルパスを指定する
logLevel	String	FATAL	IEDriverサーバのログレベル(ログ出力する情報の量を指定する値)を指定する

SafariDriver

org.openqa.selenium.safari.SafariOptionsクラスを使って、SafariDriverの挙動を指定できます。**リスト4.15**では、setUseCleanSessionメソッドで、Safari起動時にCookie・キャッシュ・Local Storage・DBの値をクリアするように指定しています。

リスト4.15　SafariOptionsの指定

```
SafariOptions options = new SafariOptions();
options.setUseCleanSession(true);
WebDriver driver = new SafariDriver(options);
```

4.3 要素の取得

ブラウザ操作を行うには、まずHTML要素を取得する必要があります。findElementメソッドを使うと、HTML要素をorg.openqa.selenium.WebElement型のインスタンスとして取得し、取得した要素に対しクリックなどの処理を行うことができます。**リスト4.16**では、HTMLのid属性が「user」の要素を取得してクリックしています。

リスト4.16　id「user」の要素の取得

```
WebElement element = driver.findElement(By.id("user"));
element.click();
```

どの要素を取得するかは、引数のorg.openqa.selenium.By型のインスタンスで指定します。このBy型のインスタンスをロケータと呼びます。ロケータについては、のちほど詳しく説明します。

指定した要素が見つけられなかった場合、findElementメソッドはNoSuchElementExceptionを発生させます。条件にマッチする要素が複数ある場合は最初に見つかったものが取得されますが、どれが最初に見つかるのかは不明確なため、必ず一意に絞り込めるような条件で要素を取得するようにしましょう。

findElements

条件にマッチしたすべての要素を取得したい場合は、WebElementのリストを返すfindElementsメソッドを使用します。**リスト4.17**では、HTMLのクラス名「main」のすべての要素を取得し、その数を表示しています。

リスト4.17　findElementsメソッドによる要素の取得

```
List<WebElement> elements = driver.findElements(By.className("main"));
System.out.println(elements.size());
```

指定した要素が1つもない場合は空リストが返るので、リストの長さが0でないかを調べれば、要素が存在するかどうかを判定できます。

ロケータ

続いて、HTML要素を取得するためのロケータについて説明します。Byクラスには、**表4.2**の8種類のロケータが存在します。

表4.2　8種類のロケータ

ロケータ	説明
By.id	id属性の値による指定
By.name	name属性の値による指定
By.tagName	HTMLタグ名による指定
By.className	クラス名による指定
By.linkText	a要素のテキストによる指定
By.partialLinkText	a要素のテキストの部分一致による指定
By.cssSelector	CSSセレクタ記法を使った指定
By.xpath	XPath記法を使った指定

　要素を指定する際は、要素の種類や属性の有無に応じて最適なロケータを選べばよいわけですが、「画面構成が変更されたときにテストスクリプトの修正ができるだけ発生しない」ロケータを選ぶことが重要です。次に紹介するそれぞれのロケータの特徴を踏まえ、最適なものを選択するようにしましょう。

By.id

　id属性を使って要素を指定する、最も基本的なロケータです。たとえばリスト4.18のHTMLに対し、リスト4.19のようにして、idが「next」の要素をクリックできます。

リスト4.18　id「next」の要素を持つHTML

```
<a id="next" href="..." >次のページへ</a>
```

リスト4.19　id「next」の要素をクリック

```
driver.findElement(By.id("next")).click();
```

　idは、HTML要素を一意に識別するための属性で、画面構成が変わっても変更される可能性が低いため、id属性を持つ要素を取得する場合にはこのロケータを使うのがよいでしょう。ただし、一部のJavaScriptフレームワークなどではUIコンポーネントのid属性が毎回動的に変更されるケースがあるので、そういった場合にidの値をそのまま利用することはできません。

By.name

　name属性を使って要素を指定するロケータです。たとえばリスト4.20のHTMLに対し、リスト4.21のようにして、nameが「user」の要素にテキストを入力できます。

リスト4.20　name「user」の要素を持つHTML
```
<input type="text" name="user">
```

リスト4.21　name「user」の要素にテキスト入力
```
driver.findElement(By.name("user")).sendKeys("テストユーザ");
```

id属性と同様、name属性も変更される可能性が低いため、ロケータとして利用するのに適しています。特に、フォーム上の要素に対して指定されたname属性はサーバ側のロジックからも参照されることが多く、変更されにくいため、フォーム上の要素にはBy.idロケータよりもこのBy.nameロケータを使うのが適しています。

By.tagName

HTMLのタグ名を使って要素を指定するロケータです。たとえば**リスト4.22**のようにして、HTML中のすべてのimg要素を取得できます。

リスト4.22　すべてのimg要素を取得
```
List<WebElement> allImages = driver.findElements(By.tagName("img"));
```

同じタグ名の要素は通常HTML内にいくつも存在しますし、あとからその数が増えることもよくあります。findElementsメソッドで指定したタグ名の要素をすべて取得する、などの使い方ならよいですが、findElementメソッドで要素を一意に特定する使い方は避けたほうがよいでしょう。

By.className

クラス名を使って要素を指定するロケータです。たとえば**リスト4.23**のHTMLに対し、**リスト4.24**のようにして、logoクラスの要素をクリックできます。

リスト4.23　logoクラスの要素を持つHTML
```
<div class="logo content">...</div>
```

リスト4.24　logoクラスの要素をクリック
```
driver.findElement(By.className("logo")).click();
```

By.classNameロケータの引数はlogo contentのようにclass属性の値全体で指定するのではなく、logoなどの個々のクラス名を指定します。複数のクラス名で対象を絞りたい場合は、このあと説明するBy.cssSelectorロケータを使

用する必要があります。

　クラス名は通常、HTML内で一意ではありません。リスト4.23のHTMLにおいて、現時点でlogoクラスを持つ要素が1つだけだったとしても、将来もそうかは不明です。将来にわたって1つだけだと確信できるならよいですが、そうでなければ、By.tagNameロケータと同様、findElementsメソッドで指定したクラス名の要素をすべて取得するなどの使い方にとどめ、findElementメソッドで要素を一意に特定する使い方は避けたほうがよいでしょう。

COLUMN　ロケータの調べ方

　ロケータを記述するには、対象のHTML要素の構造や属性を知る必要があります。Firefox・Chrome・Internet Explorer・Safariなどの代表的なブラウザには、現在表示しているHTML要素の情報を簡単に調べる機能が備わっています。たとえばFirefoxの場合、要素をブラウザ上で右クリックして「要素を調査」を選ぶと、HTML要素の情報を簡単に調べることができます（図4.a）。

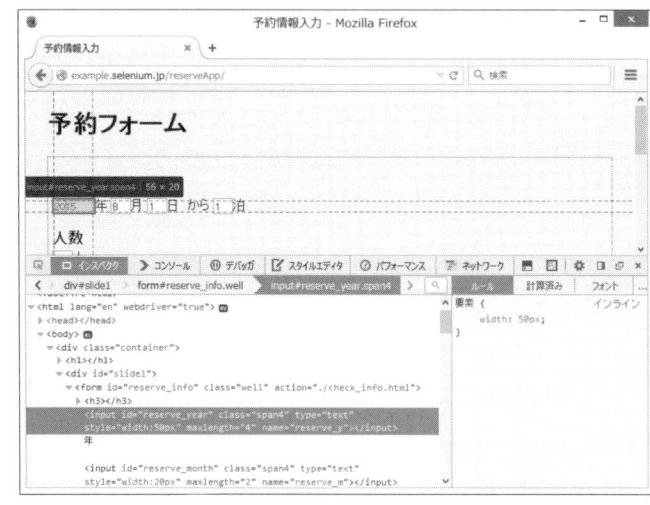

図4.a　FirefoxでHTML要素の情報を調べる

　要素のXPathやCSSロケータなどのさらに複雑な情報を取得したい場合は、10章で紹介するSelenium IDEを活用するのがよいでしょう。213ページで紹介する方法で、ブラウザ上で選択した要素に対するさまざまなロケータを取得できるので、その中から最適なものを選ぶことができます。

By.linkText

a要素のテキストを使って要素を指定するロケータです。たとえば**リスト4.25**のHTMLに対し、**リスト4.26**のようにして、テキストが「次へ」のa要素をクリックできます。

リスト4.25　テキストが「次へ」のa要素を持つHTML（その1）
```
<a href="...">次へ</a>
```

リスト4.26　テキストが「次へ」のa要素をクリック
```
driver.findElement(By.linkText("次へ")).click();
```

このロケータはa要素以外には使えません。a要素以外の要素をテキストで指定して取得したい場合はBy.xpathロケータを利用する必要があります。

テキストは、a要素のインナーテキスト（要素内部のテキストからHTMLタグを取り除いたもの）で判定されます。たとえば**リスト4.27**のHTMLでもa要素のテキストは「次へ」であり、やはりリスト4.26のプログラムでa要素をクリックできます。

リスト4.27　テキストが「次へ」のa要素を持つHTML（その2）
```
<a href="..."><span class="strong-text">次へ</span></a>
```

リンクテキストはid属性ほどではありませんが、画面変更の影響を受ける可能性が比較的低いので、id属性のないa要素では利用を検討してもよいでしょう。ただし、多言語対応のWebアプリケーションで使用してしまうと、別の言語ではリンクテキストが変わってテストが失敗してしまうので、多言語でテストを行いたい場合はこのロケータを使用すべきではありません。

By.partialLinkText

a要素のテキストの部分一致で要素を指定するロケータです。たとえば**リスト4.28**のHTMLに対し、**リスト4.29**のようにして、テキストに「お勧め商品」を含むa要素をクリックできます。

リスト4.28　テキストに「お勧め商品」を含むa要素を持つHTML
```
<a href="...">「ユーザA」さんへのお勧め商品</a>
```

リスト4.29　テキストに「お勧め商品」を含むa要素をクリック
```
driver.findElement(By.partialLinkText("お勧め商品")).click();
```

リンクのテキスト中に変わりやすいデータが含まれている場合は、それを除いた部分一致で要素を選択するとよいでしょう。

By.cssSelector

CSSセレクタ記法で要素を指定するロケータです。CSSセレクタとは、HTMLページのデザイン情報を記述するCSS（*Cascading Style Sheet*）ファイル中で使用される、HTML要素を指定する記法です。広く利用されているJavaScriptライブラリjQueryでも利用されており、Web開発者にとってはおなじみの記法でしょう。

By.cssSelectorロケータでは、このCSSセレクタを利用して要素を指定できます。たとえばリスト4.30のHTMLに対し、リスト4.31のようにして、idが「next」の要素の直下にあるa要素をクリックできます。

リスト4.30　id「next」の要素とa要素を持つHTML

```
<div id="next">
  <a href="..." >次のページへ</a>
</div>
```

リスト4.31　id「next」の要素直下のa要素をクリック（その1）

```
driver.findElement(By.cssSelector("#next > a")).click();
```

CSSセレクタは、属性の値による指定、複数の条件による指定、親子・隣接要素による指定など、柔軟な条件指定が可能なため、次に説明するXPathによるロケータと並んで、最も使い勝手のよいロケータと言えるでしょう。

CSSセレクタの記法については、WebDriverスクリプト中でよく使われるものを付録A「CSSセレクタ・XPath早見表」にまとめているので、そちらを参考にしてください。

By.xpath

XPath[注12]記法を使って要素を指定するロケータです。たとえば先ほどのリスト4.30のHTMLに対し、リスト4.32のようにして、idが「next」の要素の直下にあるa要素をクリックできます。

リスト4.32　id「next」の要素直下のa要素をクリック（その2）

```
driver.findElement(By.xpath("//div[@id='next']/a")).click();
```

注12　http://www.w3.org/TR/xpath/

XPathは、CSSセレクタと同様に柔軟な要素指定が可能で、さらに「要素のテキストによる指定」や「指定した要素の親要素の取得」など、CSSセレクタにはできない指定方法も可能です。ただし、CSSセレクタと比べて記述が長くなりがちです。

XPathの記法についても、WebDriverスクリプト中でよく使われるものを付録A「CSSセレクタ・XPath早見表」にまとめているので、そちらを参考にしてください。

子孫要素の取得

findElementメソッドで取得したWebElementに対し、さらにfindElementやfindElementsメソッドを呼び出すと、最初に取得した要素の子孫要素から要素を検索します（**リスト4.33**）。

リスト4.33　取得した要素のさらに子孫要素を検索

```
// id「root」の要素の子孫要素からさらに、
// リンクテキストが「次へ」のa要素を検索してクリック
driver.findElement(By.id("#root")).findElement(By.linkText("次へ")).click();
```

子孫要素の検索にXPathを使用する場合、「`//`」からパスを開始すると子孫要素でなくHTML全体が検索されてしまいます。「`.//`」からパスを開始すれば、子孫要素だけを検索できます（**リスト4.34**）。

リスト4.34　「`.//`」から始まるXPathで、子孫要素だけを検索

```
// id「root」の要素の子孫要素からさらに、
// リンクテキストが「次へ」のa要素を検索してクリック
driver.findElement(By.id("#root"))
      .findElement(By.xpath(".//a[text()='次へ']")).click();
```

4.4　要素の操作

続いて、取得したHTML要素に対しさまざまな操作を行っていきます。

URL遷移

HTML要素への操作ではありませんが、ここで説明します。指定したURLへの遷移は、WebDriverインタフェースのgetメソッドで行います（**リスト4.35**）。

クリック

リスト4.35　getメソッドによるURL遷移

```
driver.get("http://example.selenium.jp/reserveApp");
```

画面要素のクリックは、取得したWebElementのインスタンスに対してclickメソッドを呼び出すことで行います（**リスト4.36**）。

リスト4.36　clickメソッドによるクリック

```
driver.findElement(By.id("goto_next")).click();
```

clickメソッドを始めとする各種ブラウザ操作のメソッドは、非表示になっている要素に対して操作を行うとElementNotVisibleExceptionが発生します。

また、これらのメソッドは、ブラウザ内部に埋め込まれたロジック・ブラウザのアドオンロジック・OSのネイティブイベントなどを使い（具体的な動作はブラウザごとに異なります）、ブラウザに対し擬似的なユーザ操作を行います。この操作によって、コンピュータのマウスやキーボードの操作が奪われることはありません。

キー入力

要素へのキー入力は、取得したWebElementのインスタンスに対してsendKeysメソッドを呼び出すことで行います。input要素やtextarea要素にキー入力を行う場合、sendKeysメソッドは、要素の現在の値はクリアせずにキー入力を行うので、そのままでは現在の値の末尾にテキストが追記されてしまいます。既存の要素の値を一度クリアするには、sendKeysメソッドを呼び出す前にclearメソッドを呼び出します（**リスト4.37**）。

リスト4.37　clearメソッドとsendKeysメソッドによるキー入力

```
WebElement user = driver.findElement(By.name("user"));
user.clear();
user.sendKeys("テストユーザ");
```

org.openqa.selenium.Keysの定数を使うと、**リスト4.38**のようにさまざまな特殊キーを入力できます。

リスト4.38　特殊キーの入力

```
WebElement user = driver.findElement(By.name("user"));
```

```
// DELETEキーを入力
user.sendKeys(Keys.DELETE);

// ENTERキーを入力
user.sendKeys(Keys.ENTER);

// TABキーを入力
user.sendKeys(Keys.TAB);

// F5キーを入力
user.sendKeys(Keys.F5);
```

　sendKeysメソッドの引数を複数指定すると、その順にキーが入力されます（リスト4.39）。

リスト4.39　複数のキーを順番に入力

```
WebElement user = driver.findElement(By.name("user"));

// "ABC"を入力後、BACKSPACEキーを入力
user.sendKeys("ABC", Keys.BACK_SPACE);
```

　同時にキー入力を行う場合は、chordメソッドを利用します（リスト4.40）。

リスト4.40　chordメソッドで、複数のキーを一括で入力

```
WebElement user = driver.findElement(By.name("user"));

// Ctrl+vを入力
user.sendKeys(Keys.chord(Keys.CONTROL, "v"));
```

　Windowsの場合、リスト4.40のコードによって、Ctrl + V が入力されて、クリックボードの内容が貼り付けされます。

　HTML要素内・ブラウザ内のショートカットキーは基本的にsendKeysによって動作しますが、Windowsの Alt + Tab （現在のウィンドウを切り替える）などのOSレベルのショートカットキーは基本的には効きません。このあたりの挙動はブラウザやOSごとに微妙に異なっているので、基本的にはHTML要素の外側へのキー入力は避けるほうがよいでしょう。

チェックボックスの選択

　チェックボックス（typeが「checkbox」のinput要素）の選択は、clickメソッドを使って行います。チェックボックスをクリックすると毎回チェック状態が反転するので、「チェック状態に変更したい」「非チェック状態に変更したい」とい

う場合は、後述するisSelectedメソッドで現在のチェックを状態を調べるのがよいでしょう（**リスト4.41**）。

リスト4.41　チェックボックスのチェック

```
// name「accept」のチェックボックスをチェック状態に変更
WebElement acceptCheck = driver.findElement(By.name("accept"));
if (!acceptCheck.isSelected()) {
    // 現在非チェック状態の場合に限りクリック
    acceptCheck.click();
}

// name「receiveMail」のチェックボックスを非チェック状態に変更
WebElement receiveMailCheck = driver.findElement(By.name("receiveMail"));
if (receiveMailCheck.isSelected()) {
    // 現在チェック状態の場合に限りクリック
    receiveMailCheck.click();
}
```

ラジオボタンの選択

ラジオボタン（typeが「radio」のinput要素）の選択も、clickメソッドで行います。こちらは、単に選択状態にしたい項目をクリックするだけです（**リスト4.42**）。

リスト4.42　ラジオボタンの選択

```
// name「age」value「0」のラジオボタンを選択
driver.findElement(By.cssSelector("input[name='age'][value='0']")).click();
```

プルダウンの選択

プルダウン（select要素）の選択は、clickメソッドでも可能ですが、コードが複雑になるため、org.openqa.selenium.support.ui.Selectという専用のクラスが用意されています。**リスト4.43**は、Selectクラスを使って、**リスト4.44**のselect要素のoption要素を選択する例です。

リスト4.43　Selectクラスによる、select要素の選択

```
Select select = new Select(driver.findElement(By.name("lang")));

// select要素の、value属性が「ja」のoption要素を選択
select.selectByValue("ja");

// select要素の、テキストが「日本語」のoption要素を選択
select.selectByVisibleText("日本語");
```

```
// select要素の、0番目のoption要素を選択
select.selectByIndex(0);
```

リスト4.44　select要素のHTML

```
<select name="lang">
  <option value="ja">日本語</option>
  <option value="en">英語</option>
</select>
```

　Selectクラスには、option要素を選択するための3つのメソッドがあります。selectByValueメソッドは、value属性の値でoption要素を指定します。value属性の値が変更されることは少ないので、基本的にはこのメソッドを利用するのがよいでしょう。同様にselectByVisibleTextメソッドは表示テキストの値で、selectByIndexメソッドはインデックスの値（0始まり）で、option要素を指定します。

複数選択可能なselect要素

　リスト4.45のようにselect要素にmultiple属性を指定すると、図4.7のように複数の項目を同時に選択できます。

リスト4.45　複数選択可能なselect要素のHTML

```
<select name="lang" multiple>
  <option value="ja">日本語</option>
  <option value="en">英語</option>
  <option value="zh">中国語</option>
</select>
```

図4.7　複数選択可能なselect要素

　通常のselect要素に対しselectのメソッドを呼ぶと、選択中のoption要素が変更されますが、multipleなselect要素の場合は、選択中の項目はそのままで、選択項目がさらに追加されます。項目の選択を解除するには、リスト4.46のようにdeselectのメソッドを使用します。

リスト4.46　deselectのメソッドによる選択の解除

```
Select select = new Select(driver.findElement(By.name("lang")));
select.selectByValue("ja");
select.selectByVisibleText("英語");
select.selectByIndex(2);

// select要素の、value属性が「ja」のoption要素の選択を解除
select.deselectByValue("ja");

// select要素の、テキストが「英語」のoption要素の選択を解除
select.deselectByVisibleText("英語");

// select要素の、2番目のoption要素の選択を解除
select.deselectByIndex(2);

// select要素の、すべてのoption要素の選択を解除
select.deselectAll();
```

deselectのメソッドは、multipleでないselect要素に対して実行しても何も起こりません。

Selectクラスの各種メソッド

Selectクラスには、ほかにもいくつかのメソッドが定義されています（**表4.3**）。

表4.3　Selectクラスの各種メソッド

メソッド名	説明
getFirstSelectedOption	選択されたoption要素のうち、一番最初のものを取得する
getAllSelectedOptions	選択されたすべてのoption要素を取得する
getOptions	すべてのoption要素を取得する
isMultiple	multipleなselect要素かどうかを判定する

submit

form上の要素に対してsubmitメソッドを呼び出すと、そのformのsubmit処理が行われます。対象要素はform上にある必要がありますが、typeが「submit」である必要はありません。たとえば**リスト4.47**のHTMLとそれに対するWebDriverプログラム（**リスト4.48**）では、name「srch_edit」の要素に対してsubmitメソッドを呼び出しています。

リスト4.47　form要素とtype「submit」の要素を持つHTML

```
<form action="***" method="get">
  <input type="text" name="srch_edit">
  <input type="submit" name="srch_button" value="検索">
</form>
```

リスト4.48　submitメソッドによるsubmit処理

```
driver.findElement(By.name("srch_edit")).submit();
```

　name「srch_button」の要素がonclickイベントを持つ場合、submitメソッドはこれを呼び出しません。submitメソッドは厳密にユーザのブラウザ操作を再現するわけではないので、基本的にはdriver.findElement(By.name("srch_button")).click();のようにsubmitボタンに対しclickメソッドを呼び出すほうがよいでしょう。

4.5　要素情報の取得

　HTML要素のさまざまな情報を取得できます。

表示・非表示

　isDisplayedメソッドを使うと、要素がブラウザ上で表示されているかどうかを取得できます（リスト4.49）。

リスト4.49　isDisplayedメソッドで、要素の表示・非表示を取得

```
// name「user」の要素が表示されているかを取得
WebElement user = driver.findElement(By.name("user"));
boolean userDisplayed = user.isDisplayed();
```

　要素がHTML上に存在して、style属性などにより非表示になっている場合に、isDisplayedがfalseであると判定されます。そもそもページ上に要素が存在しない場合は、findElementメソッドを呼び出した時点でNoSuchElementExceptionが発生します。

有効・無効

　isEnabledメソッドを使うと、要素が有効状態（disable属性が指定されていない状態。グレーアウトしておらず、ユーザ入力を受け付けることができる）か

どうかを取得できます（**リスト4.50**）。

リスト4.50　isEnabledメソッドで、要素の有効・無効を取得

```
// name「user」の要素が有効になっているかを取得
WebElement user = driver.findElement(By.name("user"));
boolean userEnabled = user.isEnabled();
```

　isDisplayedメソッドと同様、ページ上に要素が存在しない場合は、findElementメソッドを呼び出した時点でNoSuchElementExceptionが発生します。

存在するかどうか

　要素が存在するかどうかのチェックには、findElementsメソッドを流用するのがよいでしょう（**リスト4.51**）。findElementsメソッドで取得したリストの長さが0より大きければ、ロケータで指定した要素が存在することがわかります。

リスト4.51　要素が存在するかを取得

```
// name「user」の要素が存在するかを取得
List<WebElement> elements = driver.findElements(By.name("user"));
boolean existsElement = (elements.size() > 0);
```

選択状態

　isSelectedメソッドを使うと、チェックボックス・ラジオボタン・プルダウンのoptionが選択されているかどうかを取得できます（**リスト4.52**）。

リスト4.52　isSelectedメソッドで、要素が選択されているかを取得

```
// name「accept」のチェックボックスが選択されているかを取得
WebElement acceptCheck = driver.findElement(By.name("accept"));
boolean accepted = acceptCheck.isSelected();

// name「age」かつvalue「0」のラジオボタンが選択されているかを取得
WebElement ageUnder20 = driver.findElement(
    By.cssSelector("input[name='age'][value='0']"));
boolean isAgeUnder20 = ageUnder20.isSelected();

// name「lang」のselect要素のvalue「ja」のoptionが選択されているかを取得
WebElement ja = driver.findElement(
    By.cssSelector("select[name='lang'] option[value='ja']"));
boolean jaSelected = ja.isSelected();
```

属性

getAttributeメソッドを使うと、要素の任意の属性を取得できます（**リスト4.53**）。

リスト4.53　getAttributeメソッドで、要素の属性を取得

```
WebElement user = driver.findElement(By.name("user"));
System.out.println(user.getAttribute("value"));
```

存在しない属性名を指定した場合はnullが返ります。

テキスト

getTextメソッドを使うと、要素のインナーテキストを取得できます（**リスト4.54**）。

リスト4.54　getTextメソッドで、要素のインナーテキストを取得

```
WebElement total = driver.findElement(By.id("total"));
System.out.println(total.getText());
```

タグ名

getTagNameメソッドを使うと、要素のタグ名を取得できます（**リスト4.55**）。

リスト4.55　getTagNameメソッドで、要素のタグ名を取得

```
WebElement total = driver.findElement(By.id("total"));
System.out.println(total.getTagName());
```

CSSプロパティ

getCssValueメソッドを使うと、要素のCSSプロパティの値を取得できます（**リスト4.56**）。

リスト4.56　getCssValueメソッドで、要素のCSSプロパティを取得

```
WebElement root = driver.findElement(By.id("root"));
System.out.println(root.getCssValue("float"));
```

存在しないCSSプロパティの値を指定した場合の挙動は、「空文字が返る」「エラーが発生する」などブラウザごとにバラバラのようです。

サイズ

getSizeメソッドを使うと、要素の高さと幅を取得できます（**リスト4.57**）。

リスト4.57　getSizeメソッドで、要素の高さと幅を取得

```
WebElement root = driver.findElement(By.id("root"));
// 高さ
System.out.println(root.getSize().getHeight());
// 幅
System.out.println(root.getSize().getWidth());
```

位置

getLocationメソッドを使うと、要素の位置を取得できます（**リスト4.58**）。位置は、Webページの左上からの座標で取得されます。

リスト4.58　getLocationメソッドで、要素の位置を取得

```
WebElement root = driver.findElement(By.id("root"));
// x座標（横位置）
System.out.println(root.getLocation().getX());
// y座標（縦位置）
System.out.println(root.getLocation().getY());
```

4.6 ブラウザ情報の取得

さまざまなブラウザの情報を取得したり、変更したりできます。

タイトル

getTitleメソッドを使うと、現在のブラウザウィンドウに読み込まれているページのタイトルを取得できます（**リスト4.59**）。

リスト4.59　getTitleメソッドで、ページのタイトルを取得

```
System.out.println(driver.getTitle());
```

URL

getCurrentUrlメソッドを使うと、現在のブラウザウィンドウに読み込まれているページのURLを取得できます（リスト4.60）。

リスト4.60　getCurrentUrlメソッドで、現在のURLを取得

```
System.out.println(driver.getCurrentUrl());
```

HTMLソース

getPageSourceメソッドを使うと、現在のブラウザウィンドウのHTMLファイルの内容を取得できます（リスト4.61）。

リスト4.61　getPageSourceメソッドで、現在のHTMLを取得

```
System.out.println(driver.getPageSource());
```

ウィンドウ位置

getPositionメソッドを使うと、現在のブラウザウィンドウの位置を取得できます（リスト4.62）。位置は、画面の左上からの座標で取得されます。

リスト4.62　getPositionメソッドで、ウィンドウ位置を取得

```
// x座標（横位置）
driver.manage().window().getPosition().getX();
// y座標（縦位置）
driver.manage().window().getPosition().getY();
```

setPositionメソッドを使うと、現在のブラウザウィンドウの位置を移動できます（リスト4.63）。引数には、org.openqa.selenium.Pointクラスのインスタンスを指定します。

リスト4.63　setPositionメソッドで、ウィンドウ位置を移動

```
// x座標100、y座標200の位置にウィンドウを移動
driver.manage().window().setPosition(new Point(100, 200));
```

ウィンドウサイズ

getSizeメソッドを使うと、現在のブラウザウィンドウのサイズを取得できます（リスト4.64）。

リスト4.64　getSizeメソッドで、ウィンドウサイズを取得

```
// 高さ
driver.manage().window().getSize().getHeight();
// 幅
driver.manage().window().getSize().getWidth();
```

　setSizeメソッドを使うと、現在のブラウザウィンドウのサイズを変更できます（**リスト4.65**）。引数には、org.openqa.selenium.Dimensionクラスのインスタンスを指定します。

リスト4.65　setSizeメソッドで、ウィンドウサイズを変更

```
// 幅100、高さ20にウィンドウサイズを変更
driver.manage().window().setSize(new Dimension(100, 200));
```

　maximizeメソッドを使うと、現在のブラウザウィンドウを最大化できます（**リスト4.66**）。

リスト4.66　maximizeメソッドで、ウィンドウサイズを最大化

```
driver.manage().window().maximize();
```

Cookie

　WebDriverを使えば、ブラウザの現在のCookie情報の取得や追加・削除を行うこともできます。

Cookieの取得

　getCookiesメソッドを使うと、すべてのCookieをorg.openqa.selenium.Cookie型のオブジェクトとして取得できます（**リスト4.67**）。取得できるのは、現在表示中のページからアクセスできるCookieのみです[注13]。

リスト4.67　getCookiesメソッドで、Cookieを取得

```
Set<Cookie> cookies = driver.manage().getCookies();
for(Cookie cookie : cookies) {
    System.out.println(cookie.getName());
    System.out.println(cookie.getValue());
}
```

　Cookieオブジェクトには**表4.4**のメソッドが定義されています。

注13　JavaScriptのdocument.cookieメソッドでアクセスできるCookieです。これには、現在のドメインのCookieのほかに、ページに読み込まれているサードパーティCookieも含まれます。

4.6 ブラウザ情報の取得

表4.4 Cookieオブジェクトのメソッド

メソッド名	返り値	説明
getName	String	Cookieの名前を取得
getValue	String	Cookieの値を取得
getExpiry	Date	Cookieの「expires」の値を取得
getDomain	String	Cookieの「domain」の値を取得
getPath	String	Cookieの「path」の値を取得
isSecure	boolean	Cookieの「secure」の有無を取得

getCookieNamedメソッドを使うと、指定された名前のCookieを取得できます（リスト4.68）。

リスト4.68　getCookieNamedメソッドで、指定された名前のCookieを取得

```
// 名前が「sessionId」のCookieを取得
Cookie cookie = driver.manage().getCookieNamed("sessionId");
```

Cookieの追加

addCookieメソッドを使うと、Cookieを追加できます（リスト4.69）。

リスト4.69　addCookieメソッドによるCookieの追加

```
// 名前が「sessionId」のCookieを追加
Cookie cookie = new Cookie("sessionId", "****");
driver.manage().addCookie(cookie);
```

Cookieオブジェクトは、現在のページのドメインに対するCookieとして追加されます。Cookieオブジェクトのドメインが現在のドメインと異なる場合はエラーになります。追加されたCookieは、そのWebDriverインスタンスに対してのみ有効になります。

Cookieの削除

deleteCookieNamedメソッドやdeleteCookieメソッドを使うと、現在のページのドメインから、指定された名前を持つCookieを削除できます。リスト4.70とリスト4.71は、どちらも名前が「sessionId」のCookieを削除するプログラムです。deleteCookieメソッドの削除対象Cookieは名前のみで決まり、引数のCookieオブジェクトにドメインの値などを指定しても無視されます。

リスト4.70　deleteCookieメソッドによるCookieの削除

```
// 名前が「sessionId」のCookieを削除
Cookie sessionCookie = driver.manage().getCookieNamed("sessionId");
driver.manage().deleteCookie(sessionCookie);
```

リスト4.71　deleteCookieNamedメソッドによるCookieの削除

```
// 名前が「sessionId」のCookieを削除
driver.manage().deleteCookieNamed("sessionId");
```

deleteAllCookiesメソッドで、現在のドメインの全Cookieを一括で削除できます（リスト4.72）。

リスト4.72　deleteAllCookiesメソッドによるCookieの一括削除

```
// すべてのCookieを削除
driver.manage().deleteAllCookies();
```

4.7 ブラウザの操作

ブラウザに対するさまざまな操作を行うことができます。

画面キャプチャ

ブラウザの現在の画面キャプチャを取得するには、getScreenshotAsメソッドを使います。リスト4.73のように、getScreenshotAsメソッドの引数にOutputType.FILEを指定すると、画面キャプチャの結果は一時pngファイルに出力されます。この一時ファイルはJavaプロセスの終了時に削除されるので、テスト後に参照できるよう、moveFileなどのメソッドを使って別の場所に移動しておきます。

リスト4.73　getScreenshotAsメソッドによる画面キャプチャの取得

```
import org.openqa.selenium.TakesScreenshot;
import org.openqa.selenium.OutputType;
import org.apache.commons.io.FileUtils;
// 略
File tempFile = ((TakesScreenshot) driver).getScreenshotAs(OutputType.FILE);
FileUtils.moveFile(tempFile, new File("C:\\...png"));
```

FirefoxDriver、ChromeDriverなどの各種ドライバクラスは、いずれもTakesScreenshotインタフェースを実装していますが、WebDriverインタフェースはTakesScreenshotインタフェースを継承していません。したがっ

て、WebDriver型のdriver変数をTakesScreenshot型にキャストしてから、getScreenshotAsメソッドを呼び出す必要があります。

　getScreenshotAsメソッドの引数を変えれば、画面キャプチャのデータをバイト列（**リスト4.74**）やBASE64エンコードされた文字列（**リスト4.75**）として取得もできますが、使用する機会はあまりないでしょう。

リスト4.74　画面キャプチャ情報をバイト列として取得

```
byte[] captureData = ((TakesScreenshot) driver)
    .getScreenshotAs(OutputType.BYTES);
```

リスト4.75　画面キャプチャ情報をBASE64エンコード文字列として取得

```
String captureData = ((TakesScreenshot) driver)
    .getScreenshotAs(OutputType.BASE64);
```

　テストが失敗したときに限り画面キャプチャを取得したい場合は、テストフレームワークの機能と組み合わせるとよいでしょう。たとえばJUnitであれば、TestWatcher[注14]というしくみを使ってテスト失敗時に呼び出される処理を記述できます。

画面キャプチャの取得範囲

　スクロールの範囲外に隠れている部分があるWebページの画面キャプチャを取った場合、ブラウザの種類によって範囲外の部分も画面キャプチャに含まれる場合と、含まれない場合があります。具体的な違いは次のようになります。

- Firefox・PhantomJS
  範囲外の部分も画面キャプチャに含まれる
- Chrome・Safari
  範囲外の部分は画面キャプチャに含まれない
- Internet Explorer
  64ビット版のIEDriverサーバを使っている場合、範囲外の部分も画面キャプチャに含まれる。32ビット版のIEDriverサーバを使っている場合、範囲外の部分は黒くなって表示される[注15]

注14　http://junit.org/apidocs/org/junit/rules/TestWatcher.html
注15　http://jimevansmusic.blogspot.jp/2014/09/screenshots-sendkeys-and-sixty-four.html

JavaScriptの実行

executeScriptメソッドを使うと、WebDriverスクリプト中から、JavaScriptの処理を呼び出すことができます。この処理は現在のWebDriverで開いているWebページのコンテキスト内で実行されるので、ページ中の要素の情報を取得したり、操作したりできます。**リスト4.76**では、Javaで記述されたWebDriverのロジック内から、JavaScriptのwindow.alert('テスト');の処理を呼び出して、ポップアップを表示させています。

リスト4.76　executeScriptメソッドによるJavaScriptの実行

```
import org.openqa.selenium.JavascriptExecutor;
// 略
((JavascriptExecutor) driver).executeScript("window.alert('テスト');");
```

TakesScreenshotインタフェースと同様に、JavascriptExecutorインタフェースも各種ドライバクラスに実装されていますが、WebDriverインタフェースには継承されていないので、driverをJavascriptExecutor型にキャストする必要があります。

返り値の取得

JavaScript中でreturnを呼び出すと、その値がWebDriverロジック側に返されます。この返り値を利用することで、ページ内のJavaScriptで定義された変数の値や、要素の情報を取得できます。

リスト4.77では、JavaScript内でjQueryのメソッドを使って要素のテキストを取得しています（Webページのコンテキスト内にすでにjQueryがロードされていることが前提です）。

リスト4.77　JavaScriptメソッドの返り値の取得

```
Object result = ((JavascriptExecutor) driver).executeScript(
    "return $('#user').text()");
String strResult = (String) result;
```

リスト4.78では、**リスト4.79**のHTML中に定義された変数の値を取得しています。

リスト4.78　JavaScript中の変数の値を取得

```
Object result = ((JavascriptExecutor) driver).executeScript(
    "return testVariable");
long longResult = (long) result;
```

4.7 ブラウザの操作

リスト4.79　JavaScriptの変数を含むHTML

```html
<html>
  <head>
    <script type="text/javascript">
    var testVariable = 1;
    </script>
  </head>
  <body>
  </body>
</html>
```

　JavaScript側の返り値とJava側の返り値の型のマッピングは**表4.5**の通りです。JavaScript側で何もreturnされていない場合、Java側にはnullが返ります。

表4.5　JavaScriptの返り値からJavaの返り値へのマッピング

JavaScript	Java
HTML要素	WebElement
decimal	Double
decimal以外のnumber	Long
boolean	Boolean
null	null
返り値がない場合	null
配列	List
その他	String

引数の指定

　Java側からJavaScript側に引数を渡すこともできます。executeScriptメソッドの第2引数以降に指定したObjectはJavaScript側に渡されて、argumentsという配列変数で参照できます。**リスト4.80**では、Java側から1と2という2つの変数を渡しているので、JavaScriptのロジック中で「3」というメッセージのポップアップが表示されます。

リスト4.80　Java側からJavaScript側へ引数を渡す

```
((JavascriptExecutor) driver).executeScript(
    "window.alert(arguments[0] + arguments[1]);", 1, 2);
```

　Java側の引数とJavaScript側の引数の型のマッピングは**表4.6**の通りです。基本的には返り値の型のマッピングの逆となります。

表4.6　Javaの引数からJavaScriptの引数へのマッピング

Java	JavaScript
WebElement	HTML要素
int、long、double、floatなど	number
Int、Long、Double、Floatなど	number
boolean, Boolean	boolean
String	string
null	null
List	配列

非同期メソッドの呼び出し

　JavaScriptのメソッドの中には、setTimeoutメソッドのように、非同期で実行され、完了すると引数で渡したコールバックメソッドを呼び出すものがあります。たとえば**リスト4.81**のJavaScriptのコードの場合、setTimeoutメソッドの呼び出しはすぐに完了し、そのあとのmessage = "after";のコードが呼ばれます。そして3,000ミリ秒経過するとコールバックメソッドが呼ばれてポップアップが表示されます。このときのメッセージは「before」ではなく「after」となっています。

リスト4.81　非同期でコールバックメソッドを呼び出すJavaScriptコード

```
var message = "before";
window.setTimeout("window.alert(message);", 3000);
message = "after";
```

　こういった非同期で実行されるメソッドの完了を待つためのメソッドとして、executeAsyncScriptというメソッドがJavascriptExecutorには用意されています。

　executeAsyncScriptメソッドはexecuteScriptメソッドと似ていますが、arguments変数の末尾に、JavaScriptロジックの完了をJava側に通知するコールバック関数がセットされており、これを呼び出さない限りexecuteAsyncScriptメソッドは完了しません。

　リスト4.82では、setTimeoutメソッドが3,000ミリ秒後にコールバック関数を呼び出し、これによってexecuteAsyncScriptメソッドが完了し、Java側の処理が再開されます。setScriptTimeoutメソッドは、executeAsyncScriptメソッドのタイムアウト値をセットするメソッドで、ここで指定した時間内にコールバック関数が呼び出されなかった場合、executeAsyncScriptはTimeoutExceptionを発生させます。タイムアウト値はデフォルトでは0秒になっている

ので、setScriptTimeoutメソッドで適当な値をセットしておきましょう。

リスト4.82　executeAsyncScriptメソッドによる、非同期JavaScriptの実行

```
import java.util.concurrent.TimeUnit;
import org.openqa.selenium.JavascriptExecutor;
// 略

// タイムアウト値を20秒にセット
driver.manage().timeouts().setScriptTimeout(20, TimeUnit.SECONDS);
// 非同期JavaScriptの実行
((JavascriptExecutor) driver).executeAsyncScript(
    "var callback = arguments[arguments.length - 1];" +
    "window.setTimeout(callback, 3000);");
```

　コールバック関数の引数に値を指定した場合、その値がexecuteAsyncScriptメソッドの返り値となります。**リスト4.83**ではarg * 2が返り値になります。

リスト4.83　executeAsyncScriptメソッドの返り値の指定

```
// タイムアウト値を20秒にセット
driver.manage().timeouts().setScriptTimeout(20, TimeUnit.SECONDS);
// 非同期JavaScriptの実行
Object result = ((JavascriptExecutor) driver).executeAsyncScript(
    "var arg = arguments[0];" +
    "var callback = arguments[arguments.length - 1];" +
    "window.setTimeout(function(){callback(arg * 2);}, 3000);",
    128);
long longResult = (long) result;
assertThat(longResult, is(256));
```

　返り値の型のJavaScript側からJava側へのマッピングは、executeScriptメソッドの場合と同じです。

ナビゲーション

　ブラウザの戻る・進む・リロードなどの操作を行うことができます。

▌戻る

　backメソッドを使うと、1つ前のページに戻ることができます（**リスト4.84**）。これはブラウザの「戻る」ボタンを押したときの処理に相当します。

リスト4.84　backメソッドによる「戻る」操作

```
driver.navigate().back();
```

進む

forwardメソッドを使うと、1つ先のページに進むことができます（**リスト4.85**）。これはブラウザの「進む」ボタンを押したときの処理に相当します。1つ先のページに進めるのは、「戻る」の機能で前のページから戻って来ていた場合に限ります。

リスト4.85　forwardメソッドによる「進む」操作
```
driver.navigate().forward();
```

リロード

refreshメソッドを使うと、現在のページの再読み込みができます（**リスト4.86**）。これは、ブラウザの「リロード」ボタンを押したときの処理に相当します。

リスト4.86　refreshメソッドによる「リロード」操作
```
driver.navigate().refresh();
```

4.8　待ち処理

WebDriverの画面操作は、ページ読み込みの間は待機し、読み込みが終わるまで次の操作を開始することはありません。しかし一方で、JavaScriptによる動的なHTMLの書き換え処理は待機しないため、そうした処理を待つ場合は明示的に指定する必要があります。たとえば、特定のボタンを押したときにJavaScriptで非同期処理が行われ、処理の完了後にメッセージが表示される場合、メッセージの内容をチェックするには表示されるまで待機しなければいけません。WebDriverには、こうした待ち処理を行うためにImplicit WaitとExplicit Waitという2つの方法があります。

Implicit Wait

Implicit Waitは、WebDriverインスタンスのimplicitlyWaitメソッドを使って待機時間を指定する方法です。待機時間は、そのインスタンスのすべてのfindElementおよびfindElementsメソッドの呼び出しに対し有効になります。

リスト4.87では、待機時間を30秒に指定しています。これによって、driver.findElementやdriver.findElementsが1つも要素を見つけられない場合でも、最大30秒を超えるまで内部で繰り返しリトライ処理が行われます。

リスト4.87　implicitlyWaitメソッドによる待機時間の指定
```
driver.manage().timeouts().implicitlyWait(30, TimeUnit.SECONDS);
```

implicitlyWaitメソッドの待ち処理が発動するのは要素が見つからなかった場合だけです。少し長めの時間を設定しても、実行時間はテストが失敗しない限りほとんど変わりません。動的な処理を含むWebサイトではImplicit Waitの指定は必ず行うのがよいでしょう。

Implicit Waitが待機するのは、要素が見つからない場合のみで、要素が表示状態や有効状態になるのを自動的に待つことはできません。こういった待ち処理を行う場合は、次に述べるExplicit Waitを使う必要があります。

Explicit Wait

Explicit Waitは、「idがmessageの要素が表示されるまで待つ」などのように、プログラム中で個別に待機時間や待機条件を指定する方法です。

単純に指定された時間だけ待機したいなら、java.lang.Threadのsleepメソッドを使えば、毎回固定された時間だけ待機できます。ですがこの方法では、

- まれに要素の表示に非常に時間がかかった場合に、テストが失敗してしまう
- テストが失敗しないように長めの待機時間を指定すると、今度はテストの実行時間が長くなってしまう

といった問題が生じるので、sleepメソッドなどによる固定時間の待機は避けるべきです。

WebDriverWait

WebDriverWaitクラスは、Explicit Waitを行う際に最もよく利用されるクラスです。リスト4.88では、id「message」の要素が表示されるまで最大60秒間、WebDriverWaitのuntilメソッドを使って待機しています。untilメソッドの引数に指定されたExpectedConditions.visibilityOfElementLocated(By.id("message"))が、具体的な待機条件を表します。

リスト4.88　WebDriverWaitクラスを使った待ち処理
```
import org.openqa.selenium.support.ui.WebDriverWait;
import org.openqa.selenium.support.ui.ExpectedConditions;
// 略
WebDriverWait wait = new WebDriverWait(driver, 60);
wait.until(ExpectedConditions.visibilityOfElementLocated(By.id("message")));
```

要素が表示状態になった場合は、60秒経つ前にそこで待ち処理は完了します。

── 最大待機時間の指定

WebDriverWaitクラスのコンストラクタで、最大の待機時間を指定できます（リスト4.89）。

リスト4.89　WebDriverWaitクラスの最大待機時間の指定

```
// 最大で60秒間待機
WebDriverWait wait1 = new WebDriverWait(driver, 60);

// 最大で3.5秒（3秒 + 500ミリ秒）待機
WebDriverWait wait2 = new WebDriverWait(driver, 3, 500);
```

── さまざまな待機方法の指定

ExpectedConditionsクラスには、リスト4.88で紹介したvisibilityOfElementLocatedメソッド以外にもさまざまなメソッドが存在します。ExpectedConditionsクラスの主要な待機メソッド一覧は表4.7の通りです。

表4.7　ExpectedConditionsクラスの主要な待機メソッド

untilの引数	untilの返り値	説明
presenceOfElementLocated (By locator)	WebElement	locatorの要素が見つかるまで待機
presenceOfAllElementsLocatedBy (By locator)	List	locatorの要素が見つかるまで待機。見つかったすべての要素を返す以外はpresenceOfElementLocatedと同じ
visibilityOfElementLocated (By locator)	WebElement	locatorの要素が存在して表示状態になるまで待機
visibilityOfAllElementsLocatedBy (By locator)	List	locatorの要素が1つ以上存在し、そのすべてが表示状態になるまで待機
visibilityOf(WebElement element)	WebElement	elementが表示されるまで待機
visibilityOfAllElements (List elements)	List	elementsがすべて表示されるまで待機
elementToBeClickable (By locator)	WebElement	locatorの要素が存在し、クリック可能（表示かつ有効状態）になるまで待機
elementToBeClickable (WebElement element)	WebElement	elementがクリック可能になるまで待機
textToBePresentInElementLocated (By locator, String text)	Boolean	locatorの要素が存在し、テキストにtextが含まれるまで待機
textToBePresentInElement (WebElement element, String text)	Boolean	elementのテキストにtextが含まれるまで待機

untilの引数	untilの返り値	説明
textToBePresentInElementValue (By locator, String text)	Boolean	locatorの要素が存在し、value属性にtextが含まれるまで待機
textToBePresentInElementValue (WebElement element, String text)	Boolean	elementのvalue属性にtextが含まれるまで待機
elementToBeSelected(By locator)	Boolean	locatorの要素が存在し、選択された状態になるまで待機
elementToBeSelected (WebElement element)	Boolean	elementが選択された状態になるまで待機
elementSelectionStateToBe (By locator, boolean selected)	Boolean	locatorの要素が存在し、選択状態がselectedになるまで待機
elementSelectionStateToBe (WebElement element, boolean selected)	Boolean	elementの選択状態がselectedになるまで待機
stalenessOf (WebElement element)	Boolean	elementに対応する要素がページ上からなくなるまで待機
invisibilityOfElementLocated (By locator)	Boolean	locatorの要素が存在しない、または非表示状態になるまで待機
titleContains(String title)	Boolean	現在のページのタイトルにtitleが含まれるまで待機
titleIs(String title)	Boolean	現在のページのタイトルがtitleになるまで待機
alertIsPresent()	Alert	ポップアップが表示されるまで待機。表示されたら、操作対象ウィンドウをポップアップに移す
frameToBeAvailableAndSwitchToIt (By locator)	WebDriver	locatorのフレームが見つかるまで待機。見つかったら操作対象フレームを移す
frameToBeAvailableAndSwitchToIt (String frameLocator)	WebDriver	id属性またはname属性がframeLocatorのフレームが見つかるまで待機。見つかったら操作対象フレームを移す

── **任意の条件による指定**

あらかじめ用意されたExpectedConditionsクラスのメソッドの中に目的にちょうど合うものがなければ、独自の待機条件の指定も可能です。独自の待機条件を指定するには、untilメソッドの引数に、org.openqa.selenium.support.ui.ExpectedConditionクラスを継承してapplyメソッドに条件判定ロジックを実装したオブジェクトを渡します。

リスト4.90は、現在のURLの末尾が「/test/index.html」になるまで、最大60秒間待機するスクリプトの例です。このスクリプトでは、applyメソッドがtrueを返した時点で待機条件が満たされ、待ち処理が終了します。

リスト4.90　ExpectedConditionクラスによる、独自の待機条件の指定

```
new WebDriverWait(driver, 60).until(new ExpectedCondition<Boolean>() {
    @Override
    public Boolean apply(WebDriver wd) {
        return wd.getCurrentUrl().endsWith("/test/index.html");
    }
});
```

　もう1つ別の例を挙げましょう。**リスト4.91**は、CSSセレクタ「#list > li」に合致する要素の数が10個になるまで待機するスクリプトの例です。この例からわかるように、ExpectedConditionの直後の<>で囲まれた型引数は、Boolean以外に変更できます。この場合、applyメソッドがnull以外の値を返したときに条件が満たされたと判定されます。また、ここで返された値がそのままwait.untilメソッドの返り値になります。

リスト4.91　applyメソッドの返り値をBoolean以外にする

```
List<WebElement> elements = new WebDriverWait(driver, 60).until(
        new ExpectedCondition<List<WebElement>>() {
    @Override
    public List<WebElement> apply(WebDriver wd) {
        List<WebElement> list
                = wd.findElements(By.cssSelector("#list > li"));
        if (list.size() == 10) {
            return list;
        } else {
            return null;
        }
    }
});
System.out.println(elements.size());
```

── 待機失敗時のエラーメッセージの指定

　リスト4.92のように、withMessageメソッドを使って、待機失敗時のエラーメッセージを指定できます。

リスト4.92　withMessageメソッドによるエラーメッセージの指定

```
// 現在のURLの末尾が「/test/index.html」になるまで、最大60秒間待機
new WebDriverWait(driver, 60)
.withMessage("URLが条件を満たしません: " + driver.getCurrentUrl())
.until(new ExpectedCondition<Boolean>() {
    @Override
    public Boolean apply(WebDriver wd) {
        return wd.getCurrentUrl().endsWith("/test/index.html");
    }
});
```

── 待機条件判定を行う間隔の指定

リスト4.93のように、pollingEveryメソッドを使って、待機条件の判定を行う間隔を指定できます。デフォルトでは、0.5秒おきに判定処理が行われます。

リスト4.93　pollingEveryメソッドによる、条件判定処理間隔の指定

```
// id「message」の要素のテキストが「完了」を含むまで、
// 5秒おきにチェックしながら最大120秒間待機
new WebDriverWait(driver, 120).pollingEvery(5, TimeUnit.SECONDS).until(
        ExpectedConditions.textToBePresentInElementLocated(
                By.id("message"), "完了"));
```

ページ読み込みの待ち時間

WebDriverは、本節の冒頭で説明したようにページ読み込み中はブラウザ操作を行わずに待機します。一定時間経っても読み込みが終わらない場合は、TimeoutExceptionが発生してテストは失敗しますが、このタイムアウトするまでの時間はpageLoadTimeoutメソッドで指定できます。リスト4.94では、読み込みタイムアウトの時間を120秒に設定しています。

リスト4.94　pageLoadTimeoutメソッドによる読み込みタイムアウトの指定

```
driver.manage().timeouts().pageLoadTimeout(120, TimeUnit.SECONDS);
```

4.9　ポップアップ・ウィンドウ・フレーム

ポップアップ

JavaScriptのwindow.alertメソッドなどで表示されたポップアップを、WebDriverで操作できます。

▌Alertダイアログ

リスト4.95のJavaScriptロジックを実行すると、図4.8のようなAlertダイアログが表示されます。

リスト4.95　Alertダイアログを表示するJavaScript

```
window.alert('テスト');
```

図4.8 Alertダイアログ

このダイアログをWebDriverで操作するには、リスト4.96のように記述します。

リスト4.96　Alertダイアログの操作
```
driver.switchTo().alert().accept();
```

driver.switchTo().alert()は、WebDriverの操作対象のウィンドウを現在のAlertダイアログに変更し、org.openqa.selenium.Alert型のインスタンスを返します。このAlertインスタンスのacceptメソッドを呼び出すと、ダイアログのOKボタンが押され、WebDriverの対象ウィンドウがもとのウィンドウに戻ります。

getTextメソッドを使うと、表示テキストの内容を取得できます（リスト4.97）。

リスト4.97　getTextメソッドによる、表示テキストの取得
```
Alert alertDialog = driver.switchTo().alert();
System.out.println(alertDialog.getText()); // "テスト"
alertDialog.accept();
```

ポップアップが操作対象のウィンドウになっているときに、driver.getTitle()などのAlertインスタンス以外のWebDriverのメソッドを呼び出すと、UnhandledAlertExceptionが発生します（リスト4.98）。

リスト4.98　UnhandledAlertExceptionが発生するスクリプト
```
Alert alertDialog = driver.switchTo().alert();
System.out.println(driver.getTitle()); // ここでエラーになる
alertDialog.accept();
```

Confirmダイアログ

リスト4.99のJavaScriptロジックを実行すると、図4.9のようなConfirmダイアログが表示されます。

リスト4.99　Confirmダイアログを表示するJavaScript
```
window.confirm('実行しますか?');
```

図4.9 Confirmダイアログ

このダイアログのOKボタンを押すにはacceptメソッドを、キャンセルボタンを押すにはdismissメソッドを利用します（**リスト4.100**）。

リスト4.100 Confirmダイアログの操作

```
/// ConfirmダイアログのOKボタンを押す
driver.switchTo().alert().accept();

/// Confirmダイアログのキャンセルボタンを押す
driver.switchTo().alert().dismiss();
```

Alertダイアログと同様、getTextメソッドでメッセージを取得できます。

Promptダイアログ

リスト4.101のJavaScriptロジックを実行すると、**図4.10**のようなPromptダイアログが表示されます。

リスト4.101 Promptダイアログを表示するJavaScript

```
window.prompt('入力してください', '初期値');
```

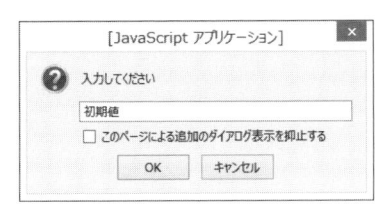

図4.10 Promptダイアログ

他のダイアログと同様、acceptメソッドでOKボタンを、dismissメソッドでキャンセルボタンを押すことができ、getTextメソッドでメッセージを取得できます。入力欄にテキストをセットするには、AlertインスタンスのsendKeysメソッドを利用します（**リスト4.102**）。

リスト4.102　Promptダイアログの操作

```
Alert promptDialog = driver.switchTo().alert();
promptDialog.sendKeys("入力テキスト");
promptDialog.accept();
```

SafariDriver、PhantomJSDriverの場合

　SafariDriverとPhantomJSDriverには、ここで紹介したポップアップ処理を行うメソッドが実装されていません。これらのドライバでポップアップを扱うには、JavaScriptロジックを使ってポップアップが表示されないようにするのがよいでしょう。

　リスト4.103では、window.alertメソッドを置き換えることでAlertダイアログが実際には表示されないようにし、さらにgetLastAlertMessageメソッドによって直前のwindow.alertメソッド呼び出しのメッセージを取得しています。

リスト4.103　JavaScriptを使った、Alertダイアログの処理

```
// window.alertが実際には実行されないよう置き換え
// （lastAlertMessageがグローバル変数にならないよう、無名関数を利用）
((JavascriptExecutor) driver).executeScript(
    "(function() {" +
    "  var lastAlertMessage = undefined;" +
    "  window.alert = function (message) {" +
    "    lastAlertMessage = message;" +
    "  };" +
    "  window.getLastAlertMessage = function () {" +
    "    return lastAlertMessage;" +
    "  };" +
    "})();");

// ここでポップアップが表示される処理を行う

// ポップアップのメッセージを取得
Object message = ((JavascriptExecutor) driver).executeScript(
    "return window.getLastAlertMessage()");
System.out.println(message);
```

　コードサンプルは省略しますが、ConfirmダイアログやPromptダイアログも同じようにして扱うことができます。

ウィンドウ

　近ごろは少なくなってきましたが、Webページの中には、別ページを別ブラウザウィンドウで開くものがあります。このとき、新しく開いたウィンドウ上の要

素を操作するには、WebDriverの操作対象ウィンドウを変更する必要があります。対象ウィンドウを変更するには、switchToメソッドを使います。

リスト4.104のHTMLは、ボタンが1つだけ置かれたページです。ボタンをクリックするとopenWithNewWindowメソッドからwindow.openが呼ばれ、指定されたURLのページが別ウィンドウで開きます。window.openの第1引数はURL、第2引数はウィンドウを識別するためのウィンドウ名、第3引数はウィンドウの幅や高さなどのウィンドウプロパティです。

リスト4.104　別ウィンドウを開くHTML

```html
<html>
  <head>
    <meta charset="utf-8">
    <title>メイン</title>
    <script>
    function openWithNewWindow() {
      window.open('http://example.selenium.jp/reserveApp/',
          'reserveWindow', 'height=700,width=400');
    }
    </script>
  </head>
  <body>
    <button id="openButton" onclick="openWithNewWindow()">Open Button</button>
  </body>
</html>
```

このとき、ボタンをクリックして開かれた別ウィンドウに対して操作を行うプログラムは**リスト4.105**のようになります。

リスト4.105　別ウィンドウに対し操作を行う

```
// ボタンクリックで新しいウィンドウを開く
driver.findElement(By.id("openButton")).click();
// 開かれたウィンドウに操作対象を変更
driver.switchTo().window("reserveWindow");

// ここで新しいウィンドウ上での操作を行う
```

driver.switchTo().windowの引数は、window.openの引数で指定されたウィンドウ名か、次に説明する、ウィンドウを一意に識別するためのハンドル文字列となります。リスト4.105では、新しいウィンドウを開いたあと、ウィンドウ名を指定してこのウィンドウに操作対象を変更しています。

SafariDriverの設定

　SafariDriverはJavaScriptを使ってブラウザ操作を行っているため、Safariのポップアップブロックの設定を解除しないと別ウィンドウを開くことができません。設定を解除するには、Safariの「環境設定」>「セキュリティ」を開き、「ポップアップウインドウを開かない」のチェックをオフにします。

名前のないウィンドウ

　window.openメソッドの第2引数に指定した名前のウィンドウがすでにある場合、window.openは新しいウィンドウを開くのではなく、同じ名前のウィンドウに新しいページをロードします。同じ名前のウィンドウが複数存在しないため、ウィンドウ名でウィンドウを一意に特定できます。しかし、ウィンドウ名をnullや空文字にすると、毎回新しいウィンドウが開きます。また、最初からあるメインのウィンドウの名前も空文字なので、これらのウィンドウはウィンドウ名を使って一意に特定できません。これらのウィンドウへの遷移には、ウィンドウ名ではなくハンドルやページタイトルを使う必要があります。

── ウィンドウハンドルによる特定

　getWindowHandleメソッドを使うと現在のウィンドウを一意に識別するハンドル文字列を、getWindowHandlesメソッドを使うとすべてのウィンドウのハンドル文字列を取得できます。**リスト4.106**と**リスト4.107**は、このハンドルを利用してウィンドウを特定するプログラムの例です。

　まずリスト4.106では、ウィンドウを開く前後で増えたウィンドウのハンドルを取得するgetNewWindowHandleメソッドを定義しています。リスト4.107では、ウィンドウを開く前に現在のハンドルの値を保存したあと、新たなウィンドウを開いてそのウィンドウのハンドルを取得します。この値をもとに操作対象のウィンドウを新しいウィンドウに変更し、操作を行ったあと、操作対象をもとに戻しています。

リスト4.106　新しく開かれたウィンドウのハンドルを返すメソッド

```
/**
 * 新しく開かれたウィンドウのハンドルを返します。
 * @param handlesBeforeOpen 新しいウィンドウを開く前の全ウィンドウ
 * @param handlesAfterOpen 新しいウィンドウを開いたあとの全ウィンドウ
 * @return 新しく開かれたウィンドウ
 */
public String getNewWindowHandle(Collection<String> handlesBeforeOpen,
    Collection<String> handlesAfterOpen) {
    // handlesAfterOpenから、handlesBeforeOpenに含まれるものを除外
```

```
    List<String> handles = new ArrayList<String>(handlesAfterOpen);
    handles.removeAll(handlesBeforeOpen);

    if (handles.size() == 0) {
        throw new RuntimeException("新しいウィンドウが見つかりません");
    } else if (handles.size() > 1) {
        throw new RuntimeException("新しいウィンドウが複数あります");
    } else {
        return handles.get(0);
    }
}
```

リスト4.107　ウィンドウハンドルを利用して操作対象を特定する

```
// 現在のウィンドウのハンドル値を保存
Set<String> originalHandles = driver.getWindowHandles();
String originalHandle = driver.getWindowHandle();

// ボタンクリックで新しいウィンドウを開く
driver.findElement(By.id("openButton")).click();

// 新しいウィンドウのハンドル値を取得
Set<String> newHandles = driver.getWindowHandles();
String newHandle = getNewWindowHandle(originalHandles, newHandles);

// 開かれたウィンドウに操作対象を変更
driver.switchTo().window(newHandle);

// ここで新しいウィンドウ上での操作を行う

// 操作対象をもとのウィンドウに戻す
driver.switchTo().window(originalHandle);
```

── ウィンドウタイトルによる特定

　リスト4.108とリスト4.109は、ウィンドウタイトルによってウィンドウを特定するプログラムの例です。

　まずリスト4.108では、指定したタイトルのウィンドウに遷移するswitchToTitleWindowメソッドを定義しています。リスト4.109では、新たなウィンドウを開いたあと、タイトルをもとに操作対象のウィンドウを新しいウィンドウに変更します。そして操作を行ったあと、操作対象をもとに戻しています。

リスト4.108　指定したタイトルのウィンドウに遷移するメソッド

```
/**
 * 操作対象のウィンドウを、指定した文字列をタイトルに含むウィンドウに
 * 切り替えます。
 * @param wd WebDriverインスタンス
 * @param title タイトル文字列
```

```
 */
public void switchToTitleWindow(WebDriver wd, String title) {
    for (String handle : wd.getWindowHandles()) {
        wd.switchTo().window(handle);
        if (wd.getTitle() != null && wd.getTitle().contains(title)) {
            return;
        }
    }
    throw new RuntimeException(
        "「" + title + "」のウィンドウが見つかりません");
}
```

リスト4.109　ウィンドウタイトルを利用して操作対象を特定する

```
// ボタンクリックで新しいウィンドウを開く
driver.findElement(By.id("openButton")).click();
// 開かれたウィンドウに操作対象を変更
switchToTitleWindow(driver, "予約情報入力");

// ここで新しいウィンドウ上での操作を行う

// 操作対象をもとのウィンドウに戻す
switchToTitleWindow(driver, "メイン");
```

ウィンドウを閉じる

　closeメソッドを使うと、現在のウィンドウを閉じることができます。これは×ボタンでウィンドウを閉じたときの処理に相当します。閉じたあとも操作対象ウィンドウは変わらないので、switchToメソッドは別途呼び出す必要があります。closeメソッドによりすべてのウィンドウが閉じると、そのWebDriverインスタンスは終了し、再利用することはできません。

　リスト4.110では、新しいウィンドウ上での操作を行ってからそのウィンドウを閉じ、もとのウィンドウに戻ったあと、さらにそのウィンドウも閉じています。

リスト4.110　closeメソッドによりウィンドウを閉じる

```
// ボタンクリックで新しいウィンドウを開く
driver.findElement(By.id("openButton")).click();
// 開かれたウィンドウに操作対象を変更
switchToTitleWindow(driver, "予約情報入力");

// ここで新しいウィンドウ上での操作を行う

// 新しいウィンドウを閉じる
driver.close();
// 操作対象をもとのウィンドウに戻す
switchToTitleWindow(driver, "メイン");
// もとのウィンドウも閉じる
driver.close();
```

タブ

ここまでwindow.openによって別ウィンドウが開く例を紹介しましたが、現代のブラウザでは、このようなページは別ウィンドウでなく別タブで開かれるほうが普通です。別ウィンドウでページを開くには、**リスト4.111**のようにtarget属性にウィンドウ名を指定する方法もありますが[注16]、この場合も新しいページは別タブで開かれることが普通です。

リスト4.111　target属性を指定して別ウィンドウでページを開くHTML

```
// ウィンドウ名「newWindow」のウィンドウ上で新しいページを開く
<a href="http://example.selenium.jp/reserveApp/" target="newWindow">別ウィンドウで開く</a>
```

実際に別ウィンドウで開くか別タブで開くかは、window.openでのwidth・heightの指定の有無や、ブラウザの設定によって、次のように変わります。

- FirefoxDriverとInternetExplorerDriverでは、テスト中は常に別ウィンドウでページが開かれる
- ChromeDriverとSafariDriverの場合は別タブでウィンドウが開かれるが、その場合も別ウィンドウで開かれたかのように適切に対象ページの切り替え処理が行われる

したがって、WebDriverのテストコードに関しては、ウィンドウとタブの違いを特に気にせず、常にページが別ウィンドウで開かれたとして記述すれば問題ありません。

フレーム

これも最近使われることは少なくなりましたが、フレームの機能を使うと1つのページを分割して複数のHTMLを表示させることができます。フレーム内の要素をWebDriverで操作するには、ウィンドウの場合と同様switchToメソッドを使って操作対象のフレームをうまく切り替える必要があります。

フレームにはiframeとframeの2種類の要素があります。それぞれの操作方法を見ていきましょう。

iframe要素

リスト4.112はiframe要素によってページ中に別のページを埋め込んだ例

注16　target属性を_blankにすると、毎回新しいウィンドウを起動します。

です。**リスト4.113**はこのページのiframe内の要素を操作するスクリプトで、frameメソッドによって操作対象を「sample1」のフレームに移して操作を行ったあと、defaultContentメソッドで最上位ページに対象を戻しています。

リスト4.112　iframe要素を使って別ページを埋め込んだHTML

```html
<html>
  <head></head>
  <body>
    <iframe src="http://example.selenium.jp/reserveApp/" name="sample1">
    </iframe>
    <iframe src="http://example.selenium.jp/reserveApp/" name="sample2">
    </iframe>
  </body>
</html>
```

リスト4.113　別フレームへの操作を行うスクリプト

```
// 操作対象のページをフレーム「sample1」に移す
driver.switchTo().frame("sample1");

// ここでフレーム内の要素に対する操作を行う

// 最上位ページに操作対象を戻す
driver.switchTo().defaultContent();
```

frameメソッドの引数には、**表4.8**の型の値を指定できます。

表4.8　指定可能なframeメソッドの引数の型

型	説明
String	フレーム要素のname属性またはid属性を指定する。name属性はid属性よりも優先的に利用される
WebElement	フレーム要素のWebElementを指定する
int	同じページ内のフレームのインデックスを指定する（0始まり）。フレームの順序は明確でないので、フレームが1つだけのとき以外はあまり使用しないほうがよい

frameメソッドがフレームを検索するのは、現在のページの直接の子フレームのみです。したがってリスト4.112の例では、「sample1」のフレーム内でdriver.switchTo().frame("sample2")を呼び出してもフレーム「sample2」には対象を変更できません。「sample2」に対象を変更したい場合は、defaultContentメソッドで操作対象をいったん最上位ページに戻してから「sample2」にswitchToする必要があります。

frame要素

リスト4.114はframeset要素内にframe要素で複数の別のページを埋め込んだ例です。この場合も、リスト4.113のスクリプトで、frameメソッドによって操作対象を「sample1」のフレームに移して操作を行ったあと、defaultContentメソッドで最上位のページに対象を戻すことができます。

リスト4.114　frame要素を使って別ページを埋め込んだHTML

```html
<html>
  <head></head>
  <frameset rows="50%,*">
    <frame src="http://example.selenium.jp/reserveApp/" name="sample1">
    <frame src="http://example.selenium.jp/reserveApp/" name="sample2">
  </frameset>
</html>
```

frameメソッドの引数の指定方法も、iframe要素の場合と同じです。

入れ子のフレーム

フレーム内のHTMLがさらにフレームを持っている場合も考えられます。リスト4.115では、level1.htmlの内部にlevel2.html（リスト4.116）がフレームで埋め込まれ、その内部にさらに別のフレームが埋め込まれています。

リスト4.115　入れ子のフレーム (level1.html)

```html
<html>
  <head></head>
  <body>
    <iframe src="level2.html" name="sample1">
    </iframe>
  </body>
</html>
```

リスト4.116　入れ子のフレーム (level2.html)

```html
<html>
  <head></head>
  <body>
    <iframe src="http://example.selenium.jp/reserveApp/" name="sample2">
    </iframe>
  </body>
</html>
```

すでに述べたように、frameメソッドは現在のページの直接の子フレームしか検索できないため、「sample2」に対象を変更して操作を行うには、リスト4.117のようにswitchToメソッドを2回呼び出す必要があります。

リスト4.117　入れ子のフレームへの操作を行うスクリプト

```
// 操作対象のページをフレーム「sample1」に移す
driver.switchTo().frame("sample1");
// 操作対象のページをフレーム「sample2」に移す
driver.switchTo().frame("sample2");

// ここでフレーム「sample2」の要素に対する操作を行う

// 最上位ページ（level1.html）に操作対象を戻す
driver.switchTo().defaultContent();
```

defaultContentメソッドを呼び出すと、最上位のlevel1.htmlまで一気に操作対象が戻ります。

4.10　その他のコマンド

最後に、これまで紹介していないコマンドをまとめて紹介します。他のコマンドと比べると、これらを使う機会は少ないかもしれません。

アクション

org.openqa.selenium.interactions.Actionsクラスを使うと、マウス・キーボード操作の方法をより細かく指定できます。また、このクラスを使って、ドラッグアンドドロップやダブルクリックなどの複雑な操作も実現できます。

Actionsクラスの使い方は、リスト4.118のようになります。Actionsクラスのインスタンスを生成したあと、1つ以上のアクションを「.」でつなげて指定し、最後にperformメソッドを実行すると、つなげたアクションが前から順に実行されます。performメソッド呼び出しは書き忘れやすいので気をつけてください。

リスト4.118　Actionsクラスを使ったスクリプト

```
Actions actions = new Actions(driver);
actions.アクション1.アクション2. ... .perform();
```

Actionsクラス関連のコマンドは他のコマンドと比べて不安定なことが多く、ドライバによってうまく動作しないアクションがあるので気をつけてください。筆者が実際に使ってみた範囲では、ChromeDriverが、最も安定して動くようです[注17]。一方SafariDriverは、ほとんどのアクションが未実装で動作しないの

注17　ただし、Windows版ではスクロールを伴うアクションがうまく動作しないという問題がありました。

で注意してください。

それでは、Actionsクラスを使って実現できるアクションの例をいくつか紹介しましょう。

ダブルクリック

doubleClickメソッドを使って、指定した要素をダブルクリックできます（リスト4.119）。

リスト4.119　doubleClickメソッドによるダブルクリック

```
// id「data」の要素をダブルクリック
new Actions(driver).doubleClick(
    driver.findElement(By.id("data"))).perform();
```

右クリック

contextClickメソッドを使って、指定した要素を右クリックできます（リスト4.120）。

リスト4.120　contextClickメソッドによる右クリック

```
// id「data」の要素を右クリック
new Actions(driver).contextClick(
    driver.findElement(By.id("data"))).perform();
```

マウスの移動

moveToElementメソッドを使って、指定した要素上にマウスカーソルを移動させることができます（リスト4.121）。

リスト4.121　moveToElementメソッドによるマウス移動

```
// id「menu」の要素にマウスを移動
new Actions(driver).moveToElement(
    driver.findElement(By.id("menu"))).perform();
```

要素がスクロールの範囲外にある場合は、スクロールして移動します。

ドラッグアンドドロップ

dragAndDropByメソッドやdragAndDropメソッドを使って、指定した要素をドラッグアンドドロップできます（リスト4.122）。

リスト4.122　dragAndDropByメソッドやdragAndDropメソッドによるドラッグアンドドロップ

```
// id「box」の要素を、現在位置から横方向に300、縦方向に0ドラッグして、
// ドロップする
new Actions(driver).dragAndDropBy(
```

```
        driver.findElement(By.id("box")), 300, 0).perform();

// id「data」の要素を、id「container」の要素にドラッグして、ドロップする
new Actions(driver)
    .dragAndDrop(
        driver.findElement(By.id("data")),
        driver.findElement(By.id("container")))
    .perform();
```

アクションの中でもドラッグアンドドロップまわりの操作は特に不安定で、ドラッグアンドドロップ処理のHTML中での実現方法や、ドライバやOSの種類にもよりますが、残念ながらうまく動かないケースが多いです。

キーを押しながらクリック

ActionsのkeyDown・keyUp・clickなどのメソッドを利用すると、[Shift]や[Ctrl]を押しながらマウス操作を行うことができます。リスト4.123は、[Shift]を押しながら要素をクリックするプログラムの例です。最初に[Shift]を押したあと、「//div[@id='data_table']/div[0]」と「//div[@id='data_table']/div[10]」の要素を順番にクリックし、最後に[Shift]を離しています。

リスト4.123　[Shift]を押しながら要素をクリック

```
import org.openqa.selenium.Keys;
// 略
new Actions(driver)
    .keyDown(Keys.SHIFT)
    .click(driver.findElement(By.xpath("//div[@id='data_table']/div[0]")))
    .click(driver.findElement(By.xpath("//div[@id='data_table']/div[10]")))
    .keyUp(Keys.SHIFT)
    .perform();
```

Actionsのメソッド一覧

Actionsに定義されているアクションは表4.9の通りです。

表4.9　Actionsクラスに定義されたアクション

メソッド	説明
click()	現在のマウス位置でクリックを行う
click(WebElement onElement)	onElementの中央にマウスを移動したあと、クリックを行う
clickAndHold()	現在のマウス位置でマウスボタンを押し、離さずそのままにする。離すにはreleaseメソッドを呼び出す
clickAndHold(WebElement onElement)	onElementの中央にマウスを移動したあと、現在のマウス位置でマウスボタンを押し、離さずそのままにする

4.10 その他のコマンド

メソッド	説明
contextClick()	現在のマウス位置で右クリックを行う
contextClick(WebElement onElement)	onElementの中央にマウスを移動したあと、右クリックを行う
doubleClick()	現在のマウス位置でダブルクリックを行う
doubleClick(WebElement onElement)	onElementの中央にマウスを移動したあと、ダブルクリックを行う
dragAndDrop(WebElement source, WebElement target)	sourceの中央でマウスボタンを押し、離さずそのままtargetの中央にマウスを移動したあと、マウスボタンを離す
dragAndDropBy(WebElement source, int xOffset, int yOffset)	sourceの中央でマウスボタンを押し、離さずそのまま横方向にxOffset、縦方向にyOffset、マウスを移動したあと、マウスボタンを離す
keyDown(Keys theKey)	修飾キーtheKeyを押し、そのままにする。離すにはkeyUpメソッドを呼び出す。theKeyはKeys.SHIFT、Keys.ALT、Keys.CONTROLのいずれか
keyDown(WebElement element, Keys theKey)	elementをクリックしてフォーカスを移したあと、修飾キーtheKeyを押し、そのままにする。離すにはkeyUpメソッドを呼び出す。theKeyはKeys.SHIFT、Keys.ALT、Keys.CONTROLのいずれか
keyUp(Keys theKey)	keyDownで押された修飾キーtheKeyを離す。theKeyはKeys.SHIFT、Keys.ALT、Keys.CONTROLのいずれか
keyUp(WebElement element, Keys theKey)	elementをクリックしてフォーカスを移したあと、修飾キーtheKeyを押し、keyDownで押された修飾キーを離す。theKeyはKeys.SHIFT、Keys.ALT、Keys.CONTROLのいずれか
moveByOffset(int xOffset, int yOffset)	現在位置から横方向にxOffset、縦方向にyOffset、マウスを移動する
moveToElement(WebElement toElement)	toElementの中央にマウスを移動する
moveToElement(WebElement toElement, int xOffset, int yOffset)	toElementの左上から横方向にxOffset、縦方向にyOffset移動した位置に、マウスを移動する
release()	clickAndHoldで押されたマウスを離す
release(WebElement onElement)	onElementの中央にマウスを移動したあと、clickAndHoldで押されたマウスを離す
sendKeys(CharSequence... keysToSend)	現在フォーカスのある要素に対しキーkeysToSendを入力する
sendKeys(WebElement element, CharSequence... keysToSend)	elementをクリックしてフォーカスを移したあと、キーkeysToSendを入力する

イベントリスナ

WebDriverのイベントリスナを使うと、要素の検索・クリックなどのさまざまなブラウザ操作が発生するたびに、登録したイベントを呼び出すことができます。**リスト4.124**では、イベントリスナを使い、要素の検索とクリック処理が行われる前にメッセージを標準出力に出力しています。

リスト4.124　イベントリスナによるブラウザ操作の監視

```
import org.openqa.selenium.support.events.AbstractWebDriverEventListener;
import org.openqa.selenium.support.events.EventFiringWebDriver;
// 略
EventFiringWebDriver eventDriver
    = new EventFiringWebDriver(new FirefoxDriver());
eventDriver.register(new AbstractWebDriverEventListener() {

    @Override
    public void beforeFindBy(By by, WebElement element, WebDriver driver) {
        System.out.println("要素取得：" + by);
    }

    @Override
    public void beforeClickOn(WebElement element, WebDriver driver) {
        System.out.println("クリック");
    }
});

WebDriver driver = eventDriver;
try {
    driver.get("http://example.selenium.jp/reserveApp/");
    driver.findElement(By.id("goto_next")).click();
    driver.findElement(By.id("returnto_index")).click();
} finally {
    driver.quit();
}
```

イベントリスナを利用するにはまず、あるWebDriverインスタンスをラップしてEventFiringWebDriverのインスタンスを生成する必要があります。生成されたEventFiringWebDriverはWebDriverインタフェースを継承しているので、他のWebDriverインスタンスと同じように利用します。次に、生成したEventFiringWebDriverに対し、registerメソッドでイベントを登録します。registerメソッドの引数には、AbstractWebDriverEventListenerを継承したクラスのインスタンスを指定します。AbstractWebDriverEventListenerにはさまざまなイベントを表すメソッドが定義されており、これをオーバーライドし

てイベントの処理を記述します。リスト4.124では、beforeFindByメソッドをオーバーライドして要素の検索が行われる直前に実行されるイベントを定義し、beforeClickOnメソッドをオーバーライドしてクリックが行われる直前に実行されるイベントを定義しています。

この処理を実行すると、次の内容が標準出力に出力されます。

```
要素取得：By.id: goto_next
クリック
要素取得：By.id: returnto_index
クリック
```

なお、registerメソッドを複数回呼び出せば、複数のイベントリスナの登録も可能です。

指定可能なイベント

オーバーライド可能なAbstractWebDriverEventListenerクラスのメソッドは表4.10の通りです。必要なメソッド以外はオーバーライドする必要はありません。

表4.10　AbstractWebDriverEventListenerクラスのメソッド

メソッド	説明
beforeFindBy(By by, WebElement element, WebDriver driver)	findElementやfindElementsの直前に呼ばれるイベント。element引数は、driver.findElement(...).findElement(...)のように、WebElementに対してさらに要素を検索した場合にセットされる。それ以外の場合はnull
afterFindBy(By by, WebElement element, WebDriver driver)	findElementやfindElementsの直後に呼ばれるイベント。element引数はbeforeFindByと同じ
beforeClickOn(WebElement element, WebDriver driver)	clickの直前に呼ばれるイベント
afterClickOn(WebElement element, WebDriver driver)	clickの直後に呼ばれるイベント
beforeChangeValueOf(WebElement element, WebDriver driver)	sendKeysとclearの直前に呼ばれるイベント
afterChangeValueOf(WebElement element, WebDriver driver)	sendKeysとclearの直後に呼ばれるイベント
beforeNavigateTo(String url, WebDriver driver)	getの直前に呼ばれるイベント。urlはgetの引数に指定されたもの
afterNavigateTo(String url, WebDriver driver)	getの直後に呼ばれるイベント。urlはgetの引数に指定されたもの

(続く)

表4.10 AbstractWebDriverEventListenerクラスのメソッド（続き）

メソッド	説明
beforeNavigateBack(WebDriver driver)	navigate().backの直前に呼ばれるイベント
afterNavigateBack(WebDriver driver)	navigate().backの直後に呼ばれるイベント
beforeNavigateForward(WebDriver driver)	navigate().forwardの直前に呼ばれるイベント
afterNavigateForward(WebDriver driver)	navigate().forwardの直後に呼ばれるイベント
beforeScript(String script, WebDriver driver)	executeScriptとexecuteAsyncScriptの直前に呼ばれるイベント
afterScript(String script, WebDriver driver)	executeScriptとexecuteAsyncScriptの直後に呼ばれるイベント
onException(Throwable throwable, WebDriver driver)	WebDriverおよびWebElementのメソッドの実行中に発生する例外の直前に呼ばれるイベント

イベントリスナの解除

登録したイベントリスナを解除するには、unregisterメソッドを使います（リスト4.125）。

リスト4.125　unregisterメソッドによるイベントリスナの解除

```
EventFiringWebDriver eventDriver
    = new EventFiringWebDriver(new FirefoxDriver());
AbstractWebDriverEventListener listener
    = new AbstractWebDriverEventListener() {
    // 略
}
eventDriver.register(listener);

// 略

eventDriver.unregister(listener);
```

ログ取得

org.openqa.selenium.logging.Logsインタフェースを使うと、WebDriverが出力した内部ログや、ブラウザのコンソールに出力されたログの内容を取得できます。この機能は現在ベータ版で、FirefoxDriver・ChromeDriver・SafariDriverには部分的に実装されていますが、InternetExplorerDriverでは動作しません[注18]。

注18　バージョン2.48.2時点での状況です。

リスト4.126では、ブラウザコンソールに出力されたログを取得しています。

リスト4.126　「Logs」インタフェースによるログの取得

```java
import org.openqa.selenium.logging.LogEntry;
import org.openqa.selenium.logging.LogType;
// 略

// ブラウザコンソールに出力されたログを取得
for (LogEntry entry : driver.manage().logs().get(LogType.BROWSER)) {
    System.out.println(entry);
}
```

driver.manage().logs().getの引数にLogType.BROWSERを指定することで、ブラウザのコンソールに出力されたログを取得できます。LogType.BROWSERのログは、FirefoxDriverとChromeDriverでのみ取得できます。ログタイプにはほかにもさまざまなものがありますが、対応状況はドライバによって異なります。

ログの内容は、前回getメソッドを呼び出したあと蓄積されたものをまとめて取得します。蓄積された内容は、getメソッドを呼び出すとクリアされます。

ログレベルの指定

DesiredCapabilitiesクラスを使うと、出力するログのログレベルの指定が可能です（**リスト4.127**）。

リスト4.127　DesiredCapabilitiesクラスによるログレベルの指定

```java
import org.openqa.selenium.logging.LoggingPreferences;
import org.openqa.selenium.logging.LogType;
import java.util.logging.Level;
import org.openqa.selenium.remote.DesiredCapabilities;
import org.openqa.selenium.remote.CapabilityType;
// 略
LoggingPreferences logPrefs = new LoggingPreferences();
logPrefs.enable(LogType.BROWSER, Level.SEVERE);
DesiredCapabilities capabilities = new DesiredCapabilities();
capabilities.setCapability(CapabilityType.LOGGING_PREFS, logPrefs);
WebDriver driver = new FirefoxDriver(capabilities);
```

リスト4.127では、LogType.BROWSERのログレベルをLevel.SEVEREに指定し、エラー情報以外のログを出力しないようにしています。こうすることで、JavaScriptエラーや画像読み込みエラーなどの問題を検出できます。

もしくは、**リスト4.128**のようにして、Level.SEVEREのメッセージを検出することも可能です。

リスト4.128　Level.SEVEREのメッセージを検出するスクリプト

```
for (LogEntry entry : driver.manage().logs().get(LogType.BROWSER)) {
    if (entry.getLevel() == Level.SEVERE) {
        throw new RuntimeException(entry.getMessage());
    }
}
```

指定可能なログレベルは**表4.11**の通りです。

表4.11　指定可能なログレベル

ログレベル	説明
ALL	すべてのログを出力する
DEBUG	デバッグに利用可能なすべての情報を出力する
INFO	基本的な情報を出力する
WARNING	警告・エラー情報だけを出力する
SEVERE	エラー情報だけを出力する
OFF	ログを出力しない

第5章
WebDriverコマンドの実践的活用

本章では、実際に現場で遭遇するであろうさまざまな課題を、WebDriverコマンドやさまざまな周辺ツールを使ってどのように解決するかを説明します。

5.1 さまざまな画面操作

ファイルアップロードダイアログ

typeがfileのinput要素に値を入力するには、ファイルダイアログからファイルを選択する必要があります（図5.1）。

図5.1 ファイルアップロードダイアログ

しかし、WebDriverはこのダイアログを直接操作できません。sendKeysメソッドを使うと、ファイルダイアログを表示せずにinput要素に直接ファイルパスをセットできます（リスト5.1）。

リスト5.1 sendKeysメソッドで、ダイアログを表示せずにファイルパスをセット

```
driver.findElement(By.name("file_upload")).sendKeys(
    "アップロードするファイルへのパス");
```

ファイルダウンロード

ファイルダウンロードをブラウザからWebDriverで行う場合、次のような処理が必要になります。

- ブラウザによってはダウンロード時にダイアログが表示されるため、これを非表示にする必要がある
- ファイルのダウンロード先ディレクトリのパスを指定する必要がある

これらをうまく扱うにはブラウザ固有の設定が必要になります。

FirefoxDriver

FirefoxProfileクラスを使い、リスト5.2のように設定します。

リスト5.2 FirefoxProfileクラスを使った、ファイルダウンロードの設定

```
FirefoxProfile profile = new FirefoxProfile();
// 「browser.download.dir」で指定した先にファイルをダウンロードする
profile.setPreference("browser.download.folderList", 2);
profile.setPreference(
    "browser.download.dir", "ダウンロード先ディレクトリのパス");
// 「application/zip」のMIMEタイプのファイルは、ダウンロード時に確認ダイアログを
// 表示しない
profile.setPreference(
    "browser.helperApps.neverAsk.saveToDisk", "application/zip");
WebDriver driver = new FirefoxDriver(profile);
```

browser.download.folderListが「0」の場合はデスクトップに、「1」の場合は「Downloads」ディレクトリにダウンロードされます。

ChromeDriver

ChromeOptionsクラスを使い、リスト5.3のように設定します。Chromeは確認ダイアログを表示しないので、ダウンロード先ディレクトリだけを変更しています。

リスト5.3 ChromeOptionsクラスを使った、ファイルダウンロードの設定

```
Map<String, Object> prefs = new HashMap<String, Object>();
prefs.put("download.default_directory", "ダウンロード先ディレクトリのパス");
```

```
ChromeOptions options = new ChromeOptions();
options.setExperimentalOption("prefs", prefs);
WebDriver driver = new ChromeDriver(options);
```

InternetExplorerDriver

　保存時の確認ダイアログを非表示にすることはできないので、HttpClient[注1]などのHTTP通信ライブラリを使ってWebDriverを介さずにファイルをダウンロードするか、OSレベルのダイアログを操作できる別のテストツールと組み合わせるしか方法はなさそうです。

SafariDriver

　ダウンロード時の確認ダイアログは表示されず、ファイルはSafariの「環境設定」＞「一般」＞「ファイルのダウンロード先」で指定した場所にダウンロードされます。しかし、WebDriverのスクリプトからはこのパスを変更できません。ダウンロード先を変更する場合は、いったんダウンロードしたあとに、moveFileメソッドなどを使ってファイルを移動させるのがよいでしょう（**リスト5.4**）。

リスト5.4　moveFileメソッドを使ったファイル移動

```
import org.apache.commons.io.FileUtils;
// 略
FileUtils.moveFile(
    new File("移動元ファイルパス", new File("移動先ファイルパス")));
```

Basic認証ダイアログ

　Basic認証が必要なページをテストする場合、ページにアクセスする際に表示されるダイアログ（**図5.2**）にユーザ名とパスワードを入力する必要があります。

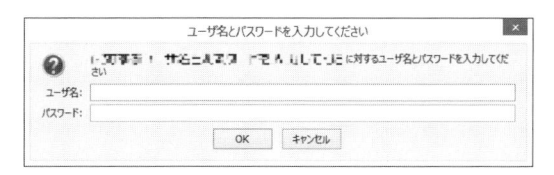

図5.2　Basic認証ダイアログ

　しかし、WebDriverはこのダイアログを直接操作できません[注2]。そこで、**リス**

注1　http://hc.apache.org/httpcomponents-client-4.3.x/index.html
注2　org.openqa.selenium.Alert.authenticateUsingという、Basic認証ダイアログを操作するためのメソッドがありますが、まだベータ版であり、うまく動作しません。

第5章 WebDriverコマンドの実践的活用

ト5.5のように、アクセスするページのURLにユーザ名とパスワードを含めると、このダイアログを表示せずにテスト対象のページにアクセスできます[注3]。

リスト5.5　URLにユーザ名・パスワードを指定し、ダイアログを表示しないようにする

```
// http://***.comに、ユーザ名「user」、パスワード「pass」でアクセス
driver.get("http://user:pass@***.com");
```

ただしInternet ExplorerとSafariでは固有の設定も必要になります。

InternetExplorerDriver

Internet Explorerでこの方法を使う場合、あらかじめWindowsのレジストリの値を変更しておく必要があります。

32ビット版Windowsの場合は**リスト5.6**のキー、64ビット版Windowsの場合は**リスト5.7**のキーに対し、iexplore.exeというDWORD値を新規に作成し、その値を0にしておきます（**図5.3**）。

リスト5.6　32ビット版Windowsの変更対象レジストリキー

```
HKEY_LOCAL_MACHINE¥SOFTWARE¥Microsoft¥Internet Explorer¥Main¥FeatureControl¥FEA
TURE_HTTP_USERNAME_PASSWORD_DISABLE
```

リスト5.7　64ビット版Windowsの変更対象レジストリキー

```
HKEY_LOCAL_MACHINE¥SOFTWARE¥Wow6432Node¥Microsoft¥Internet Explorer¥Main¥Featur
eControl¥FEATURE_HTTP_USERNAME_PASSWORD_DISABLE
```

図5.3　変更後のレジストリの値

注3　ユーザ名やパスワードに「@」や「/」などの特殊記号が含まれていてうまくいかない場合は、URLエンコードした値を指定する必要があります。ただし、SafariDriverやPhantomJSDriverなどURLエンコードしてもうまくいかないドライバもあるので、テスト用のユーザ名やパスワードにこれらの文字は使用しないほうがよいでしょう。

108

レジストリの値は、間違った変更をしてしまうとコンピュータが正常に動作しなくなる恐れもあるので、慎重に変更するようにしてください。

SafariDriver

Safariでこの方法を使うと、ページを開く際にフィッシングサイト警告のページが開かれてしまいます。Safariの「環境設定」＞「セキュリティ」＞「詐欺Webサイトにアクセスしたときに警告」のチェックを外すか、コマンドラインから次のコマンドを実行すれば、Safariのセキュリティ設定が無効になり、警告ページは表示されなくなります。ただし、普段のSafari利用時にも警告ページが表示されなくなるので、やむを得ず利用する場合には十分注意してください。

```
$ defaults write com.apple.Safari WarnAboutFraudulentWebsites false
```

5.2 さまざまなエラーチェック

JavaScriptエラーのチェック

ブラウザ上でJavaScriptエラーが発生した場合、そのままではWebDriverはこのエラーを検知できません。FirefoxDriverやChromeDriverの場合、4.10節の「ログ取得」で紹介した方法でLogType.SEVEREのブラウザのログを取得できるので、JavaScriptエラーの検出が可能です。

ほかの方法としては、テスト対象ページのonerrorイベントにエラー情報を保持しておき（リスト5.8）、それをWebDriver側からJavaScriptを実行して取得する方法があります（リスト5.9）。この方法であればすべてのブラウザで利用できますが、テスト対象の各ページにonerrorイベントのハンドラを埋め込む必要があるのが難点です。

リスト5.8　テスト対象の各ページに埋め込むonerrorイベントハンドラ

```
<script type="text/javascript">
// ページごとのエラー情報
window.jsErrors = [];
window.onerror = function(errorMessage) {
  window.jsErrors[window.jsErrors.length] = errorMessage;
}
</script>
```

リスト 5.9　jsErrorsの情報をWebDriver側で取得

```
// jsErrorsにセットされたエラー情報を取得して表示する
Object result = ((JavascriptExecutor) driver).executeScript(
    "return window.jsErrors");
@SuppressWarnings("unchecked")
List<String> errors = (List<String>)result;
for (String error : errors) {
    System.out.println(error);
}
```

画像が表示されているかのチェック

　FirefoxDriverやChromeDriverの場合、4.10節の「ログ取得」で紹介した方法でLogType.SEVEREのブラウザのログを取得できるので、画像読み込みエラーの検出が可能です。

　ほかの方法としては、img要素の実際の画像の幅を取得するnaturalWidth属性を利用することで、img要素の画像が実際にきちんと表示されているかをチェックできます（同様にnaturalHeight属性でもチェック可能です）。この方法であれば、すべてのブラウザに対して画像読み込みエラーの検出が可能です。

　リスト5.10では、ロードされた画像の中にnaturalWidthが未定義もしくは0のものがあった場合にテストが失敗します。

リスト 5.10　画像読み込みエラーをチェック

```
List<WebElement> imgs = wd.findElements(By.tagName("img"));
for (WebElement img : imgs) {
    // ロード処理が完了した画像だけをチェック
    if (img.getAttribute("complete").equals("true")) {
        try {
            int naturalWidth = Integer.parseInt(
                img.getAttribute("naturalWidth"));
            assertTrue(naturalWidth > 0);
        } catch (NumberFormatException e) {
            // naturalWidthがundefinedなどの場合
            fail();
        }
    }
}
```

HTTPステータスコードの取得

　レスポンスのステータスコードなどのHTTP通信ヘッダ情報は、そのままで

はWebDriverプログラムで取得できません。HTTPヘッダの内容を取得するには、HTTPプロキシを利用するのがお勧めです。

JavaのHTTPプロキシライブラリにはさまざまなものがありますが、ここでは、Capabilitiesに指定するだけで簡単にWebDriverと連携できる「Browser Mob Proxy」[注4]というJavaのライブラリを使う方法を説明します。

■ セットアップ

ここでは、BrowserMob Proxyの現在の安定バージョンである「2.0」を利用します。次のバージョン2.1ではAPIの大幅な変更が進められており、そちらのベータ版も利用可能ですが、まだまだ不安定な部分が多かったので今回は利用していません。

セットアップは、MavenやGradleなどのパッケージ管理機能を利用するのが簡単です。

Mavenの場合は、pom.xmlにリスト5.11の依存関係を追加します。browsermob-proxyが依存しているselenium-apiというライブラリのバージョンが古く、pom.xmlにbrowsermob-proxyを追加しただけではバージョン不整合が起きるため、selenium-apiのバージョンを明示的に指定しています。

リスト5.11　BrowserMob Proxyを利用するためのpom.xmlの設定

```
<dependencies>
  <dependency>
    <groupId>net.lightbody.bmp</groupId>
    <artifactId>browsermob-proxy</artifactId>
    <version>最新の安定バージョン番号</version>
  </dependency>
  <dependency>
    <groupId>org.seleniumhq.selenium</groupId>
    <artifactId>selenium-api</artifactId>
    <version>最新のバージョン番号</version>
  </dependency>
</dependencies>
```

Gradleの場合は、build.gradleにリスト5.12の依存関係を追加します。

リスト5.12　BrowserMob Proxyを利用するためのbuild.gradleの設定

```
dependencies {
    compile 'net.lightbody.bmp:browsermob-proxy:最新の安定バージョン番号'
}
```

[注4]　http://bmp.lightbody.net/

利用方法

リスト5.13は、BrowserMob Proxyを使ってHTTPレスポンスコードを取得し、4xxエラーや5xxエラーが起きていないことをチェックするコードです。

まず、BrowserMob Proxyのログが標準エラー出力に大量に出て見にくいため、これをオフにします。BrowserMob Proxyの内部ログ出力はデフォルトではjava.util.logging.Loggerが使用されているので、これをオフにします。

次に、ProxyServerのインスタンスを生成し、addResponseInterceptorメソッドを使ってHTTPレスポンスを監視し、エラーHTTPステータスがあれば標準出力に出力するようにします（なお、addRequestInterceptorメソッドを使えばHTTPリクエストの監視も可能です）。

あとはseleniumProxyメソッドを使ってWebDriverのProxyインスタンスを生成し、Capabilitiesを使ってWebDriverインスタンスにセットすれば、WebDriverによって起動されたブラウザはProxyを経由して通信を行うようになり、addResponseInterceptorメソッドによるHTTPレスポンスの監視が可能になります。

リスト5.13　BrowserMob Proxyによるレスポンスコードのチェック

```
import java.util.logging.Level;
import java.util.logging.Logger;
import net.lightbody.bmp.core.har.Har;
import net.lightbody.bmp.proxy.ProxyServer;
import net.lightbody.bmp.proxy.http.BrowserMobHttpResponse;
import net.lightbody.bmp.proxy.http.ResponseInterceptor;
import org.openqa.selenium.Proxy;
// 略

// BrowserMob Proxyのログは不要なのでOFFにする
Logger logger = Logger.getLogger("net.lightbody.bmp");
logger.setLevel(java.util.logging.Level.OFF);

ProxyServer proxy = new ProxyServer(0);
proxy.start();
// HTTPレスポンスの監視処理
proxy.addResponseInterceptor(new ResponseInterceptor() {

    @Override
    public void process(BrowserMobHttpResponse response, Har har) {
        if (response == null
            || response.getEntry() == null
            || response.getEntry().getResponse() == null) {
            return;
        }
        int status = response.getEntry().getResponse().getStatus();
        String url = response.getEntry().getRequest().getUrl();
```

```
        if (status >= 400) {
            System.out.println("HTTP status error: " + url + ": " + status);
        }
    }
});

// CapabilitiesでSeleniumのProxyオブジェクトをセット
Proxy seProxy = proxy.seleniumProxy();
DesiredCapabilities capabilities = new DesiredCapabilities();
capabilities.setCapability(CapabilityType.PROXY, seProxy);
WebDriver driver = new FirefoxDriver(capabilities);
```

5.3 HTML5の新機能

HTML5で導入された新しい機能や要素を扱う方法について説明します。

input要素

HTML5では、新しいtypeのinput要素がたくさん導入されています。これらの新しいtypeへの対応状況はブラウザごとにまちまちです。

テキスト・数値のinput要素

typeがemail・url・tel・search・numberのinput要素については、typeがtextの場合と同様、clearメソッドとsendKeysメソッドにより値をセットできます（リスト5.14）。

リスト5.14　clearメソッドとsendKeysメソッドによるHTML5のinput要素への値セット

```
// name「your-mail」のinput要素に「***@***.com」を入力
WebElement yourMail = driver.findElement(By.name("your-mail"));
yourMail.clear();
yourMail.sendKeys("***@***.com");
```

日付・時刻のinput要素

typeがdate・datetime-local・month・week・timeのinput要素は、Chrome以外の主要ブラウザにおいては本書執筆時点（2015年12月）では未対応のため、typeがtextの場合と同様にclearメソッドとsendKeysメソッドで値をセットできます。Chromeの場合は図5.4のように日付・時刻専用の入力欄になっており、sendKeysメソッドでもキー入力できますが、clearメソッドを呼び出すとエラーになったり、値を上書きするとうまくいかなかったりと不安定な要素が多い

ので、**リスト5.15**のようにJavaScriptを使って直接value属性の値をセットするほうがよいでしょう。

図5.4 Chromeにおけるtypeがdateのinput要素

リスト5.15 JavaScriptによる、日付・時刻の値セット

```java
// typeがdateのinput要素の値を「2015年8月1日」にセット
WebElement dateInput = driver.findElement(By.name("dateInput"));
((JavascriptExecutor) driver).executeScript(
    "arguments[0].value = '2015-08-01'", dateInput);

// typeがdatetime-localのinput1要素の値を「2015年8月1日12時00分」にセット
WebElement datetimeLocalInput
    = driver.findElement(By.name("datetimeLocalInput"));
((JavascriptExecutor) driver).executeScript(
    "arguments[0].value = '2015-08-01T12:00'", datetimeLocalInput);

// typeがmonthのinput要素の値を「2015年8月」にセット
WebElement monthInput = driver.findElement(By.name("monthInput"));
((JavascriptExecutor) driver).executeScript(
    "arguments[0].value = '2015-08'", monthInput);

// typeがweekのinput要素の値を「2015年の第10週」にセット
WebElement weekInput = driver.findElement(By.name("weekInput"));
((JavascriptExecutor) driver).executeScript(
    "arguments[0].value = '2015-W10'", weekInput);

// typeがtimeのinput要素の値を「12時30分」にセット
WebElement timeInput = driver.findElement(By.name("timeInput"));
((JavascriptExecutor) driver).executeScript(
    "arguments[0].value = '12:30'", timeInput);
```

typeがdatetimeのinput要素には、本書執筆時点（2015年12月）ではまだどの主要ブラウザも対応していないため、単純にclearメソッドとsendKeysメソッドで値をセットできます。

typeがrangeのinput要素

ほとんどのブラウザ上でスライダーとして表示されます（図5.5）。このinput要素に値をセットする場合も、リスト5.16のようにJavaScriptを使って直接value属性の値をセットするのがよいでしょう。

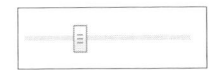

図5.5　typeがrangeのinput要素

リスト5.16　JavaScriptによる、スライダーの値セット

```
// typeがrangeのinput要素の値を「100」にセット
WebElement rangeInput = driver.findElement(By.name("rangeInput"));
((JavascriptExecutor) driver).executeScript(
    "arguments[0].value = '100'", rangeInput);
```

typeがcolorのinput要素

ChromeやFirefoxでは、専用のカラー選択ダイアログが表示されます（図5.6）。

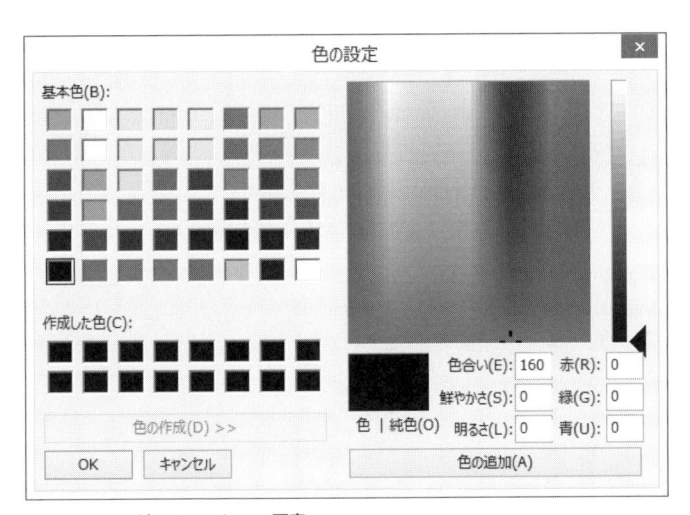

図5.6　typeがcolorのinput要素

WebDriverはこのダイアログを直接操作できないので、リスト5.17のように、ダイアログを表示せずにJavaScriptを使って直接value属性の値をセットするのがよいでしょう。

リスト 5.17　JavaScript で、ダイアログを表示せずに color の値をセット

```
// typeがcolorのinput要素の値を「#00ffff」にセット
WebElement colorInput = driver.findElement(By.name("colorInput"));
((JavascriptExecutor) driver).executeScript(
    "arguments[0].value = '#00ffff'", colorInput);
```

Web Storage

　Web Storageは、HTML5で導入された、ブラウザにデータを保存するためのしくみです。Web Storageには、1つのウィンドウ・タブ内だけで有効なSession Storageと、ウィンドウ・タブを閉じたあとも有効なLocal Storageの2種類があります。

　WebDriverが内部で使用しているプロトコルであるJSON Wire Protocolの定義にはWeb Storageを扱うコマンドが含まれていますが[注5]、これを利用できるのはChromeDriverのみです[注6]。その他のドライバでは、Web Storageの操作はJavaScriptを使って行うことになります。

Session Storage

　まずはJavaScriptを使った操作方法を見てみましょう。

　Session Storageの操作はJavaScriptのsessionStorageグローバルオブジェクトを利用して行います。データの追加・変更はsetItemメソッド、データの取得はgetItemメソッド、データの削除はremoveItemメソッド、すべてのデータを削除するにはclearメソッドを使います（**リスト5.18**）。

リスト 5.18　Session Storage の操作

```
// Session Storage操作の対象となるドメインに遷移
driver.get("http://***");

// Session Storageの「message」キーの値に「テスト」をセット
((JavascriptExecutor) driver).executeScript(
    "sessionStorage.setItem('message', 'テスト');");

// Session Storageの「message」キーの値を取得
Object value = ((JavascriptExecutor) driver).executeScript(
    "return sessionStorage.getItem('message');");
assertThat((String) value, is("テスト"));

// Session Storageの「message」キーの値を削除
```

注5　https://code.google.com/p/selenium/wiki/JsonWireProtocol#/session/:sessionId/session_storage
注6　バージョン 2.48.2 時点での状況です。

```
((JavascriptExecutor) driver).executeScript(
    "sessionStorage.removeItem('message');");

// Session Storageの値をクリア
((JavascriptExecutor) driver).executeScript(
    "sessionStorage.clear();");
```

　Session StorageおよびLocal Storageのデータはドメインごと[注7]に保存されます。WebDriverが操作するのは現在のページに対応するドメインのデータであり、ページが読み込まれていない状態でデータを操作しようとするとエラーになります。

▍Local Storage

　Local Storageの操作方法はSession Storageとほぼ同じです。Local Storageの場合はJavaScriptのlocalStorageグローバルオブジェクトを使います（**リスト5.19**）。

リスト5.19　Local Storageの操作

```
// Local Storage操作の対象となるドメインに遷移
driver.get("http://***");

// Local Storageの「message」キーの値に「テスト」をセット
((JavascriptExecutor) driver).executeScript(
    "localStorage.setItem('message', 'テスト');");

// Local Storageの「message」キーの値を取得
Object value = ((JavascriptExecutor) driver).executeScript(
    "return localStorage.getItem('message');");
assertThat((String) value, is("テスト"));

// Local Storageの「message」キーの値を削除
((JavascriptExecutor) driver).executeScript(
    "localStorage.removeItem('message');");

// Local Storageの値をクリア
((JavascriptExecutor) driver).executeScript(
    "localStorage.clear();");
```

▍ChromeDriverの場合

　ChromeDriverの場合は、Web Storageを扱う専用のメソッドが提供されています。

注7　厳密には、プロトコル・ドメイン・ポート番号ごとです。

リスト5.20は、org.openqa.selenium.html5.SessionStorageクラスを使って Session Storage を操作するスクリプトの例です。

リスト5.20　SessionStorageクラスを使ったSession Storageの操作

```
ChromeDriver driver = new ChromeDriver();
// Session Storage操作の対象となるドメインに遷移
driver.get("http://***");
SessionStorage storage = driver.getSessionStorage();

// Session Storageの「message」キーの値に「テスト」をセット
storage.setItem("message", "テスト");

// Session Storageの「message」キーの値を取得
assertThat(storage.getItem("message"), is("テスト"));

// Session Storageの「message」キーの値を削除
storage.removeItem("message");

// Session Storageの値をクリア
storage.clear();
```

リスト5.21は、org.openqa.selenium.html5.LocalStorageクラスを使って Local Storage を操作するスクリプトの例です。

リスト5.21　LocalStorageクラスを使ったLocal Storageの操作

```
ChromeDriver driver = new ChromeDriver();
// Local Storage操作の対象となるドメインに遷移
driver.get("http://***");
LocalStorage storage = driver.getLocalStorage();

// Local Storageの「message」キーの値に「テスト」をセット
storage.setItem("message", "テスト");

// Local Storageの「message」キーの値を取得
assertThat(storage.getItem("message"), is("テスト"));

// Local Storageの「message」キーの値を削除
storage.removeItem("message");

// Local Storageの値をクリア
storage.clear();
```

Canvas

　Canvasは、HTML5で導入された、JavaScriptを使ってさまざまな図形をブラウザ上に描画するしくみです。Canvasの機能では、**リスト5.22**のJavaScriptのコードのようにcanvas要素上の座標やサイズを指定して図形を描きますが、残念ながら描画された図形の座標やサイズをあとから取得する方法はありません。そのため、たとえばcanvas要素上の特定の図形をWebDriverでクリックしたい場合は、明示的に座標の値を指定するしかありません（**リスト5.23**）。

リスト5.22　canvas要素に図形を描画するJavaScriptコード

```
// id「view」のcanvas要素を取得
var canvas = document.getElementById('view');
var context = canvas.getContext('2d');
// canvas要素上の座標(50, 50)から、高さ100、幅100の四角形を描画
context.rect(50, 50, 100, 100);
context.stroke();
```

リスト5.23　canvas要素の特定の位置をクリック

```
// id「view」の要素の座標(75, 75)をクリック
new Actions(driver)
   .moveToElement(driver.findElement(By.id("view")), 75, 75)
   .click()
   .perform();
```

　ただしこの方法は、テストコードのメンテナンス性があまりよいとは言えません。たとえば、どの座標にどの図形があるかをWebページのJavaScript中で管理するようにして、その情報にJavaScript経由でWebDriverからアクセスすれば、メンテナンス性はもう少し改善されるでしょう。

第6章 スクリプトの効率的なメンテナンス

本章では、メンテナンス性の高いWebDriverのテストスクリプトを作成する方法を紹介します。

6.1 ページオブジェクトパターン

　画面テストにおいては、テスト対象システムの画面構成が変更されることはよくあります。画面構成の変更に伴って、ある要素のロケータを書き換える必要が生じた場合、そのロケータがたくさんのスクリプトで繰り返し利用されていると、書き換えの手間は非常に大きなものになります。こういったスクリプトのメンテナンスの手間は、失敗したテストが修正されずにそのまま放置されたり、コストがかかり過ぎてテストの自動化を断念したりする原因となってしまうため、きちんとメンテナンスのことを考えてスクリプトを作成する必要があります。

　メンテナンス性の高い画面テストスクリプトを作成する共通化技法として広く知られているのが、ページオブジェクトパターンです。ページオブジェクトパターンは、テスト対象システムの画面情報を共通クラスに集約し、画面構成の変更に伴うスクリプト修正のコストを減らす、テストスクリプトのデザインパターンです。1つのWebページに対し、ページオブジェクトクラスと呼ばれる共通クラスを1つ作成するので、このような名前が付いています。テストスクリプト中のページ操作やページ情報の取得は、このページオブジェクトを介して行います（**図6.1**）。

6.1 ページオブジェクトパターン

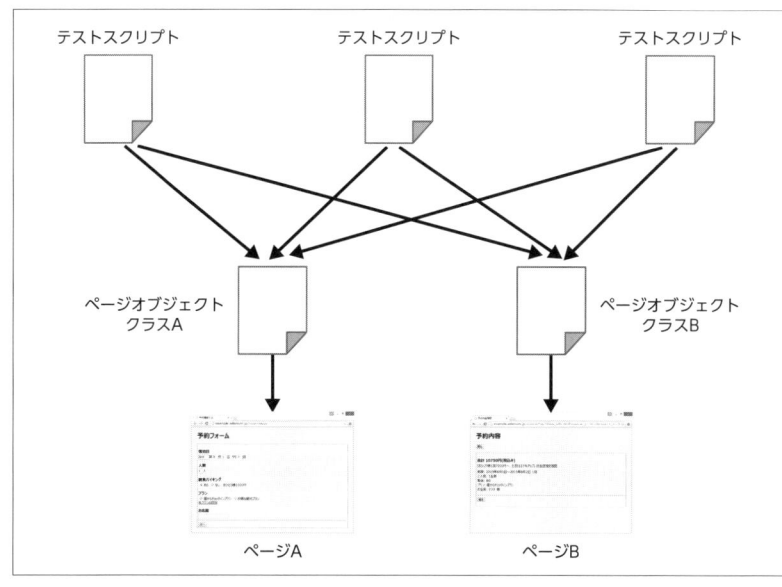

図6.1 ページオブジェクトパターンのイメージ

　リスト6.1とリスト6.2は、ページオブジェクトを使ったテストスクリプトのイメージです。テスト対象は図6.2のような画面を持つWebサイトで、リスト6.1がページオブジェクトクラス、リスト6.2がそのページオブジェクトを使ったテストスクリプトとなっていて、JUnitとWebDriverで記述しています。

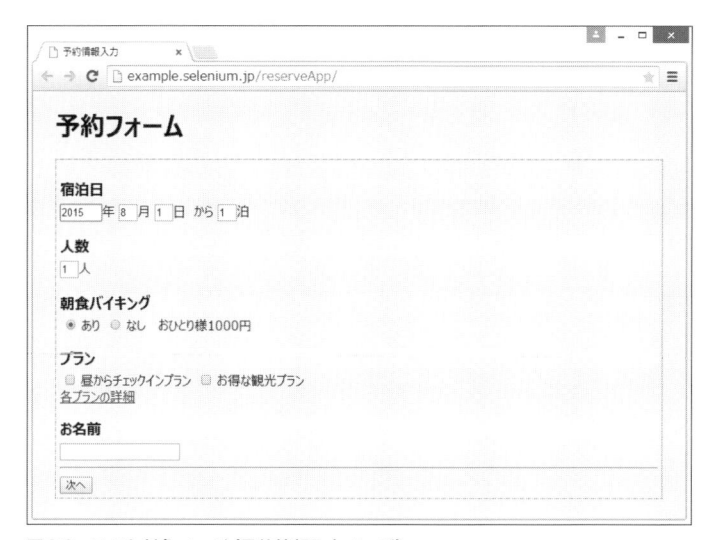

図6.2 テスト対象ページ（予約情報入力ページ）

第6章　スクリプトの効率的なメンテナンス

リスト6.1　ページオブジェクトクラス

```
public class ReserveInputPage {
    private WebDriver driver;

    public ReserveInputPage(WebDriver driver) {
        this.driver = driver;
    }

    public void setReserveDate(String year, String month, String day) {
        driver.findElement(By.name("reserve_y")).clear();
        driver.findElement(By.name("reserve_y")).sendKeys(year);
        driver.findElement(By.name("reserve_m")).clear();
        driver.findElement(By.name("reserve_m")).sendKeys(month);
        driver.findElement(By.name("reserve_d")).clear();
        driver.findElement(By.name("reserve_d")).sendKeys(day);
    }

    // 略

    public void setGuestName(String value) {
        driver.findElement(By.name("gname")).clear();
        driver.findElement(By.name("gname")).sendKeys(value);
    }
}
```

リスト6.2　ページオブジェクトを使ったテストスクリプト

```
@Test
public void 宿泊予約が成功すること() {
    driver.get("http://example.selenium.jp/reserveApp");
    ReserveInputPage inputPage = new ReserveInputPage(driver);
    inputPage.setReserveDate("2015", "8", "1");
    inputPage.setGuestName("サンプルユーザ");
    // 略
}
```

　日本Seleniumユーザーコミュニティが提供するサンプルWebページ[注1]には、このホテル宿泊予約ページが実際にホスティングされています。このページを使い、ページオブジェクトパターンの詳細を見ていくことにしましょう。

ページオブジェクトパターンを使ったスクリプト

　サンプルのホテル宿泊予約サイトの主要なページは、次の3つです。

- 宿泊日や人数などの情報を入力する予約情報入力ページ（図6.2）

注1　http://example.selenium.jp/reserveApp

- 宿泊情報入力ページで入力した内容を確認する予約内容確認ページ（図6.3）
- 宿泊情報入力ページの入力に誤りがあった場合に表示される予約エラーページ（図6.4）

図6.3　予約内容確認ページ

図6.4　予約エラーページ

各ページの関係は、**図6.5**のページ遷移図のようになります。

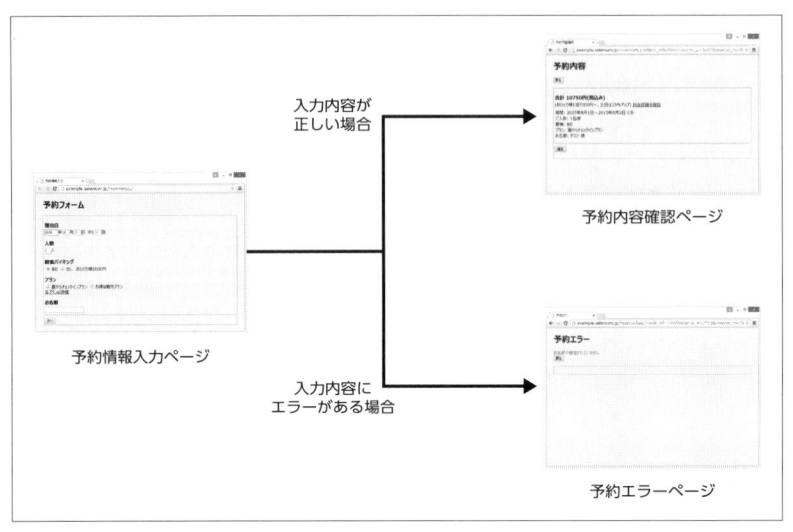

図6.5　ホテル宿泊予約サイトページ遷移図

テスト用のサンプルページなので、登録した予約データは実際にはサーバに保存されません。したがって満室などの概念も存在せず、同じ日付でいくらでも宿泊予約を行えます。

そして、**リスト6.3**が予約情報入力ページ、**リスト6.4**が予約内容確認ページ、**リスト6.5**が予約エラーページに対するページオブジェクトクラスです。

リスト6.3　予約情報入力ページに対するページオブジェクトクラスReserveInputPage

```
public class ReserveInputPage {
    private WebDriver driver;

    public ReserveInputPage(WebDriver driver) {
        this.driver = driver;
        if (!"予約情報入力".equals(this.driver.getTitle())) {
            throw new IllegalStateException(
                "現在のページが間違っています: " + this.driver.getTitle());
        }
    }

    public void setReserveDate(String year, String month, String day) {
        driver.findElement(By.name("reserve_y")).clear();
        driver.findElement(By.name("reserve_y")).sendKeys(year);
        driver.findElement(By.name("reserve_m")).clear();
        driver.findElement(By.name("reserve_m")).sendKeys(month);
        driver.findElement(By.name("reserve_d")).clear();
```

6.1 ページオブジェクトパターン

```java
            driver.findElement(By.name("reserve_d")).sendKeys(day);
        }

        public void setReserveTerm(String value) {
            driver.findElement(By.name("reserve_t")).clear();
            driver.findElement(By.name("reserve_t")).sendKeys(value);
        }

        public void setHeadCount(String value) {
            driver.findElement(By.name("hc")).clear();
            driver.findElement(By.name("hc")).sendKeys(value);
        }

        public void setBreakfast(boolean on) {
            if (on) {
                driver.findElement(By.id("breakfast_on")).click();
            } else {
                driver.findElement(By.id("breakfast_off")).click();
            }
        }

        public void setEarlyCheckInPlan(boolean checked) {
            if (driver.findElement(By.name("plan_a")).isSelected() != checked) {
                driver.findElement(By.name("plan_a")).click();
            }
        }

        public void setSightseeingPlan(boolean checked) {
            if (driver.findElement(By.name("plan_b")).isSelected() != checked) {
                driver.findElement(By.name("plan_b")).click();
            }
        }

        public void setGuestName(String value) {
            driver.findElement(By.name("gname")).clear();
            driver.findElement(By.name("gname")).sendKeys(value);
        }

        public ReserveConfirmPage goToNext() {
            driver.findElement(By.id("goto_next")).click();
            return new ReserveConfirmPage(driver);
        }

        public ReserveErrorPage goToNextExpectingFailure() {
            driver.findElement(By.id("goto_next")).click();
            return new ReserveErrorPage(driver);
        }
    }
```

リスト6.4　予約内容確認ページに対するページオブジェクトクラスReserveConfirmPage

```java
public class ReserveConfirmPage {
    private WebDriver driver;

    public ReserveConfirmPage(WebDriver driver) {
        this.driver = driver;
        if (!"予約内容確認".equals(this.driver.getTitle())) {
            throw new IllegalStateException(
                "現在のページが間違っています: " + this.driver.getTitle());
        }
    }

    public String getPrice() {
        return driver.findElement(By.id("price")).getText();
    }

    public void commit() {
        driver.findElement(By.id("commit")).click();
    }
}
```

リスト6.5　予約エラーページに対するページオブジェクトクラスReserveErrorPage

```java
public class ReserveErrorPage {
    private WebDriver driver;

    public ReserveErrorPage(WebDriver driver) {
        this.driver = driver;
        if (!"予約エラー".equals(this.driver.getTitle())) {
            throw new IllegalStateException(
                "現在のページが間違っています: " + this.driver.getTitle());
        }
    }

    public String getMessage() {
        return driver.findElement(By.id("errorcheck_result")).getText();
    }
}
```

　さらに、**リスト6.6**がこれらのページオブジェクトを使って宿泊予約を行う、JUnitのテストスクリプトです。

　1ページ目の予約情報入力ページでは、明日以降の直近の土曜日の日付で宿泊予約を行い、「次へ」ボタンを押して2ページ目に遷移します。2ページ目の予約内容確認ページには、1ページ目で入力した情報から計算される宿泊料金が表示されるので、この値が正しいことをassertThatメソッドで確認し、「確定」ボタンを押して予約を確定します[注2]。

注2　本来は予約の確定が成功したことのチェックも実施すべきですが、紙面の都合上ここでは割愛します。

リスト6.6　ページオブジェクトを使ったテストスクリプト

```java
public class PageObjectSampleTest {
    private WebDriver driver;

    @Before
    public void setUp() {
        driver = new FirefoxDriver();
    }

    @After
    public void tearDown() {
        driver.quit();
    }

    private static Calendar nextSaturday() {
        // 略
    }

    @Test
    public void 宿泊予約が成功すること() {
        // 予約情報入力ページ
        driver.get("http://example.selenium.jp/reserveApp");
        ReserveInputPage inputPage = new ReserveInputPage(driver);
        Calendar nextSaturday = nextSaturday();
        inputPage.setReserveDate(
            Integer.toString(nextSaturday.get(Calendar.YEAR)),
            Integer.toString(nextSaturday.get(Calendar.MONTH) + 1),
            Integer.toString(nextSaturday.get(Calendar.DATE)));
        inputPage.setReserveTerm("1");
        inputPage.setHeadCount("2");
        inputPage.setBreakfast(true);
        inputPage.setEarlyCheckInPlan(true);
        inputPage.setGuestName("サンプルユーザ");

        // 予約内容確認ページ
        ReserveConfirmPage confirmPage = inputPage.goToNext();
        assertThat(confirmPage.getPrice(), is("21500"));
        confirmPage.commit();
    }
}
```

　各ページの情報はページオブジェクトクラスに集約され、ページへの操作はページオブジェクトを介して行われます。テスト対象画面の仕様変更によりロケータやコマンドを修正する必要が生じた場合も、ページオブジェクトクラス1個所の修正だけで済みます。

　ページオブジェクトパターンには、ほかにも次のようなメリットがあります。

可読性の向上

　ページオブジェクトを使うと、テストスクリプトが読みやすくなります。特にCSSやXPathのロケータを使用する場合、テストスクリプトは非常に読みにくいものになりがちです。複雑なコマンドやロケータの詳細をページオブジェクトのメソッド内に隠蔽することにより、テストスクリプトを読みやすいものにできます。

共通化の基準がわかりやすい

　メソッドの共通化の基準は開発者ごとにバラバラであることが多く、何も基準を設けないと統一性がなく使いにくい共通ライブラリになりがちです。ページオブジェクトパターンは、「1つのページに対し1つクラスを作成する」という比較的わかりやすい基準があるため、このようなバラつきが出にくいです。

目的のメソッドを見つけやすい

　他人の作ったライブラリから目的のメソッドを探すのは面倒な作業であり、探すのが面倒になって同じような共通メソッドを再作成してしまうということはよく起こります。

　ページオブジェクトパターンを使っていれば、操作対象のページに対するページオブジェクトから目的のメソッドを探せばよいため、メソッドを見つけるのが簡単になります。

　さらに、Eclipseを始めとするIDEの多くは、プログラム作成中にその場所で利用できるメソッドの候補を提示する補完機能を備えています（**図6.6**）。この機能を使うことで、さらに効率よくメソッドを探索できるようになり、メソッドを記述する手間も省けます。

```
@Test
public void 宿泊予約が成功すること() {
    // 予約情報入力ページ
    driver.get("http://example.selenium.jp/reserveApp");
    ReserveInputPage inputPage = new ReserveInputPage(driver);
    Calendar nextSaturday = nextSaturday();
    inputPage.setReserveDate(
            Integer.toString(nextSaturday.get(Calendar.YEAR)),
            Integer.toString(nextSaturday.get(Calendar.MONTH) + 1),
            Integer.toString(nextSaturday.get(Calendar.DATE)));
    inputPage.s
}
```

- setBreakfast(boolean on) : void - ReserveInputPage
- setEarlyCheckInPlan(boolean checked) : void - ReserveInputP
- setGuestName(String value) : void - ReserveInputPage
- setHeadCount(String value) : void - ReserveInputPage
- setReserveDate(String year, String month, String day) : void
- setReserveTerm(String value) : void - ReserveInputPage
- setSightseeingPlan(boolean checked) : void - ReserveInputPa

'Ctrl+Space' の押下 で テンプレート・プロポーザル を表示

図6.6　Eclipseのメソッド補完機能

ページオブジェクト作成の指針

ページオブジェクトを作成する際には、次の指針に従うとよいでしょう。これらの指針はSeleniumプロジェクトWiki[注3]にも記載されています。指針を守ることでメンテナンスしやすい優れたページオブジェクトが作成できるでしょう。

画面操作を抽象化したメソッドを提供する

ページオブジェクトの各メソッドは、画面に対するユーザ操作をそのままメソッド化するのではなく、その操作手順の詳細を抽象化し、「その画面でユーザが実現したいタスクを行うメソッド」として提供するようにしましょう。

たとえば図6.2の予約情報入力ページには、宿泊日の年・月・日の3つの入力欄があります。ここでもし画面に対するユーザ操作をそのままメソッド化してしまうと、それぞれの入力欄にテキストを入力する次の3つのメソッドをReserveInputPageクラスに定義することになるでしょう。

- inputReserveYear(String year)
- inputReserveMonth(String month)
- inputReserveDay(String day)

しかし、ユーザがこの画面で実現したいタスクは「宿泊日を指定すること」であって、「3つの入力欄に情報を入力すること」ではありません。実際、宿泊日の入力欄が図6.7のようなカレンダーコンポーネントになっていたら、年・月・日を単体で入力できません。

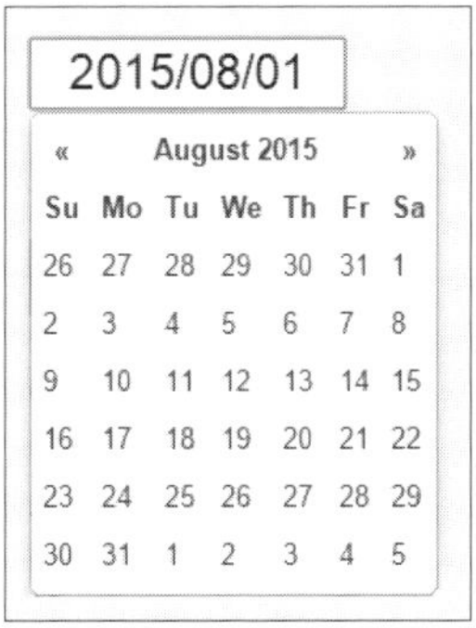

図6.7 カレンダーコンポーネントによる宿泊日入力欄

注3　https://code.google.com/p/selenium/wiki/PageObjects

現在画面で使用されているコンポーネントに惑わされず、「宿泊日を指定する」というユーザが実現したいタスクに着目すれば、これを実現するメソッドは次の❶、❷、❸のいずれかになるでしょう。

❶ setReserveDate(String year, String month, String day)
❷ setReserveDate(int year, int month, int day)
❸ setReserveDate(java.util.Date date)

リスト6.3のReserveInputPageクラスでは、宿泊日に数字以外の文字を入力するテストケースがある場合を考え、引数が文字列の❶のメソッドを採用しました。そのようなテストケースは実施しないのであれば❷や❸のメソッドのほうが利用しやすいかもしれませんし、「年」の入力欄以外には何も入力しないテストケースを実施したいのであればinputReserveYearメソッドも提供したほうがよいでしょう。

なお、ここではページオブジェクトは「その画面でユーザが実現したいタスク」をメソッド化すべきであると書きましたが、これは「Webページが提供するサービス」をメソッド化すべきである、と表現されることが多いです。本書では説明をわかりやすくするため、「その画面でユーザが実現したいタスク」という表現を用いています。

ページ遷移を伴うメソッドは、新しいページオブジェクトを返す

テストスクリプトが複数のページにわたることは、非常によくあります。対象のページが切り替わるたびに、テストスクリプト中でページオブジェクトのインスタンスを生成してもよいのですが、それよりもリスト6.3のReserveInputPageクラスのgoToNextメソッドのように、ページ遷移が発生するメソッドの返り値を新しいページオブジェクトのインスタンスにするとよいでしょう。

この書き方には次のメリットがあります。

- テストスクリプトが簡潔になる。最初に生成したページにWebDriverのインスタンスを渡したあとは、テストスクリプト側でWebDriverのインスタンスのことを意識する必要がない
- ページ遷移を伴うメソッドを呼び出して次のページオブジェクトを取得しないと、次のページへの操作ができない。したがって、ページ遷移を忘れて次のページを操作してしまうことがなくなる

遷移先ページが異なるメソッドは別のメソッドにする

たとえば図6.2の予約情報入力ページでは、「次へ」ボタンを押した際に、入力したデータに誤りがなければ図6.3の予約内容確認ページに、データに誤りがあれば図6.4の予約エラーページに遷移します。

このような場合には、予約内容確認ページに遷移するgoToNextメソッドと、予約エラーページに遷移するgoToNextExpectingFailureメソッドの2つを用意し、テストスクリプトで2つのメソッドを使い分けるのがよいでしょう。

リスト6.6のテストスクリプトではgoToNextメソッドを使用していますが、**リスト6.7**のように予約エラーが発生することを確認するテストスクリプトではgoToNextExpectingFailureメソッドを使用します。

リスト6.7　予約エラーが発生することを確認するテストスクリプト

```
@Test
public void 入力に誤りがある場合にエラーになること() {
    driver.get("http://example.selenium.jp/reserveApp");
    ReserveInputPage inputPage = new ReserveInputPage(driver);
    inputPage.setReserveDate("1999", "1", "1");
    inputPage.setGuestName("テストユーザ");
    ReserveErrorPage errorPage = inputPage.goToNextExpectingFailure();
    assertThat(errorPage.getMessage(),
        is("宿泊日には、翌日以降の日付を指定してください。"));
}
```

Assertionロジックをページオブジェクトに含めない

リスト6.6のテストスクリプトでは、assertThat(confirmPage.getPrice(), is("21500"))によって宿泊料金の値をチェックしています。

しかし設計としては、ReserveConfirmPageクラスにassertPriceメソッドを定義し、テストスクリプト中にはconfirmPage.assertPrice("21500")と記述する構成にもできそうに見えます。

確かに可能なのですが、基本的にはテストスクリプト中で直接assertThatメソッドを呼び出す方法がお勧めです。この構成のほうが、ページオブジェクトはページとのやりとりを担当し、テストスクリプトは値のチェックなどのテストに関する処理を担当する、といったように、各クラスの役割をきちんと分けることができて、両者を疎結合に保てます。

ページ遷移の際に、きちんと遷移できたことをチェックする

テストスクリプトの不備やテスト対象Webアプリケーションの不具合により、テスト実行時にページ遷移に失敗したり、エラーページなどの期待とは違うページに遷移したりすることがあります。

特に何もチェックをしなければWebDriverのテストはそのまま続行されてしまうため、ページオブジェクトのコンストラクタでは、ページのURLやタイトルをもとに、きちんと操作対象のページに遷移したことをチェックするとよいでしょう。たとえばリスト6.3のReserveInputPageクラスのコンストラクタでは、ページのタイトルで目的のページに遷移したことをチェックしています。このチェックではページオブジェクト中にAssertionロジックが含まれないよう、IllegalStateExceptionを使用しています[注4]。

こうしたチェックを入れず、WebDriverのテストをそのまま続行したとしても、結局NoSuchElementException（対象要素を見つけられない場合のエラー）などのエラーが出てテストに失敗することがほとんどですが、このようなエラーメッセージからはページ遷移に失敗したことがすぐに読み取れないので、エラー調査が難しくなります。

@FindByとPageFactory

JavaのWebDriverクライアントライブラリには、ページオブジェクトの記述を簡単にする@FindByというアノテーションとPageFactoryというクラスがあり、この2つはセットで使用されます。

@FindByアノテーションとPageFactoryクラスを使うと、リスト6.3のReserveInputPageクラスはリスト6.8のように、リスト6.6のPageObjectSampleTestクラスはリスト6.9のように書き換えることができます。

リスト6.8　@FindByアノテーションを使ったReserveInputPageクラス

```
import org.openqa.selenium.support.FindBy;
import org.openqa.selenium.support.PageFactory;

public class ReserveInputPage {
    private WebDriver driver;
    @FindBy(name = "reserve_y")
    private WebElement reserveYear;
    @FindBy(name = "reserve_m")
    private WebElement reserveMonth;
    @FindBy(name = "reserve_d")
    private WebElement reserveDay;
    @FindBy(name = "reserve_t")
    private WebElement reserveTerm;
    @FindBy(name = "hc")
```

[注4] エラーメッセージをわかりやすくしたいなら、コンストラクタのチェックでは例外的にassertThatを使うのもよいかもしれません。実際、7章で紹介するGebや8章で紹介するFluentLeniumでは、ページオブジェクトのコンストラクタ内でAssertionロジックを使用しています。

```java
    private WebElement headCount;
    @FindBy(id = "breakfast_on")
    private WebElement breakfastOn;
    @FindBy(id = "breakfast_off")
    private WebElement breakfastOff;
    @FindBy(name = "plan_a")
    private WebElement earlyCheckInPlan;
    @FindBy(name = "plan_b")
    private WebElement sightseeingPlan;
    @FindBy(name = "gname")
    private WebElement guestName;
    @FindBy(id = "goto_next")
    private WebElement goToNextButton;

    public ReserveInputPage(WebDriver driver) {
        this.driver = driver;
        if (!"予約情報入力".equals(this.driver.getTitle())) {
            throw new IllegalStateException(
                "現在のページが間違っています: " + this.driver.getTitle());
        }
    }

    public void setReserveDate(String year, String month, String day) {
        reserveYear.clear();
        reserveYear.sendKeys(year);
        reserveMonth.clear();
        reserveMonth.sendKeys(month);
        reserveDay.clear();
        reserveDay.sendKeys(day);
    }

    public void setReserveTerm(String value) {
        reserveTerm.clear();
        reserveTerm.sendKeys(value);
    }

    public void setHeadCount(String value) {
        headCount.clear();
        headCount.sendKeys(value);
    }

    public void setBreakfast(boolean on) {
        if (on) {
            breakfastOn.click();
        } else {
            breakfastOff.click();
        }
    }

    public void setEarlyCheckInPlan(boolean checked) {
        if (earlyCheckInPlan.isSelected() != checked) {
```

```java
            earlyCheckInPlan.click();
        }
    }

    public void setSightseeingPlan(boolean checked) {
        if (sightseeingPlan.isSelected() != checked) {
            sightseeingPlan.click();
        }
    }

    public void setGuestName(String value) {
        guestName.clear();
        guestName.sendKeys(value);
    }

    public ReserveConfirmPage goToNext() {
        goToNextButton.click();
        return PageFactory.initElements(driver, ReserveConfirmPage.class);
    }

    public ReserveErrorPage goToNextExpectingFailure() {
        goToNextButton.click();
        return PageFactory.initElements(driver, ReserveErrorPage.class);
    }
}
```

リスト6.9　PageFactoryクラスを使ったFindBySampleTestクラス

```java
import org.openqa.selenium.support.PageFactory;

public class FindBySampleTest {
    private WebDriver driver;

    // リスト6.6と同じなので略

    @Test
    public void 宿泊予約が成功すること() {
        // 予約情報入力ページ
        driver.get("http://example.selenium.jp/reserveApp");
        ReserveInputPage inputPage
            = PageFactory.initElements(driver, ReserveInputPage.class);
        // 以下、リスト6.6と同じなので略
    }
}
```

　紙面の都合上省略しますが、リスト6.4のReserveConfirmPageクラスとリスト6.5のReserveErrorPageクラスも同様にして書き換えることができます。
　リスト6.8では、WebDriverインタフェースのfindElementメソッドを使う代わりに、@FindByアノテーションを使うことで要素の情報を取得してフィールド

にセットしています。id指定、name指定などの要素の取得方法は、@FindBy の引数で指定します。この方法によって要素の取得を可能にするには、Reserve InputPageクラスのインスタンスはnew ReserveInputPage(driver)により生成するのではなく、PageFactory.initElements(driver, ReserveInputPage. class)により生成する必要があります。

メカニズム

@FindByとPageFactoryの動作のしくみは図6.8のようになります。

```
┌─────────────────────────────────────────────────────────┐
│                              ┌──────────────────────────┐│
│                              │ PageFactory.initElements ││
│                              └──────────────────────────┘│
│            ①@FindByの引数に応じた                          │
│            フック処理をreserveYearにセット                   │
│  ┌──────────────────────────────┐                       │
│  │ public class ReserveInputPage {│                      │
│  │   …                           │   ┌──────────────┐   │
│  │   @FindBy(name = "reserve_y") │   │ 要素の情報を  │   │
│  │   private WebElement reserveYear;│ 取得するフック処理│   │
│  │   …                           │   └──────────────┘   │
│  │                               │  ②reserveYearのメソッド呼び出し時に│
│  │   public void setReserveDate(…) {│ フック処理が呼ばれる        │
│  │     reserveYear.sendKeys(…);  │                      │
│  │     …                         │                      │
│  │   }                           │                      │
│  │   …                           │                      │
│  │ }                             │                      │
│  └──────────────────────────────┘                       │
└─────────────────────────────────────────────────────────┘
```

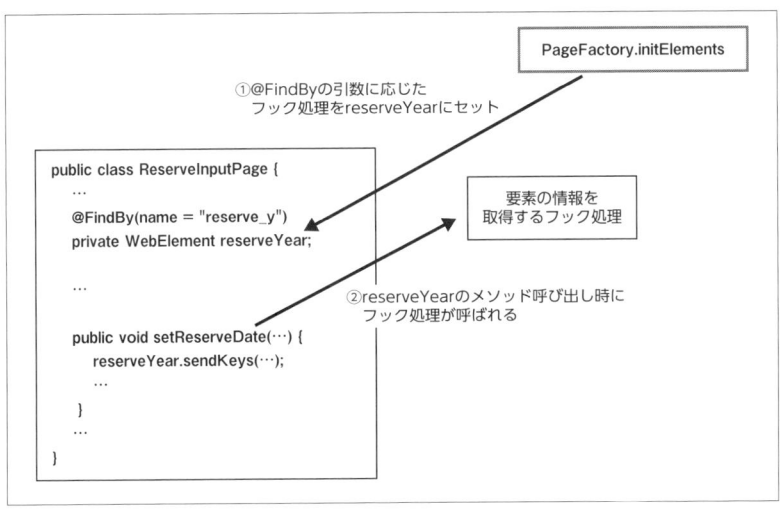

図6.8 @FindByとPageFactoryのしくみ

まずPageFactory.initElements(WebDriver driver, Class pageClassTo Proxy)メソッドが呼び出されると、initElementsメソッドは引数で指定された pageClassToProxyクラスのインスタンスを生成して返します。このとき、Java のリフレクションの機能を使い、@FindByアノテーションが付与されたすべて のWebElement型のフィールドに対し、WebElementのインスタンスを生成してセットします。生成されるWebElementのインスタンスには、リフレクションの機能[注5]を使ってフック処理が埋め込まれており（図6.8の①）、sendKeysや isDisplayedなど、このインスタンスのメソッドが呼ばれる直前にフック処理が呼ばれ、毎回WebDriver.findElementメソッドによって、@FindByアノテーションの引数に応じた要素が取得されるようになります（図6.8の②）。

注5　java.lang.reflect.Proxyが使われています。

このしくみからわかるように、@FindByとPageFactoryは次のような振る舞いをします。

- @FindByアノテーションを付けたフィールドには、PageFactory.initElementsメソッドを呼び出さないとインスタンスがセットされない。new ReserveInputPage(WebDriver driver)などの通常のコンストラクタでページオブジェクトクラスを生成するとフィールドはnullのままになり、フィールドにアクセスするとNullPointerExceptionが発生する
- WebDriver.findElementメソッドによる実際の要素の取得は、PageFactory.initElementsメソッドを呼び出したタイミングではなく、sendKeysやisDisplayedなどのメソッドを呼び出したタイミングで初めて行われる。したがって、テスト内で利用しない要素の情報は取得されない。また、メソッド呼び出しのタイミングで毎回findElementが呼ばれるので、常に最新の画面の状態が取得される
- 内部的には要素の検索処理は、PageFactory.initElementsメソッドの引数で指定したWebDriverインスタンスのfindElementメソッドを使って行われる。WebDriver.Timeouts.implicitlyWaitメソッド（80ページ）でこのインスタンスに待ち時間が指定されているときには、要素が見つからない場合の待ち処理も行われる

@FindByとPageFactoryは便利な機能ですが、しくみが少し複雑で、きちんと理解しないと挙動がわかりづらいので、利用する場合には注意してください。

@FindByの引数の指定方法

@FindByアノテーションの引数では、要素を取得する際に利用するロケータを指定できます。指定方法には、@FindBy(name = "reserve_y")のような指定方法のほかに、@FindBy(how = How.NAME, using = "reserve_y")のようにhowを使って指定する方法もあります。指定可能なロケータの一覧は表6.1の通りです。

表6.1 @FindByアノテーションの引数として指定可能なロケーター覧

通常の指定方法	howを使った指定方法
id	How.ID
name	How.NAME
tagName	How.TAG_NAME
className	How.CLASS_NAME

通常の指定方法	howを使った指定方法
linkText	How.LINK_TEXT
partialLinkText	How.PARTIAL_LINK_TEXT
css	How.CSS
xpath	How.XPATH

また、PageFactory.initElementsメソッドで生成されたページオブジェクトクラスのフィールドの中に、WebElement型で@FindByアノテーションが指定されていないものがあった場合、idもしくはnameがフィールド名に一致する要素を検索し、フィールドにセットします。たとえばリスト6.10のコードでは、idまたはnameが"reserve_term"である要素が検索されます。

リスト6.10 @FindByアノテーションが指定されていないWebElement

```java
public class ReserveInputPage {
    private WebElement reserve_term;

    public void setReserveTerm(String value) {
        reserve_term.clear();
        reserve_term.sendKeys(value);
    }
}
```

@CacheLookup

@FindByアノテーションで指定された方法による要素の取得は、clickなどのWebElementのメソッド呼び出しのたびに行われることはすでに述べました。もし操作対象の要素の情報がページ上で変更されず、一度だけ取得すればよいことが確実である場合は、その要素に@CacheLookupアノテーションを付けることで、最初に取得した要素をキャッシュしておき、2回目以降も再利用できます。

リスト6.11の例では、フィールドreserveTermに@CacheLookupアノテーションが付与されているため、要素の情報はclearメソッドの呼び出し時に取得され、sendKeysメソッドの呼び出し時には、先ほど取得した情報をそのまま再利用します。

リスト6.11 @CacheLookupアノテーションによるWebElementの再利用

```java
import org.openqa.selenium.support.CacheLookup;

public class ReserveInputPage {
    @FindBy(id = "reserve_term")
    @CacheLookup
```

```
    private WebElement reserveTerm;

    public void setReserveTerm(String value) {
        reserveTerm.clear();
        reserveTerm.sendKeys(value);
    }
}
```

その他の機能

その他、@FindByとPageFactoryの機能や細かい挙動について、いくつか説明しておきます。

- @FindByアノテーションを付けるフィールドは、privateでもpublicでもよい
- PageFactory.initElements(WebDriver driver, Class pageClassToProxy)メソッドの内部では、pageClassToProxyクラスのコンストラクタのうち、WebDriver型の引数を1つ持つものを使用してインスタンスが生成される。このようなコンストラクタが存在しない場合は、引数なしのデフォルトコンストラクタが使用される
- initElements(WebDriver driver, Object page)メソッドを使うと、すでに存在するページオブジェクトクラスのインスタンスに対し、@FindByの要素取得処理を行うことができる（リスト6.12）

リスト6.12　initElementsメソッドに既存のページオブジェクトを指定

```
ReserveInputPage inputPage = new ReserveInputPage(driver);
PageFactory.initElements(driver, inputPage);
```

6.2 データ駆動テスト

自動テストを行う際には、入力値を変えながら同じようなテストを何度も繰り返し実行したいことがあります。この場合、同じようなスクリプトをコピー＆ペーストしていくつも作成することは得策ではありません。1つの共通スクリプトに対し、与えるパラメータの値を変更することでさまざまなテストパターンを実行するデータ駆動テストの手法を使えば、このようなテストを効率的に作成できます（図6.9）。

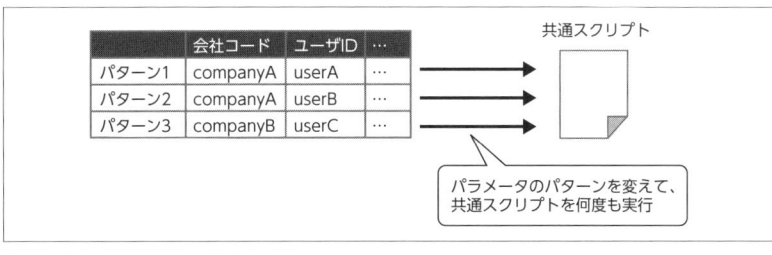

図6.9 データ駆動テストのイメージ

　入力パラメータのパターンは、スクリプト中に記述したり、スプレッドシートやテキストファイルに記載したりと、利用するテストフレームワークによってさまざまな方法が可能です。

　本節では、JUnit 4のテストスクリプトのパラメータ化機能を使い、WebDriverによるデータ駆動テストを実現する方法を紹介します。

2つのテストランナー

　JUnit 4には、データ駆動テストを実現するための機能として、Parameterizedテストランナーと Theoriesテストランナーという2つの機能があります。2つのテストランナーにはそれぞれ長所があるため、ここではそれぞれについて紹介します。

　以降のサンプルスクリプトでは、前節と同じサンプルのホテル宿泊予約Webサイトと、そこで作成したページオブジェクトクラスを利用してスクリプトを記述しています。

Parameterizedテストランナーを使った方法

　JUnit 4でデータ駆動テストを実現する1つ目の方法は、Parameterizedテストランナーの機能を利用する方法です。リスト6.13は、Parameterizedテストランナーを利用して記述したデータ駆動テストのサンプルです。

リスト6.13　Parameterizedテストランナーを使ったデータ駆動テスト

```
import org.junit.runner.RunWith;
import org.junit.runners.Parameterized;
import org.junit.runners.Parameterized.Parameters;

@RunWith(Parameterized.class)
public class ParameterizedSampleTest {
```

```java
    private WebDriver driver;
    private Calendar reserveDate;
    private String reserveTerm;
    private String headCount;
    private String guestName;
    private String errMessage;

    @Before
    public void setUp() {
        driver = new FirefoxDriver();
    }

    @After
    public void tearDown() {
        driver.quit();
    }

    private static Calendar nextSaturday() {
        // 略
    }

    @Parameters(name = "メッセージ:{4}")
    public static Collection<Object[]> testData() {
        return Arrays.asList(new Object[][] {
            {null, "1", "2",
                "サンプルユーザ", "宿泊日が指定されていません"},
            {nextSaturday(), "", "2",
                "サンプルユーザ", "泊数が指定されていません"},
            {nextSaturday(), "1", "",
                "サンプルユーザ", "人数が指定されていません"},
            {nextSaturday(), "1", "2",
                "", "お名前が指定されていません"},
        });
    }

    public ParameterizedSampleTest(Calendar reserveDate, String reserveTerm,
        String headCount, String guestName, String errMessage) {
        this.reserveDate = reserveDate;
        this.reserveTerm = reserveTerm;
        this.headCount = headCount;
        this.guestName = guestName;
        this.errMessage = errMessage;
    }

    @Test
    public void 必須項目が空の場合にエラーになること() {
        driver.get("http://example.selenium.jp/reserveApp");
        ReserveInputPage inputPage = new ReserveInputPage(driver);
        if (reserveDate == null) {
            inputPage.setReserveDate("", "", "");
        } else {
```

```
                inputPage.setReserveDate(
                        Integer.toString(reserveDate.get(Calendar.YEAR)),
                        Integer.toString(reserveDate.get(Calendar.MONTH) + 1),
                        Integer.toString(reserveDate.get(Calendar.DATE)));
            }
            inputPage.setReserveTerm(reserveTerm);
            inputPage.setHeadCount(headCount);
            inputPage.setGuestName(guestName);
            ReserveErrorPage errorPage = inputPage.goToNextExpectingFailure();
            assertThat(errorPage.getMessage(), is(errMessage));
        }
    }
```

　Parameterizedテストランナーを使う場合、クラスに@RunWithアノテーションを付与し、Parameterizedテストランナーを指定します。また、@Parametersアノテーションを付けたstaticメソッドでパラメータのリストを返すとともに、ParameterizedSampleTestコンストラクタの引数でテストパラメータを受け取るロジックを記述します。こうすることで、@Parametersで定義された各パラメータの組み合わせに対し、@Testを付けたテストメソッドが実行されます。テストメソッド中では、コンストラクタの引数で受け取ったパラメータを使用できます。また、JUnit 4.11以降の場合、@Parametersアノテーションのname引数で、パラメータの値を含むテストの名前を指定できます。

　リスト6.13のデータ駆動テストをEclipseから実行すると、テスト結果は**図6.10**のように表示されます。

図6.10　EclipseのParameterizedテスト結果の表示

　4つのパラメータのパターンに対する4つの独立したテストメソッドがあるかのようにテストが実行され、1つのパターンが失敗しても残りのパターンのテストは続けて実施されます。

Theoriesテストランナーを使った方法

　JUnit 4でデータ駆動テストを実現するもう1つの方法は、Theoriesテストランナーの機能を利用する方法です。Theoriesテストランナーは、ParameterizedテストランナーよりもあとからJUnitに導入された機能で、コンストラクタではなくテストメソッドの引数としてパラメータを受け取る点が、Parameterizedテストランナーとの大きな違いです。

　Theoriesテストランナーには次のような課題があるため[注6]、利用する場合は注意が必要です。

- Theoriesテストランナーの機能はまだJUnitのexperimentalパッケージに属している
- どれか1つのパラメータのパターンが失敗すると、残りのパターンは実行されない
- Parameterizedテストランナーのような、name引数を使ったテスト名の指定ができない。Eclipse上のテスト結果表示も、あまりわかりやすくない（図6.11）

図6.11　EclipseのTheoriesテスト結果表示

　Theoriesテストランナーを使ったサンプルコードはhttp://gihyo.jp/book/2016/978-4-7741-7894-3/supportからダウンロードできるので、そちらを参照してください。また、Theoriesテストランナーの機能については、『JUnit実践入門』により詳しく解説されています。

注6　JUnit 4.12時点の状況です。

Part 3

便利なライブラリ

- ✓ 第7章　Geb
- ✓ 第8章　FluentLenium
- ✓ 第9章　Capybara

第7章 Geb

本章では、Groovyでシンプルにテストスクリプトを記述できるライブラリGebについて解説します。

7.1 Gebとは

ここまでWebDriverの活用方法について詳しく説明してきましたが、実際にWebDriverのコマンドを使ってスクリプトを書いていると、たとえばクリック処理のたびにdriver.findElement(By.id("***")).click();のようなコードを書くのは面倒に思えてくるでしょう。内部でWebDriverコマンドを呼び出す補助メソッドを自作してもよいですが、それよりも現在では、WebDriverコマンドをラップしてシンプルに使えるようにしたライブラリがたくさんあるので、そちらを使うのがお勧めです。

本章で紹介するのは、これらのライブラリの中でも近年注目を集めているGeb[注1]（ジェブ）です。Gebは、JVM（*Java Virtual Machine*、Java仮想マシン）上で動作するスクリプト言語Groovyを使ってスクリプトを記述するブラウザ操作の自動化ツールで、内部的にはWebDriverの機能を利用しています。Gebを使うメリットには、次のようなものがあります。

- WebDriverのコマンドをそのまま使うのと比べ、より簡潔にスクリプトを記述できる
- 広く利用されているJavaScriptのライブラリjQueryの記法に近い、ナビゲータAPIを利用し、操作対象のHTML要素を指定できる
- ページオブジェクトパターンを支援するさまざまな機能が標準で提供されている
- Groovyでテストコードを書くのであれば、Assertionの比較結果を詳細に表示するパワーアサートや、テストフレームワークSpockを利用できる

注1　http://www.gebish.org/

> Spockには、ブロックを使ったテストフェーズの表現、簡潔な記法によるデータ駆動テストなど、多くの優れた機能がある

　Groovyの文法は、おおむねJavaの構文を拡張したものです。GroovyのプログラムはJavaバイトコードに変換されJVM上で実行されます。Javaで記述されたクラスやメソッドも、Groovyのプログラムから利用できます。このような特徴を持つため、GroovyユーザだけでなくJavaユーザにとってもGebやSpockは有力なテストツールの選択肢となるでしょう。

　本章ではまず、主にJavaユーザに向けて、Groovyの構文のうちGebを利用するうえで知っておいたほうがよいと思われるものについて解説します。続いて、GroovyおよびGebのセットアップについて解説し、それからGebの具体的なコマンドや使い方について、JUnitと組み合わせながら解説します。最後に、GebとSpockを組み合わせた活用法について解説します。

　Gebにはさまざまな機能があり、本章でそのすべては紹介しきれません。GebのWebサイトには、より詳しく書かれた英語のドキュメント「The Book Of Geb」[注2]があるので、ぜひそちらも参考にしてください。

7.2 Groovy

　まずは、Groovyについて簡単に解説していきます。

　すでに述べたように、Groovyの構文はおおむねJavaの構文の拡張にあたり、Javaのコードはほぼそのままでも解釈できます。また、Javaに存在する冗長な記述の省略や、Javaにはないさまざまな構文もサポートしています。

　Groovyを使った経験のないJavaユーザがGebでテストを記述できるかと言うと、サンプルコードを参考にすれば可能でしょう。しかし、典型的なGebのコードには、クロージャなどのGroovy独自の機能がたくさん使われています。これらを理解しないままサンプルコードのコピー＆ペーストでスクリプトを記述していくのは、あまり望ましいことではありませんし、トラブルシューティングや応用的な使い方をする際に結局困ることになります。

　ここでは、JavaにはないGroovyの特徴のうち、Gebでスクリプトを書いている際によく登場するものを簡単に解説します。Groovyについてすでに十分理解している方は、この部分の説明は読み飛ばして構いません。Groovyの特徴・構文についてより詳しく知りたい場合は、『プログラミングGROOVY』[注3]などが参

注2　http://www.gebish.org/manual/current/
注3　関谷和愛・上原潤二・須江信洋・中野靖治著『プログラミングGROOVY』技術評論社、2011年

考になります。

Javaと比べて簡潔な記述

次のように、Javaよりも簡潔にプログラムを記述できます。

- 行末のセミコロンは省略できる
- メソッド呼び出しの引数を囲む()は省略できる(ただし、引数なしメソッドの場合は省略できない)
- return句を記述しなくても、メソッドの最後の行の値が自動的に返り値になる
- クラスやメソッドのアクセス修飾子を省略すると、package private扱いではなくpublic扱いになる
- 文字列の比較を「==」演算子で行っても値による比較が行われるので、equalsメソッドを利用する必要がない
- よく使うメソッドSystem.out.printlnやSystem.out.printは、printlnやprintのように簡潔に書ける

動的型付け言語である

Groovyは基本的に動的型付け言語であり、型の不一致や、存在しないメソッドなどの参照エラーは、コンパイル時ではなく実行時に発生します。これは、Javaと同じようなプログラムに見えても大きく挙動が違うところです。

defキーワードによる宣言

defキーワードを使用して、型を明示せずに変数やメソッドを宣言できます（リスト7.1）。

リスト7.1　defキーワードによる宣言

```
def a = "ABC"
println a
```

名前付き引数

Groovyでは、[key1: value1, key2: value2, ...]という記法でMap型のオブ

ジェクトを生成できます。Map型の引数を持つメソッドには、**リスト7.2**のように key1: value1, key2: value2, ... という記法でMap型のオブジェクトを渡せるので、これにより擬似的に名前付き引数のような引数指定が可能です。

リスト7.2　名前付き引数

```
void mapArgMethod(Map mapArg) {
    // 略
}

void callMapArgMethod() {
    mapArgMethod(id: "userA", pass: "***");
}
```

プロパティ

　Groovyでは、getterやsetterメソッドに対し、クラスのフィールドと同じ記法でアクセスできます。
　リスト7.3では、**リスト7.4**で定義されたgetter・setterメソッドに対し、dataプロパティを使ってアクセスしています。

リスト7.3　dataプロパティを使ってgetter・setterメソッドにアクセス

```
DataClass data = new DataClass()
data.value = 1
println data.value // 1
```

リスト7.4　getter・setterメソッドが定義されたクラス

```
class DataClass {

    public int getValue() {
        // 略
    }

    public void setValue(int value) {
        // 略
    }
}
```

　さらに、publicやprivateなどのアクセス修飾子を省略したフィールドは、Groovyによってgetter・setterメソッドが実行時に自動生成され、プロパティとして扱われます。

クロージャ

　クロージャは、{ }で囲まれたひとかたまりのコードを、オブジェクトのように扱える機能です。
　リスト7.5では、変数sampleClosureにセットされたオブジェクトがクロージャです。{ }で囲まれたコードブロックは、変数を宣言した時点では実行されず、( )を付けて呼び出した時点で初めて実行されます。

リスト7.5　クロージャ

```
def sampleClosure = { println "test" }
sampleClosure() // この行で実際にprintlnが実行される
```

delegate

　クロージャオブジェクトはdelegateという変数を持っており、delegateにオブジェクトをセットすると、オブジェクトのメソッドやフィールドがクロージャ内で参照可能になります。
　たとえば、**リスト7.6**のコードを実行すると、sampleClosure( )によってクロージャ内のtestMethod( )のコードが実行されますが、testMethodというメソッドは存在しないためエラーになります。

リスト7.6　MissingPropertyExceptionが発生するプログラム

```
def sampleClosure = { testMethod() }
sampleClosure() // MissingPropertyExceptionが発生
```

　しかし、**リスト7.7**のように、delegateにTestClass（**リスト7.8**）のインスタンスをセットしてsampleClosure( )のコードを実行すれば、クロージャ内ではTestClassのメソッドが参照されるため、エラーにならずメソッドtestMethodが呼び出されます。

リスト7.7　delegateにより別クラスを参照する

```
def sampleClosure = { testMethod() }
sampleClosure.delegate = new TestClass() // delegateをセット
sampleClosure() // "test"と表示される
```

リスト7.8　delegateによる参照されるクラス

```
class TestClass {

    void testMethod() {
        println "test"
```

    }
}

7.3 セットアップ

続いて、Gebのセットアップ手順について説明します。ここでは、EclipseからGebとJUnitでテストを実行するために必要な環境構築の流れを説明します。Gebの実行にはGroovyと、ここではビルドツールGradleを使用しますが、これらを使ったことのない方がGebにチャレンジする場合も多いと思いますので、セットアップの手順を改めて詳しく解説します。

Groovyプラグインのインストール

まずはEclipseからGroovyを利用するための設定を行います。本書では、「Groovy-Eclipse[注4]」プラグインを利用します。「ヘルプ」＞「新規ソフトウェアのインストール」を開き、「作業対象」に`http://dist.springsource.org/release/GRECLIPSE/e***/`（「***」の部分は、使用しているEclipseのバージョン番号）を指定します。Eclipse 4.5の場合は、`http://dist.springsource.org/snapshot/GRECLIPSE/e4.5/`を指定します[注5]。作業対象を指定すると**図7.1**のように4つの項目が表示されるので、すべて選択してインストールしてください。

図7.1　「Groovy-Eclipse」プラグイン

注4　https://github.com/groovy/groovy-eclipse/wiki
注5　2015年12月時点ではEclipse 4.5向けのバージョンは正式リリースされていないので、スナップショットビルドを取得しています。

第7章　Geb

環境によっては、デフォルトで「Groovy-Eclipse」プラグインが使用しているGroovyのバージョンが少し古いことがあります。「ウィンドウ」＞「設定」＞「Groovy」＞「コンパイラー」の「Groovy Compiler Settings」からできるだけ新しいバージョン（ここではバージョン2.4.3）に変更しておきましょう。

Gradleプラグインのインストール

EclipseにGroovyプロジェクトを構築するには、Gradleを使うのが簡単です。本書では、「Buildship Gradle Integration[注6]」プラグインを利用します。「ヘルプ」＞「Eclipseマーケットプレース」から「Gradle」を検索して、**図7.2**の「Buildship Gradle Integration」プラグインを選択し、インストールしてください[注7]。

図7.2　「Buildship Gradle Integration」プラグイン

注6　http://marketplace.eclipse.org/content/buildship-gradle-integration
注7　Eclipseバージョン4.5以降のPleiades All in Oneを利用している場合は、Buildship Gradle Integrationプラグインは最初からEclipseにインストールされています。

150

プロジェクトの作成

次の手順でプロジェクトを作成します。

❶ 「ファイル」＞「新規」＞「プロジェクト」から「Gradleプロジェクト」を選択し、適当な名前でプロジェクトを作成する

❷ プロジェクトを右クリックし、「構成」＞「Convert to Groovy Project」でプロジェクトをGroovyプロジェクトに変換する

❸ ディレクトリ「src/main/java」と「src/test/java」は削除し、代わりに「src/test/groovy」と「src/test/resources」を作成する

❹ プロジェクトのルート階層にあるファイルbuild.gradleの内容を、リスト7.9のように修正する[注8]。「org.codehaus.groovy:groovy-all」のバージョンは、「Groovy-Eclipse」プラグインが使用しているGroovyのバージョンと一致させること

❺ 「パッケージ・エクスプローラー」にてプロジェクトを右クリックし、「Gradle」＞「Gradleプロジェクトのリフレッシュ」を選ぶと、build.gradle中の依存ライブラリなどがEclipseプロジェクトのビルド・パス設定に反映される

リスト7.9　Gebをインストールするためのbuild.gradleの設定

```
apply plugin: 'groovy'

repositories {
    jcenter()
}

dependencies {
    testCompile 'org.codehaus.groovy:groovy-all:Groovy-Eclipseプラグインと同じGroovyのバージョン'
    testCompile 'junit:junit:最新のバージョン番号'
    testCompile 'org.seleniumhq.selenium:selenium-java:最新のバージョン番号'
    testCompile 'org.gebish:geb-core:最新のバージョン番号'
    testCompile 'org.gebish:geb-junit4:最新のバージョン番号'
}
```

これで、GebとJUnitでテストを記述するための準備が整いました（図7.3）。

注8　前述の「The Book Of Geb」に記載されたインストール手順では、「org.seleniumhq.selenium:selenium-firefox-driver」など必要最小限のWebDriver関連のライブラリだけをインストールしていますが、ここでは簡単のために関連するライブラリをすべて含む「org.seleniumhq.selenium:selenium-java」を指定しています。

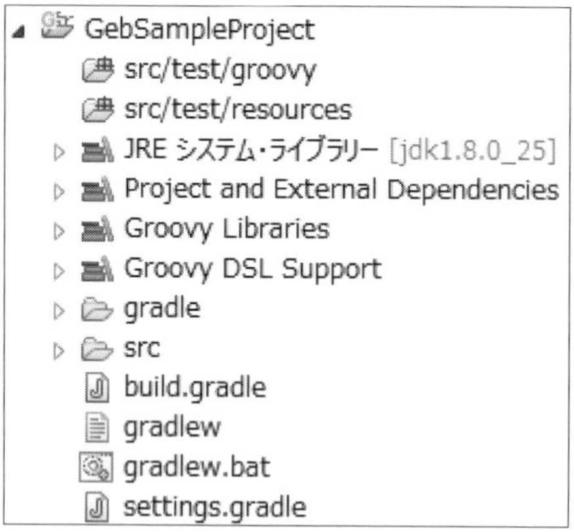

```
  ▲ 📂 GebSampleProject
     ▷ 📂 src/test/groovy
     ▷ 📂 src/test/resources
     ▷ 📚 JRE システム・ライブラリー [jdk1.8.0_25]
     ▷ 📚 Project and External Dependencies
     ▷ 📚 Groovy Libraries
     ▷ 📚 Groovy DSL Support
     ▷ 📂 gradle
     ▷ 📂 src
        📄 build.gradle
        📄 gradlew
        📄 gradlew.bat
        📄 settings.gradle
```

図7.3　Eclipseプロジェクトの構成

7.4　Geb のテストスクリプト

それではいよいよ、Gebのテストスクリプトについて見ていきましょう。**リスト7.10**は、GroovyでJUnitとGebを使って記述したスクリプトのサンプルです。

リスト7.10　GroovyでJUnitとGebを使って記述したスクリプト

```
import org.junit.Test
import geb.junit4.GebTest

class GebSampleTest extends GebTest {

    @Test
    void 宿泊予約が成功すること() {
        go("http://example.selenium.jp/reserveApp")
        $("#guestname").value("サンプルユーザ")
        $("#goto_next").click()
    }
}
```

　Groovyの構文により、セミコロンやpublic修飾子が省略されています。ページ遷移やキー入力、クリックなどのコマンドもWebDriverよりシンプルに書けます。操作対象要素は$(...)の記法で指定できます。これがナビゲータAPIです。

　継承しているGebTestクラスは、JUnitとGebを組み合わせる際に利用する便利なクラスで、WebDriverインスタンスの生成を自動で行ってくれます。WebDriverインスタンスの破棄は、Gebによって自動的に行われます。

このスクリプトを、「src/test/groovy/sample」の下に、GebSampleTest.groovyという名前で作成します。作成したスクリプトをFirefoxで実行するために、「src/test/resources」の下に設定ファイルGebConfig.groovyを配置します（図7.4）。

```
GebSampleProject
  src/test/groovy
    sample
      GebSampleTest.groovy
  src/test/resources
    (デフォルト・パッケージ)
      GebConfig.groovy
  JRE システム・ライブラリー [jdk1.8.0_25]
  Project and External Dependencies
  Groovy Libraries
  Groovy DSL Support
  gradle
  src
  build.gradle
```

図7.4　GebSampleTest.groovyとGebConfig.groovy

　GebConfig.groovy内では、**リスト7.11**のようにdriverキーでブラウザの種類を指定します。

リスト7.11　GebConfig.groovyの記述

```
driver = "firefox"
```

作成したテストは、次のいずれかの方法で実行できます。

- GebSampleTest.groovyを右クリックして「実行」＞「JUnitテスト」
- 「Gradleタスク」ビューから、「GebSampleProject」＞「test」を選択して実行

　設定がうまくいっていれば、Firefoxが起動してGebによるテストが実行されるはずです。

7.5　基本のブラウザ操作

　Gebを使った基本的なブラウザ操作について解説しましょう。
　テストメソッド中では、goなどのさまざまなブラウザ操作のメソッドを使用できま

す。GebTestクラスはこれらのメソッドを持っていませんが、methodMissing[注9]というGroovyの機能を利用して、GebTest中でgeb.Browserクラスのメソッドを呼び出しています。methodMissingを使った別クラスのメソッドの呼び出しは、Gebのライブラリではときどき利用されています。特にGebのAPIドキュメント[注10]を読む際には注意してください。

指定URLへの遷移

goメソッドでは、引数に指定されたURLに遷移できます。GebConfig.groovy中でbaseUrlキーを指定していれば、そのパスからの相対URLを引数に指定できます。パス解決の挙動は複雑なので、リスト7.12やリスト7.13のように、baseUrlには末尾が「/」で終わるURLを、goメソッドの引数には先頭に「/」を含まないURLを指定するようにしましょう。

リスト7.12　GebConfig.groovy中のbaseUrlの指定

```
baseUrl = "http://example.selenium.jp/"
```

リスト7.13　goメソッドの引数の指定

```
// http://example.selenium.jp/reserveAppにページ遷移
go("reserveApp")
```

内部WebDriverのライフサイクル

ブラウザ起動のオーバーヘッドを軽減するため、Geb内部で生成されたWebDriverインスタンスは、そのJavaプロセスが終了するまで同じものが使い回され、ブラウザウィンドウも閉じられません。Javaプロセスの終了時には、WebDriverインスタンスは自動的に終了されます。

テストの途中でWebDriverインスタンスを強制的に終了したい場合は、clearCacheAndQuitDriverメソッドを使用します（リスト7.14）。

リスト7.14　clearCacheAndQuitDriverメソッドによるWebDriverインスタンスの強制終了

```
import geb.driver.CachingDriverFactory
// 略
CachingDriverFactory.clearCacheAndQuitDriver()
```

注9　http://www.groovy-lang.org/objectorientation.html#_duck_typing_and_traits
注10　http://www.gebish.org/manual/current/api/

WebDriverインスタンスの生成は、ブラウザ操作のコマンドが呼び出されたタイミングで実施されるので、テストメソッドの先頭でclearCacheAndQuitDriverを呼び出せば、そのテスト内では新しいWebDriverインスタンスが利用されます。

Cookieのクリア

WebDriverインスタンスを使い回している場合、前回のテストで生成されたブラウザのCookieが別のテストに影響を与える恐れがあります。GebTestを継承している場合、各テストメソッドの終了時に現在のドメインのCookieが自動的にクリアされます。

この機能を無効にする場合は、GebConfig.groovyにリスト7.15のように設定します。

リスト7.15　終了時の自動Cookieクリアの無効化
```
autoClearCookies = false
```

WebDriverインスタンスの取得

getDriverメソッドを使うと、Geb内部で利用しているWebDriverのインスタンスを取得できます。このメソッドを使えば、WebDriverのコマンドを直接呼び出せます。

Browser.driveを使ったテスト

テストフレームワークを利用しないなどの理由でGebTestクラスを継承しない場合は、リスト7.16のようなテストスクリプトの書き方も可能です。

リスト7.16　GebTestクラスを使わないGebのスクリプト
```
import geb.*

class GebSample {

    static void main(String[] args) {
        Browser.drive {
            go "http://example.selenium.jp/reserveApp"
            $("#guestname").value("サンプルユーザ")
            $("#goto_next").click()
        }
```

    }
}
```

　ここでクロージャ（148ページ）が登場しています。Browser.driveは、1つのクロージャオブジェクトを引数に取るメソッドで、||で囲まれたクロージャを引数にして呼び出されています[注11]。

　Browser.driveメソッドの内部ロジックのイメージは、**リスト7.17**のようになります（実際のBrowser.driveメソッドのコードとは異なります）。

**リスト7.17　Browser.driveメソッドの内部ロジックのイメージ**

```
static Browser drive(Closure script) {
    def browser = new Browser()
    script.delegate = browser
    script()
    return browser
}
```

　Browser.driveメソッドの内部ではgeb.Browserクラスのインスタンスが生成され、これをクロージャscriptのdelegate（148ページ）にセットしたうえでscriptを実行します。この処理によって、クロージャ内からのgoや$などのget.Browserクラスのメソッドの参照が可能になります。

7.6　GebConfig.groovy

　GebConfig.groovyは、Gebに関連するさまざまな設定を記述する設定ファイルで、Groovyプロジェクトのルート階層（デフォルトパッケージ）に配置されます。

　拡張子が.groovyであることからもわかるように、この設定ファイルはGroovyのスクリプトとして記述します。

driver

　使用するドライバクラスのインスタンスをdriverキーで指定できます（**リスト7.18**）。

注11　引数を囲む( )は省略されています。
```

リスト7.18　ドライバクラスのインスタンスの指定

```
import org.openqa.selenium.chrome.ChromeDriver
// 略
System.setProperty("webdriver.chrome.driver", "ChromeDriverサーバのパス")
driver = { new ChromeDriver() }
```

　ChromeDriverクラスを使用する場合にはChromeDriverサーバが必要になるため、システムプロパティでパスをセットしています。

　driverキーの指定は、インスタンスを直接生成する以外にも、リスト7.19のように直接クラス名を指定することも可能です。

リスト7.19　クラス名によるdriverキーの指定

```
driver = "org.openqa.selenium.chrome.ChromeDriver"
```

　表7.1の4つのドライバクラスは、さらに簡単なキーワードで指定できます（リスト7.20）。

表7.1　ドライバクラスを指定するキーワード

ドライバクラス	キーワード
HtmlUnitDriver	htmlunit
FirefoxDriver	firefox
InternetExplorerDriver	ie
ChromeDriver	chrome

リスト7.20　キーワードによるdriverキーの指定

```
driver = "chrome"
```

　driverキーを省略した場合は、クラスパスを検索して最初に見つかったドライバクラスを使用します。本書のセットアップ手順に従った場合はHtmlUnitDriverが利用されますが、わかりにくいので設定ファイルで明示的に指定するようにしましょう。

その他の設定項目

　その他、設定ファイルで指定可能で、よく利用する項目について紹介します（表7.2）。

表7.2 Gebの設定ファイルの項目

キー	説明
cacheDriver	falseにすると、WebDriverのインスタンスを使い回さず、毎回新しいものを生成する
cacheDriverPerThread	trueにすると、WebDriverのインスタンスを、スレッドごとに別のものを生成して使い回す。テストをマルチスレッドで実行する場合はこのオプションを使用すること
baseUrl	ベースURL(154ページ)
waiting.timeout	waitForの最大待ち時間(172ページ)
waiting.retryInterval	waitForのリトライ間隔(172ページ)
atCheckWaiting	atチェック時の待ち処理(178ページ)
unexpectedPages	ここで指定されたエラーページに遷移すると、ただちにテストが失敗する
reportsDir	レポート出力先ディレクトリ(169ページ)
reporter	レポート出力ロジック(169ページ)
reportOnTestFailureOnly	trueにすると、テスト失敗時のみレポートを取得する
autoClearCookies	テストメソッド終了時のCookieクリア(155ページ)

その他の項目については前述の「The Book Of Geb」を参考にしてください。

ここでは割愛しますが、Gebに関する設定はほかにもJavaのシステムプロパティや、テストコード中での指定も可能です。こちらも詳しくは「The Book Of Geb」を参照してください。

7.7 画面要素の指定方法

すでに説明したように、Gebの画面要素の取得はナビゲータAPIを使って行います。

$メソッドの引数

ナビゲータAPIの中心的な役割を果たすのが$メソッドで、引数にマッチしたすべての要素を取得します。$の引数は次の通りです。

```
$(CSSセレクタ文字列, インデックス, 属性)
```

- CSSセレクタ文字列

    60ページの「By.cssSelector」で解説した、CSSセレクタを指定できる

- **インデックス**
  条件にマッチした要素のうち何番目かを表す、0始まりのインデックスを指定できる
- **属性**
  名前付き引数で指定する、HTML要素の属性またはテキストによる絞り込み条件。「属性名: 属性値」で属性を、「text: テキストの値」でテキストを指定できる[注12]。条件はカンマ区切りで複数指定も可能

各引数は省略も可能です。**リスト7.21**に、ナビゲータAPIの例をいくつか示します。

リスト7.21　ナビゲータAPI

```
// すべてのinput要素
$("input")

// 0番目のinput要素
$("input", 0)

// 1番目の、class属性「required-text」を持つ要素
$(1, class: "required-text")

// id属性の値が「email」の要素
$(id: "email")

// title属性とテキストが「サンプル」のa要素
$("a", title: "サンプル", text: "サンプル")
```

$メソッドの返り値

$メソッドは、マッチした要素をgeb.navigator.Navigatorクラスのオブジェクトとして取得します。「インデックス」引数を指定しなかった場合はすべての要素が、指定した場合はインデックスに該当する要素だけが取得されます。Navigatorクラスのオブジェクトは Javaの java.lang.Iterableインタフェースを実装しており、リストのように扱うことができます（**リスト7.22**）。

リスト7.22　$メソッドの結果をリストのように扱う

```
// マッチした要素の数を取得
$(class: "required-text").size()
```

注12　テキストによる絞り込みが原因でテストが遅くなることがあるので注意してください。詳細は、https://groups.google.com/forum/?utm_medium=email&utm_source=footer#!msg/geb-user/EtisVNbeXrM/BcoLoEnXAwAJを参照してください。

```
// マッチしたすべての要素のテキストを、Groovyのforループで表示
def elements = $(class: "required-text")
for (element in elements) {
    println element.text()
}
```

なお、マッチした要素が1つもない場合、空であることを表すNavigatorオブジェクトが返ります。しかし実際のテストスクリプト中では、要素がマッチしないときにはエラーを発生させたい場合のほうが多いでしょう。

そのような場合には$メソッドの引数にインデックスを指定するか、もしくは後述するページオブジェクトのcontentで定義されたプロパティを経由して画面要素にアクセスするとよいでしょう。

部分一致

$メソッドの「属性」引数は、**リスト7.23**のように部分一致でも指定可能です。

リスト7.23　属性引数の部分一致

```
// テキストが「テスト」で始まるdiv要素
$("div", text: startsWith("テスト"))

// タイトルに「テスト」を含むa要素
$("a", title: contains("テスト"))

// 値が正規表現「[0-9]+」に一致するinput要素
$("input", value: ~/[0-9]+/)
```

表7.3のメソッドが使用できます。

表7.3　属性引数の部分一致に使用できる文字列

メソッド名	マッチ方法
startsWith(str)	文字列がstrから始まるものにマッチ
contains(str)	文字列がstrを含むものにマッチ
endsWith(str)	文字列がstrで終わるものにマッチ
containsWord(str)	文字列がstrを含み、マッチ部分の前後が文頭・文末・空白のいずれかであればマッチ

notContains(str)のようにnotを付けると、strに合致しないものにマッチさせることができます。また、iContains(str)やiNotContains(str)のようにiを付けると、アルファベットの大文字・小文字を無視してマッチを行います。

Navigatorオブジェクトの各種メソッド

$メソッドにより取得したNavigatorオブジェクトに対し、絞り込みを行ったり、近くの要素を取得したりできます。

filter・not・hasメソッドを使うと、$メソッドでマッチした要素に対し、さらに絞り込みを行うことができます（**リスト7.24**）。

リスト7.24　$メソッドでマッチした要素をさらに絞り込む

```
// 「div.main」にマッチした全要素から、
// テキストが「テスト」に一致するdivだけを取得
$("div.main").filter("div", text: "テスト")

// 「div.main」にマッチした全要素から、
// テキストが「サンプル」に一致しないものだけを取得
$("div.main").not(text: "サンプル")

// 子要素にinputを持つdivを取得
$("div").has("input")
```

$・find・childrenメソッドで、子要素を取得できます（**リスト7.25**）。

リスト7.25　子要素の取得

```
// id「root」の要素の、子li要素を取得
$("#root").$("li")
$("#root").find("li")

// id「root」の要素の、子要素を取得
$("#root").children()
```

parent・closestメソッドで、親要素を取得できます（**リスト7.26**）。

リスト7.26　親要素の取得

```
// id「root」の要素の親要素を取得
$("#root").parent()

// id「root」の要素の親要素をたどり、最初に「.main」にマッチしたものを取得
$("#root").closest(".main")
```

previous・prevAllメソッドで、同階層にある前方の要素を取得できます（**リスト7.27**）。

リスト7.27　同階層にある前方要素の取得

```
// id「root」の要素に隣接する、1つ前の要素を取得
$("#root").previous()
```

```
// id「root」の要素と同階層で、この要素より前にあるものを取得
$("#root").prevAll()

// id「root」の要素の隣接要素を前方にたどり、
// 最初に「.main」にマッチしたものを取得
$("#root").previous(".main")
```

next・nextAllメソッドで、同階層にある後方の要素を取得できます（リスト7.28）。

リスト7.28　同階層にある後方要素の取得

```
// id「root」の要素に隣接する、1つあとの要素を取得
$("#root").next()

// id「root」の要素と同階層で、この要素よりあとにあるものを取得
$("#root").nextAll()

// id「root」の要素の隣接要素を後方にたどり、
// 最初に「.main」にマッチしたものを取得
$("#root").next(".main")
```

siblingsメソッドで、同階層の要素を取得できます（リスト7.29）。

リスト7.29　同階層にある要素の取得

```
// id「root」の要素と同階層にあるものを取得
$("#root").siblings()
```

WebElementインスタンスの取得

allElementsメソッドおよびfirstElementメソッドを使うと、Navigator内部で利用しているWebDriverのWebElementインスタンスを取得できます。このメソッドを使えば、WebElementのコマンドを直接呼び出すことができます（リスト7.30）。

リスト7.30　WebElementインスタンスの取得

```
// name「user」の要素のテキストをクリア
$(name: "user").firstElement().clear()

// すべてのテキスト入力inputを、Groovyのforループ内でクリア
Collection<WebElement> elements = $("input", type:"text").allElements()
for (element in elements) {
    element.clear()
}
```

7.8 画面要素の操作と情報取得

続いて、$メソッドで取得したNavigatorオブジェクトに対し、画面操作や画面情報の取得を行う方法を説明します。

クリック

画面要素のクリックはclickメソッドで行います（**リスト7.31**）。

リスト7.31　clickメソッドによるクリック

```
// id「root」の要素をクリック
$("#root").click()
```

$メソッドで取得した要素が複数あった場合、先頭の要素だけがクリックされます。

キー入力

キー入力は「<<」演算子を使って行うことができます（**リスト7.32**）。

リスト7.32　「<<」演算子によるキー入力

```
// name「user」のinputに文字列「ユーザA」を入力
$("input", name: "user") << "ユーザA"
```

テキストを表さないキーの入力も行えます（**リスト7.33**）。

リスト7.33　テキスト以外のキー入力

```
import org.openqa.selenium.Keys
// 略

// name「user」のinputにバックスペースキーを送信
$("input", name: "user") << Keys.BACK_SPACE
```

$メソッドで取得した要素が複数あった場合、すべての要素に対しキー入力が送信されてしまうので注意してください。

「<<」演算子は、内部的にWebDriverのsendKeysメソッドを呼び出しています[注13]。

注13　Groovyの演算子オーバーロードの機能を使って「<<」演算子をオーバーロードしています。

なお、input要素に文字列を入力する場合は、このあと説明するvalueメソッドを使ったほうがよいでしょう。「<<」を利用すると、すでにinputにセットされている文字列を上書きせず、その後ろに追記されてしまいます。

画面情報の取得

Navigatorクラスのメソッドを使い、画面要素のさまざまな情報を取得できます。$メソッドで取得した要素が複数あった場合、先頭の要素の情報が取得されます。

要素のテキストはtextメソッドで取得します（**リスト7.34**）。

リスト7.34　textメソッドによるテキストの取得

```
// id「root」の要素のテキスト
$("#root").text()
```

要素のHTMLタグはtagメソッドで取得します（**リスト7.35**）。

リスト7.35　tagメソッドによるタグの取得

```
// id「root」の要素のHTMLタグ
$("#root").tag()
```

「@属性名」と記述することで、要素の任意の属性を取得できます（**リスト7.36**）。

リスト7.36　属性の取得

```
// id「root」の要素のtitle属性の値
$("#root").@title

// name「user」のinputのtype属性の値
$("input", name:user).@type
```

classesメソッドで、要素のclass属性の値をリストで取得できます（**リスト7.37**）。

リスト7.37　classesメソッドによるclass属性の取得

```
// id「root」の要素の全class属性
$("#root").classes()
```

cssメソッドで、要素のCSSプロパティの値を取得できます（**リスト7.38**）。

リスト 7.38　cssメソッドによるCSSプロパティの取得
```
// id「root」の要素のfloatプロパティ
$("#root").css("float")
```

　presentプロパティで、要素が存在するかどうかを取得できます（**リスト7.39**）。

リスト 7.39　presentプロパティで、要素が存在するかを取得
```
// id「root」の要素が存在すればtrue
$("#root").present
```

　displayedプロパティで、要素の表示状態を取得できます（**リスト7.40**）。

リスト 7.40　displayedプロパティで要素の表示状態を取得
```
// id「root」の要素が表示されていればtrue
$("#root").displayed
```

　disabledプロパティおよびenabledプロパティで、要素の有効状態を取得できます（**リスト7.41**）。これらのプロパティは、有効状態を要素のdisabled属性の有無で判断しており、WebDriverのisEnabledメソッドとは若干挙動が異なるので注意が必要です。

リスト 7.41　disabledプロパティおよびenabledプロパティで要素の有効状態を取得
```
// id「root」の要素が無効ならtrue
$("#root").disabled

// id「root」の要素が有効ならtrue
$("#root").enabled
```

フォームコントロール

　input、select、textareaなどのフォームコントロールに対しては、valueメソッドを使って値の取得やセットが簡単に行えます。

　引数なしでvalueメソッドを呼び出すと、その要素の値が取得できます。引数を1つ指定してvalueメソッドを呼び出すと、値のセット処理が行われます。値のセット処理は、単なるvalue属性の値の書き換えではなく、コントロールの種類に応じたクリックやキー入力の処理が内部的に呼び出されています。

valueの取得

valueメソッドを使うことで、フォームコントロールのvalue属性の値を取得できます（リスト7.42）。

リスト7.42　valueメソッドによるvalue属性の取得

```
// name「user」のinputのvalue属性の値
$("input", name: "user").value()
```

なお、チェックボックスについては、チェックボックスがチェック状態ならvalue属性の値、非チェック状態ならfalseが返ります（リスト7.43）。

リスト7.43　チェックボックスのチェック状態の取得

```
// id「agree-check」のチェックボックスが非チェック状態であることを確認
assertThat($("#agree-check").value(), is(false))
```

テキスト入力欄への値セット

テキスト入力欄に対し、valueメソッドで値をセットできます（リスト7.44）。既存のテキストがある場合は、クリアしたうえで値がセットされます。

リスト7.44　valueメソッドによるinputへの値セット

```
// name「user」のテキスト入力欄に「ユーザA」をセット
$("input", name: "user").value("ユーザA")
```

プルダウンへの値セット

プルダウンの選択は、valueメソッドの引数に、value属性の値またはテキストを指定することで行えます（リスト7.45）。インデックス指定での値セットは、valueメソッドではできません。プルダウンに対するvalueメソッドは、引数を文字列に変換したうえで、まずvalue属性が一致する項目を、見つからなければテキストが一致する項目を探して選択します。

リスト7.45　プルダウンへの値セット

```
// name「count」のプルダウンの、value属性またはテキストが「1」の項目を選択
$(name: "count").value("1")
$(name: "count").value(1)
```

チェックボックスへの値セット

チェックボックスのチェック処理は、valueメソッドの引数にtrueまたはfalseを指定することで行えます（リスト7.46）。

リスト7.46　チェックボックスへの値セット

```
// name「accept-check」のチェックボックスをチェック状態にする
$(name: "accept-check").value(true)

// name「accept-check」のチェックボックスを非チェック状態にする
$(name: "accept-check").value(false)
```

ラジオボタンへの値セット

ラジオボタンの選択は、valueメソッドの引数に、value属性の値または対応するlabel要素のテキストを指定することで行えます（**リスト7.47**）。ラジオボタンに対するvalueメソッドは、まずvalue属性の値が一致する項目を、見つからなければlabel要素のテキストが一致する項目を探して選択します。

リスト7.47　ラジオボタンへの値セット

```
// name「question1」のラジオボタンの、value属性または対応するlabel要素の
// テキストが「はい」の項目を選択
$(name: "question1").value("はい")
```

ファイルアップロードへの値セット

ファイルアップロード入力欄のファイル選択は、valueメソッドの引数にアップロード対象ファイルのフルパスを指定することで行えます（**リスト7.48**）。

リスト7.48　ファイルアップロードへの値セット

```
// name「upload」のファイルアップロード入力欄に「C:\work\sample.png」をセット
$(name: "upload").value("C:\\work\\sample.png")
```

内部的には、105ページで説明したWebDriverのファイル選択処理と同様、sendKeysメソッドを使用して入力欄に直接文字列を入力しています。

valueメソッドのショートカット

form要素内にあるフォームコントロールをname属性で指定する場合、nameの値のプロパティによって、値の取得と「=」による値のセットを簡単に行うことができます（**リスト7.49**）。

リスト7.49　プロパティを利用した値の取得とセット

```
// $("form").$(name: "user").value()や
// $(name: "user").value()と同じ
$("form").user

// $("form").$(name: "user").value("ユーザA")や
// $(name: "user").value("ユーザA")と同じ
$("form").user = "ユーザA"
```

7.9 さまざまなブラウザ操作

その他、さまざまなブラウザ操作をGebを使って記述できます。

画面キャプチャ・HTMLレポート

reportメソッドを使うと、GebConfig.groovyのreportsDirキーで指定したディレクトリに、現在の画面キャプチャと画面HTMLを出力できます（reportsDirキーを指定しないと、reportメソッドの実行時にエラーになります）。**リスト7.50の場合、画面キャプチャファイルsampleCapture.pngと、画面HTMLファイルsampleCapture.htmlが出力されます。**

リスト7.50 reportメソッドによる画面キャプチャとHTMLの出力

```
report "sampleCapture"
```

GebTestクラスを継承したGebReportingTestクラスを使うと、次のようにさらにわかりやすい形でレポートを出力します。

- テストクラスごとに出力先ディレクトリがわかれる
- ファイル名に自動的に番号が振られる
- ファイル名にテストメソッド名が使用される
- 各テストメソッドの終了時に、reportメソッドを呼び出さなくても自動的にレポートを取得できる

たとえばリスト7.51のテストを実行すると、図7.5のようにレポートが生成されます。

リスト7.51 GebReportingTestクラスを継承したテスト

```
import geb.junit4.GebReportingTest
// 略
class GebReportSampleTest extends GebReportingTest {

    @Test
    void レポート処理のサンプルテスト() {
        // 略
        report "入力ページ"
        // 略
        report "確認ページ"
        // 略
    }
}
```

```
▲ ⮞ reports
    ▲ ⮞ sample
        ▲ ⮞ geb
            ▲ ⮞ GebReportSampleTest
                📄 001-001-レポート処理のサンプルテスト-入力ページ.html
                📄 001-001-レポート処理のサンプルテスト-入力ページ.png
                📄 001-002-レポート処理のサンプルテスト-確認ページ.html
                📄 001-002-レポート処理のサンプルテスト-確認ページ.png
                📄 001-003-レポート処理のサンプルテスト-end.html
                📄 001-003-レポート処理のサンプルテスト-end.png
```

図7.5　Eclipse上の、GebReportSampleTestのレポート

　ファイル名に使えない文字をエスケープするために、reportメソッドはレポートファイル名の単語構成文字（アルファベットと数字）・空白文字・「-」以外のすべての文字を「_」に置換します。レポートファイル名に日本語が含まれているとファイル名が非常にわかりにくくなってしまうので、**リスト7.52**のようにGebConfig.groovyでレポート出力ロジックの内容を差し替え、全角文字は置換しないようにしておくとよいでしょう[注14]。

リスト7.52　全角文字を「_」に置換しないための設定

```
import geb.report.CompositeReporter
import geb.report.PageSourceReporter
import geb.report.ScreenshotReporter
// 略

// レポート出力先ディレクトリの指定
reportsDir = "reports"
// レポート出力ロジックを差し替え
reporter = new CompositeReporter(
    new PageSourceReporter() {
        //
        @Override
        protected escapeFileName(String name) {
            // 単語構成文字（\\w）・空白文字（\\s）・「-」
            // 以外の半角文字を「_」に置換
            name.replaceAll("[[^\\w\\s-]&&[\\x00-\\x7F]]", "_")
        }
    },
    new ScreenshotReporter() {
        @Override
        protected escapeFileName(String name) {
            name.replaceAll("[[^\\w\\s-]&&[\\x00-\\x7F]]", "_")
        }
    })
```

注14　GebのGitHub上の開発リポジトリの最新版ではこの問題は修正されているようですが、2015年12月の時点ではまだリリースされていません。

JavaScriptロジックの呼び出し

76ページで紹介したように、WebDriverではexecuteScriptメソッドを使ってテスト対象ページに対しJavaScriptロジックを実行できました。

Gebでは、同じ処理をBrowserクラスのjsプロパティを使って行うことができます。

たとえばリスト7.53のHTMLに対し、リスト7.54のコードによってJavaScriptロジック中で定義された変数を取得できます。

リスト7.53　JavaScriptを含むHTML

```
<html>
  <head>
    <script type="text/javascript">
    var testVariable = 1;
    </script>
  </head>
  <body>
  </body>
</html>
```

リスト7.54　JavaScriptで定義された変数を取得

```
assertThat(js.testVariable, is(1));
```

JavaScript側との型のマッピングは、表4.5および表4.6のマッピングと同じです。

ポップアップ

withAlertメソッドにより、引数のクロージャ内で表示されたAlertダイアログを処理できます。メソッドの返り値はAlertダイアログのメッセージになります（リスト7.55）。

リスト7.55　withAlertメソッドによるAlertダイアログの処理

```
// id「commit」の要素をクリックし、表示されたAlertダイアログのOKボタンを押す
String message1 = withAlert {$("#commit").click()}
// 表示メッセージのチェック
assertThat(message1, is("確定しますか?"));
```

同様に、ConfirmダイアログはwithConfirmメソッドを使って処理できます（リスト7.56）。

リスト7.56　withConfirmメソッドによるConfirmダイアログの処理

```
// id「commit」の要素をクリックし、表示されたConfirmダイアログのOKボタンを押す
String message2 = withConfirm {$("#commit").click()}
assertThat(message2, is("確定しますか?"))

// id「commit」の要素をクリックし、表示されたConfirmダイアログの
// キャンセルボタンを押す
String message3 = withConfirm(false, {$("#commit").click()})
assertThat(message3, is("確定しますか?"))
```

withAlert・withConfirmメソッドは、内部でJavaScriptを使い、ポップアップを実際には表示しないようになっています。ダイアログをきちんと表示させてテストをしたい場合は、**リスト7.57**のようにWebDriverのポップアップ処理メソッドを使用するとよいでしょう。

リスト7.57　WebDriverのポップアップ処理メソッドをGebから呼び出す

```
getDriver().switchTo().alert().accept()
```

Promptダイアログを処理するメソッドはGebには存在しません。必要な場合はWebDriverのメソッドを使うとよいでしょう。

待ち処理

Gebでは、待ち処理も簡潔に表せます。

waitForメソッドは、引数のクロージャの条件がtrueになるまで待機します。条件には、自由にクロージャを記述できます。**リスト7.58**は、waitForメソッドを使ったさまざまな待ち処理の例です。

リスト7.58　waitForメソッドによる待ち処理

```
// id「root」の要素が表示されるまで待つ
waitFor { $("#root").displayed }

// id「status」の要素のテキストが「確定」になるまで待つ
waitFor { $("#status").text() == "確定" }

// id「root」の要素が見つかるまで待つ
waitFor { $("#root").present }
waitFor { $("#root") }
```

最大待ち秒数とリトライ（チェック処理を繰り返す間隔）秒数の指定も可能で

す（リスト7.59）[注15]。

リスト7.59　最大待ち秒数とリトライ秒数の指定

```
// id「root」の要素が見つかるまで、最大3秒待つ
waitFor(3){ $("#root") }

// id「root」の要素が見つかるまで、0.5秒ごとにチェック処理を繰り返し、最大3秒待つ
waitFor(3, 0.5) { $("#root") }

// id「root」の要素が見つかるまで、最大1秒待つ
waitFor("quick") { $("#root") }

// id「root」の要素が見つかるまで、最大20秒待つ
waitFor("slow") { $("#root") }
```

　最大待ち秒数やリトライ秒数を指定しなかった場合は、GebConfig.groovy中のwaiting.timeoutとwaiting.retryIntervalの値が利用されます（リスト7.60）。

リスト7.60　GebConfig.groovyの最大待ち秒数とリトライ秒数の指定

```
// 最大待ち秒数を30秒に設定
waiting.timeout = 30
// リトライ間隔を1秒に設定
waiting.retryInterval = 1
```

　設定を省略すると、waiting.timeoutの値は「5」、waiting.retryIntervalは「0.1」になります。

Implicit Wait

　一つ一つの要素に対し待ち処理を記述するのは面倒なので、WebDriverのように、GebでもImplicit Wait（80ページ）の機能を利用したいところです。GebにはImplicit Waitの設定をする方法はないようで、リスト7.61のようにGebConfig.groovy中で直接WebDriverのメソッドを呼び出すことで、Implicit Waitを設定できます。

リスト7.61　GebConfig.groovyでImplicit Waitを設定する

```
driver = {
    WebDriver wd =  new FirefoxDriver()
    wd.manage().timeouts().implicitlyWait(
        10, java.util.concurrent.TimeUnit.SECONDS)
}
```

注15　Groovyでは、メソッドの最後の引数がクロージャの場合に、method(引数1, ... , 引数n, {クロージャ})をmethod(引数1, ... , 引数n) {クロージャ}のように書けるため、この記法を利用しています。

7.10 ページオブジェクトパターン

WebDriverと同様、Gebでもページオブジェクトパターンを使うことでテストスクリプトのメンテナンス性を高めることができます。Gebには、ページオブジェクトパターンを支援するさまざまな機能があり、より簡潔にテストスクリプトを記述できます。

まずは、6.1節でも登場した、サンプルのホテル宿泊予約サイトに対するテストスクリプトを、リスト7.62〜リスト7.65のようにGebで書きなおしてみます。

リスト7.62　予約情報入力ページに対するページオブジェクトクラス

```
import geb.Page

class ReserveInputPage extends Page {
    static url = "http://example.selenium.jp/reserveApp"
    static at = { title == "予約情報入力"}
    static content = {
        reserveYear { $(name: "reserve_y") }
        reserveMonth { $(name: "reserve_m") }
        reserveDay { $(name: "reserve_d") }
        reserveTerm { $(name: "reserve_t") }
        headCount { $(name: "hc") }
        breakfast { $(name: "bf") }
        earlyCheckInPlan { $(name: "plan_a") }
        sightseeingPlan { $(name: "plan_b") }
        guestName { $(name: "gname") }
        goNextButton(to: [ReserveConfirmPage, ReserveErrorPage]) {
            $("#goto_next")
        }
    }

    void setReserveDate(year, month, day) {
        reserveYear = year
        reserveMonth = month
        reserveDay = day
    }
}
```

リスト7.63　予約内容確認ページに対するページオブジェクトクラス

```
import geb.Page

class ReserveConfirmPage extends Page {
    static at = { title == "予約内容確認"}
    static content = {
        price { $("#price") }
        commitButton { $("#commit") }
    }
}
```

第 7 章　Geb

リスト 7.64　予約エラーページに対するページオブジェクトクラス

```
import geb.Page

class ReserveErrorPage extends Page {
    static at = { title == "予約エラー"}
    static content = {
        message { $("#errorcheck_result") }
    }
}
```

リスト 7.65　予約処理を行うテストスクリプト

```
class GebSampleTest extends GebTest {

    private static Calendar nextSaturday() {
        // 略
    }

    @Test
    void 宿泊予約が成功すること() {
        // 予約情報入力ページ
        to ReserveInputPage
        Calendar nextSaturday = nextSaturday()
        setReserveDate(nextSaturday.get(Calendar.YEAR),
            nextSaturday.get(Calendar.MONTH) + 1,
            nextSaturday.get(Calendar.DATE))
        reserveTerm = "1"
        headCount = "2"
        breakfast = "on"
        earlyCheckInPlan = true
        guestName = "サンプルユーザ"
        goNextButton.click()

        // 予約内容確認ページ
        at ReserveConfirmPage
        assertThat(price.text(), is("21500"))
        commitButton.click()
    }

    @Test
    void 入力に誤りがある場合にエラーになること() {
        to ReserveInputPage
        setReserveDate("1999", "1", "1")
        guestName = "テストユーザ"
        goNextButton.click()

        at ReserveErrorPage
        assertThat(message().text(),
            is("宿泊日には、翌日以降の日付を指定してください。"))
    }
}
```

WebDriverのときと比べ、ずいぶんコード量が減りました。

Gebのページオブジェクトは、geb.Pageクラスを継承します。リスト7.62のReserveInputPageクラスを見ると、url・at・contentという3つのstaticプロパティが定義されています。この3つが、Gebのページオブジェクトにおける重要な役割を果たします。

url

urlプロパティには、ページクラスに対応するURLを指定します。テストスクリプト中で、ページクラスを引数にgeb.Browser.toメソッドを呼び出すと、そのページクラスのurlプロパティのURLに遷移できます。urlプロパティは、GebConfig.groovyに指定されたbaseUrlからの相対URLにもできます。リスト7.65のGebSampleTestでは、to ReserveInputPageによって、http://example.selenium.jp/reserveAppにページ遷移しています。

at

atプロパティには、そのページに遷移できたかをチェックするクロージャを指定します。これは、131ページで説明した、WebDriverのページオブジェクトにおける、ページ遷移の確認の処理に相当するものです。geb.Browser.toメソッドを呼び出すと、ページ遷移完了後にatの条件が評価され、falseであった場合はそこでテストはエラーになります。atプロパティの処理には次の特徴があります。

- atプロパティのクロージャ内からは、ページオブジェクトのメソッドやプロパティを参照できる（クロージャのdelegateにページクラスのインスタンスが指定されているため）
- atチェックが失敗した場合、比較失敗時の詳細な値の情報が表示される（図7.6）。これは、Groovyのパワーアサートの機能によって実現されている

```
Assertion failed:

title == "予約内容確認"
|     |
予約エラー false
```

図7.6　atチェック失敗時のエラーメッセージ

なお、atによるチェックは、geb.Browser.atメソッドをテストスクリプト中から明示的に呼び出すことでも実行可能です（**リスト7.66**）。

リスト7.66　atメソッドによるチェック

```
// ReserveInputPageのat条件を満たさなければエラー
at ReserveInputPage
```

content

contentプロパティには、次の記法でページ上の要素をラップしたプロパティを定義できます[注16]。

```
プロパティ名 { Navigatorオブジェクトの取得処理 }
```

「Navigatorオブジェクトの取得処理」の部分には、Navigatorオブジェクト取得以外の処理も記述できますが、本書では説明しません。

ページクラスには、contentで指定したプロパティが定義され、リスト7.62のsetReserveDateメソッド中のreserveYear = yearのように、プロパティを介した画面要素へのアクセスが可能になります。

$メソッドで要素が見つからない場合に空であることを表すNavigatorオブジェクトが返ることはすでに説明しましたが（160ページ）、content定義の場合、デフォルトでは要素が見つからなければエラーが発生します。

現在のページの管理

Browserクラスのインスタンスはtoメソッドなどで遷移した現在のページを管理しており、テストメソッド中ではこの現在のページのメソッドやプロパティを呼び出せます。このような呼び出しが可能なのは、GebTestクラスに存在しないメソッドやプロパティがmethodMissingやpropertyMissingの機能によってBrowserクラスから探索され、さらに見つからない場合は現在のページから探索されるためです。

たとえばリスト7.65のGebSampleTestクラス中では、toメソッドでReserveInputPageにページ遷移したあと、ReserveInputPageクラスのメソッドやプロパティが呼ばれています。

[注16] 文法的には、contentの値は複数のメソッド呼び出しからなるクロージャなのですが、利用時には特に意識しなくてもよいでしょう。

contentのオプション

contentプロパティ内では、次の記法でさまざまなオプションを指定できます。

プロパティ名(オプションマップ) { Navigatorオブジェクトの取得処理 }

ここでは、いくつかのオプションを紹介します。

toオプション

リスト7.62のgoNextButtonの定義では、toオプションにより、その要素をクリックしたときに遷移するページを指定しています。

遷移先がいつも同じ場合は、toオプションには1つのページクラスだけを指定します。要素をクリックすると、Browserクラスが管理している現在のページの変更と、atプロパティによるチェックが行われます。遷移先の候補が複数存在する場合は、toオプションには候補となる複数のページクラスのリストを指定します。要素をクリックすると、Gebは各ページクラスに対して順番にatプロパティによるチェックを試み、最初にチェックが成功したページを現在のページに変更します。リスト7.65のGebSampleTestクラスのテストメソッド「宿泊予約が成功すること」のgoNextButton.click( )が呼ばれると、まずReserveConfirmPageクラスのatチェックが呼ばれ、これが成功するためReserveConfirmPageに遷移します。一方テストメソッド「入力に誤りがある場合にエラーになること」のgoNextButton.click( )では、ReserveErrorPageに遷移します。

waitオプション

waitオプションを指定すると、要素が見つからない場合に自動的にwaitを行うようになります(**リスト7.67**)。

リスト7.67 waitオプションの指定

```
// 要素が見つかるまで、
// GebConfig.groovyのwaitパラメータの値に基づき待機する
message (wait: true) { $("#message") }
```

waitの値には、trueのほかに、171ページのwaitForの引数と同様に、最大待ち秒数・リトライ秒数・"slow"・"quick"なども指定できます。

toWaitオプション

リスト7.68のように、toオプションと同時に使用し、ページ遷移後のatチェックが成功するまでの待ち処理の方法を指定します。

リスト7.68　toWaitオプションの指定

```
// NextPageに遷移した際のatチェックを、
// GebConfig.groovyのwaitパラメータの値に基づき行う
okButton (to: NextPage, toWait: true) { $(name: ok) }
```

toWaitに指定できる値はwaitオプションと同じです。

また、GebConfig.groovyのatCheckWaitingキーにこの値を指定すると、atチェック時の待ち処理が自動的に行われるようになります（リスト7.69）。

リスト7.69　atチェック時の待ち処理を自動で行う

```
// 常に「toWait: 10」でatチェックを行う
atCheckWaiting = 10
```

WebDriverのページオブジェクトとの違い

6.1節で説明したように、WebDriverのページオブジェクトパターンでは、WebDriverのコマンドはページオブジェクト内に隠蔽され、テストスクリプト中にはWebDriverのコマンドが現れないのが原則でした。

一方、Gebのページオブジェクトのサンプルコードでは、clickやtextなどのメソッドがテストスクリプト中にそのまま現れています。前述の「The Book Of Geb」に掲載されているサンプルコードも同様なので、これは筆者の感覚ですが、Gebのページオブジェクトでは、「ブラウザ操作は常にページオブジェクト内に隠蔽する」という制約がWebDriverほど強くないようです。

contentのプロパティをテストスクリプトから直接参照する方法は、冗長なset・getメソッドを作らなくてもよい点で優れていますが、一方でclickなどの操作手順の詳細がページオブジェクト中に集約されず、画面構成の変更に弱いスクリプトになる可能性もあります。input要素への値セットなどは、一つ一つsetメソッドを書くのは手間がかかるので、contentのプロパティを直接参照してもよいと思いますが、その他については、画面操作手順を抽象化したページオブジェクトのメソッドを利用するほうがよいのではないかと思います。

7.11 Spockと組み合わせる

GroovyとGebを利用するならぜひ利用したいテストフレームワークがSpock[注17]です。最後に、GebとSpockを組み合わせて利用する方法を紹介します。

セットアップ

build.gradleに、リスト7.70の依存関係を追記します。「org.spockframework:spock-core」のバージョン番号は、利用しているGroovyに対応するバージョンを指定してください。

リスト7.70　SpockとGebを利用するためのbuild.gradleの設定

```
dependencies {
    testCompile 'org.spockframework:spock-core:利用しているGroovyに対応するバージョン'
    testCompile 'org.gebish:geb-spock:最新のバージョン番号'
}
```

指定後、プロジェクトを右クリックし、「Gradle」＞「Gradleプロジェクトのリフレッシュ」を選ぶと、Eclipseプロジェクトのビルド・パス設定に依存ライブラリの設定が反映されます。

Spockと組み合わせたテストスクリプト

リスト7.71は、リスト7.65のページオブジェクトのサンプルスクリプトを、Spockを使って書きなおしたものです。

リスト7.71　SpockとGebを組み合わせたテストスクリプト

```
import geb.spock.GebSpec

class GebSpockSampleSpec extends GebSpec {

    private static Calendar nextSaturday() {
        // 略
    }

    def "宿泊予約が成功すること"() {
        given: "予約情報入力ページに対し"
```

[注17] http://spockframework.org/

```
            to ReserveInputPage

            when: "次の土曜日の日付と"
            Calendar nextSaturday = nextSaturday()
            setReserveDate(nextSaturday.get(Calendar.YEAR),
                nextSaturday.get(Calendar.MONTH) + 1,
                nextSaturday.get(Calendar.DATE))

            and: "その他適当な値を入力し"
            reserveTerm = "1"
            headCount = "2"
            breakfast = "on"
            earlyCheckInPlan = true
            guestName = "サンプルユーザ"

            and: "次のページへ進むと"
            goNextButton.click()

            then: "予約内容確認ページが表示され"
            at ReserveConfirmPage

            and: "正しい宿泊料金が表示され"
            price.text() == "21500"

            and: "確定ボタンが押せる"
            commitButton.click()
        }

        def "入力に誤りがある場合にエラーになること"() {
            given: "予約情報入力ページに対し"
            to ReserveInputPage

            when: "過去の日付と"
            setReserveDate("1999", "1", "1")

            and: "その他適当な値を入力し"
            guestName = "テストユーザ"

            and: "次のページへ進むと"
            goNextButton.click()

            then: "予約エラーページが表示され"
            at ReserveErrorPage

            and: "過去日付エラーが表示される"
            message.text() == "宿泊日には、翌日以降の日付を指定してください。"
        }
}
```

geb.spock.GebSpecまたはGebReportingSpecが、GebとSpockを組み合わせる際に利用できる継承元クラスです。WebDriverインスタンスの自動生成やCookieのクリア、レポートの生成などは、GebTestやGebReportingTestクラスの場合と同様です。

Groovyでは、メソッド名を" "で囲むことで、Javaでは使用できない文字や予約語をメソッド名に使用できます。Spockでは、def "メソッド名"( ){…}の形でテストメソッド（Spockではフィーチャメソッドと呼びます）を宣言するのが通例となっています。

SpockはJUnitを拡張したものなので、作成したGebSpockSampleSpec.groovyを右クリックして、「実行」＞「JUnitテスト」を選べば、Spockのテストを実行できます。

ブロック

JUnitのスクリプトとの大きな違いは、given・when・thenなどのラベルを使い、フィーチャメソッドをブロックに分割する必要がある点です。各ブロックにはラベルに加え、そのブロックの内容を説明するテキストを記述できます。これにより、そのテストの内容や意図がわかりやすくなります。

thenブロック中に記述された条件は、自動的にAssertionとなります。たとえばリスト7.71のフィーチャメソッド「宿泊予約が成功すること」のprice.text( ) == "21500"では、条件が満たされなければテストは失敗し、パワーアサートによる詳細なエラーメッセージが表示されます。

データ駆動テスト

Spockを使うと、データ駆動テストも簡単に記述できます。**リスト7.72**は6.2節のリスト6.13をSpockを使って書きなおしたものです。

リスト7.72　SpockとGebによるデータ駆動テスト

```
import spock.lang.Unroll

class GebDataDrivenSampleSpec extends GebSpec {

    private static Calendar nextSaturday() {
        // 略
    }

    @Unroll
```

第7章　Geb

```
def "必須項目が空の場合にエラー「#errMessage」になること"() {
    given: "予約情報入力ページに対し"
    to ReserveInputPage

    when: "特定の必須項目を空にして"
    if (rDate == null) {
        setReserveDate("", "", "")
    } else {
        setReserveDate(rDate.get(Calendar.YEAR),
            rDate.get(Calendar.MONTH) + 1,
            rDate.get(Calendar.DATE));
    }
    reserveTerm = rTerm
    headCount = hCount
    guestName = gName

    and: "次のページへ進むと"
    goNextButton.click()

    then: "予約エラーページが表示され"
    at ReserveErrorPage

    and: "必須項目エラーが表示される"
    message.text() == errMessage;

    where:
    rDate|rTerm|hCount|gName||errMessage
    null|"1"|"2"|"サンプルユーザ"||"宿泊日が指定されていません"
    nextSaturday()|""|"2"|"サンプルユーザ"||"泊数が指定されていません"
    nextSaturday()|"1"|""|"サンプルユーザ"||"人数が指定されていません"
    nextSaturday()|"1"|"2"|""||"お名前が指定されていません"
}
```

　最後のwhereブロック中で、パラメータのリストを「|」区切りで指定すると、各パラメータの組み合わせに対してテストが実行されます。入力値と期待値の間は「||」で区切るのが通例です。

　@Unrollアノテーションを付けると、パラメータの組み合わせごとにテスト結果を出力するようになります。フィーチャメソッド名の中に「#データ変数名」を含めると、テスト結果の中では具体的な値に変換して表示してくれます。

第8章 FluentLenium

本章では、Javaでシンプルにテストスクリプトを記述できるライブラリFluentLeniumについて解説します。

8.1 FluentLenium とは

7章では、Groovyで効率よくスクリプトを記述できるGebについて説明しました。GebはJavaユーザにとっても優れたテストツールの選択肢ですが、Javaユーザから見ると、次のような点が問題になることもあるでしょう。

- Groovyや周辺ツールに慣れるためのコストがかかる。もしくは社内環境の制約により、それらの利用が難しい
- コンパイル時型チェックやIDEのサポートが弱い

こういった点からJavaだけでテストスクリプトを記述したい場合に利用できるのがFluentLenium[1]です。FluentLeniumは、WebDriverをラップして使いやすくしたJavaのライブラリです。薄いラッパーライブラリなので、動作を追いかけるのは比較的容易です。機能の豊富さではGebにはおよびませんが、その分学習コストは低くなっています。主要なコマンドはGitHubのFluentLeniumプロジェクトページのREADME 1ページにまとめられています。

有名なところでは、JavaやScalaのWeb開発フレームワークであるPlay Framework[2]が、FluentLeniumを採用しています。

FluentLeniumの主なメリットは次の通りです。

- 簡潔にスクリプトを記述できる
- jQueryに近い記法でHTML要素を指定できる
- ページオブジェクトパターンを支援する機能を持つ

注1 https://github.com/FluentLenium/FluentLenium
注2 https://www.playframework.com/

これらのメリットから、Gebに近い性格を持つライブラリであることがわかります。実際、Gebと似たAPIもあるので、影響は受けていると思われます。

本章では、FluentLeniumのセットアップ方法から使い方までを簡単に紹介します。さらに詳しく知りたい方は、GitHubのFluentLeniumプロジェクトページのREADMEを参考にしてください。

8.2 セットアップ

MavenやGradleなどのパッケージ管理機能を利用するのが簡単です。

Mavenの場合は、pom.xmlに**リスト8.1**の依存関係を追加します。fluentlenium-coreが依存しているselenium-javaのライブラリのバージョンが古いことがあるため、selenium-javaのバージョンを明示的に指定しています。

リスト8.1　FluentLeniumを利用するためのpom.xmlの設定

```xml
<dependencies>
  <dependency>
    <groupId>org.seleniumhq.selenium</groupId>
    <artifactId>selenium-java</artifactId>
    <version>最新のバージョン番号</version>
  </dependency>
  <dependency>
    <groupId>org.fluentlenium</groupId>
    <artifactId>fluentlenium-core</artifactId>
    <version>最新のバージョン番号</version>
  </dependency>
</dependencies>
```

Gradleの場合は、build.gradleに**リスト8.2**の依存関係を追加します。

リスト8.2　FluentLeniumを利用するためのbuild.gradleの設定

```
dependencies {
    compile 'org.seleniumhq.selenium:selenium-java:最新のバージョン番号'
    compile 'org.fluentlenium:fluentlenium-core:最新のバージョン番号'
}
```

8.3 FluentLeniumのテストスクリプト

リスト8.3はFluentLeniumのテストスクリプトのサンプルです。

リスト8.3　FluentLeniumのテストスクリプト

```java
import org.fluentlenium.adapter.FluentTest;
import org.junit.Test;
```

```
public class FluentLeniumSampleTest extends FluentTest {

    @Test
    public void 宿泊予約が成功すること() {
        goTo("http://example.selenium.jp/reserveApp");
        $("#guestname").text("サンプルユーザ");
        $("#goto_next").click();
    }
}
```

Gebにかなり近い文法を持っていることがわかります。操作対象要素はGebと同様に$(...)の記法で指定し、取得した要素に対してクリックやキー入力を行います。

テストスクリプトはFluentTestクラスを継承して作成します。WebDriverインスタンスの生成と破棄は、このFluentTestクラスによって自動的に行われます。

8.4 画面要素の指定方法

$メソッドの引数は、次の通りです。

```
$(CSSセレクタ文字列, インデックス, フィルタ)
```

- **CSSセレクタ文字列**
  60ページの「By.cssSelector」で解説した、CSSセレクタ
- **インデックス**
  条件にマッチした要素のうち何番目かを表す、0始まりのインデックス
- **フィルタ**
  HTML要素の属性またはテキストによる絞り込み条件。withName・withTextメソッドなどを利用する。フィルタは可変長引数で、複数個の指定も可能

各引数は省略も可能です。

フィルタの引数に指定する「with...」のメソッドを利用する場合は、あらかじめ次のimportを行っておきます。

```
import static org.fluentlenium.core.filter.FilterConstructor.*;
```

リスト8.4は、さまざまな$メソッドの利用例です。

リスト8.4　$メソッドによる要素の取得

```
// すべてのinput要素
$("input")

// 0番目のinput要素
$("input", 0)

// 1番目の、class属性「required-text」を持つ要素
$(1, withClass("required-text"))

// idが「email」の要素
$(withId("email"))
```

部分一致なども可能です（リスト8.5）。

リスト8.5　部分一致による要素の取得

```
// title属性に「確定」を含むa要素
$("a", with("title").contains("確定"))

// idが「user_」から始まるdiv要素
$("div", withId().startsWith("user_"))
```

$で探索した要素の子孫要素に対し、さらに探索を行うこともできます（リスト8.6）。

リスト8.6　取得した要素のさらに子孫要素を探索

```
// idが「search」の要素の子孫要素からdiv要素を取得
$("#search").find("div")
```

8.5　主なコマンド

続いて、FluentLeniumのコマンドのうち、主要なものを紹介します。

URL遷移

指定URLへのページ遷移はgoToメソッドで行います（リスト8.7）。

リスト8.7　goToメソッドによるページ遷移

```
goto("http://example.selenium.jp/reserveApp");
```

クリック

要素のクリックはclickメソッドで行います（**リスト8.8**）。

リスト8.8　clickメソッドによるクリック

```
// id「root」の要素をクリック
$("#id").click();
click("#id");
```

テキスト入力

要素のテキスト入力はtextメソッドまたはfillメソッドで行います（**リスト8.9**）。

リスト8.9　textメソッド・fillメソッドによるテキスト入力

```
// id「user」の要素のテキストをクリアし、「ユーザA」をセット
$("#user").text("ユーザA");
fill("#user").with("ユーザA");
```

プルダウンの選択

プルダウンの選択はfillSelectメソッドで行います（**リスト8.10**）。

リスト8.10　fillSelectメソッドによるselect要素の選択

```
// name「country」のselect要素のvalue「jp」の項目を選択
fillSelect(withName("country")).withValue("jp");

// name「country」のselect要素のテキスト「日本」の項目を選択
fillSelect(withName("country")).withText("日本");
```

画面キャプチャ

画面キャプチャの取得はtakeScreenShotメソッドで行います（**リスト8.11**）。

リスト8.11　takeScreenShotメソッドによる画面キャプチャの取得

```
takeScreenShot("C:\\temp\\sample.png");
```

待ち処理

画面要素の待ち処理はawaitメソッドを使って行います（リスト8.12）。

リスト8.12　awaitメソッドによる待ち処理
```
// id「root」の要素が表示されるまで、最大1,000ミリ秒待機
await().atMost(1000).until("#user").areDisplayed();
```

WebDriverコマンドの直接呼び出し

WebDriverのコマンドを直接呼び出す場合は、getDriverメソッドでもとのWebDriverのインスタンスを取得できます（リスト8.13）。

リスト8.13　getDriverメソッドによるWebDriverインスタンスの取得
```
WebDriver driver = getDriver();
```

getElementメソッドで、WebElementのインスタンスを取得できます（リスト8.14）。

リスト8.14　getElementメソッドによるWebElementインスタンスの取得
```
WebElement element = $("#user").first().getElement();
```

8.6　FluentTestのメソッドのオーバーライド

継承元のFluentTestのメソッドをオーバーライドすることで、いくつかのパラメータを設定できます。

getDefaultBaseUrlメソッドをオーバーライドすれば、goToメソッドの基準となるベースURLを指定できます（リスト8.15）。

リスト8.15　getDefaultBaseUrlメソッドのオーバーライド
```
@Override
public String getDefaultBaseUrl() {
    return "http://example.selenium.jp";
}
```

テストで利用するWebDriverのインスタンスには、デフォルトではFirefoxが使用されますが、getDefaultDriverメソッドをオーバーライドすればこれを変更できます（リスト8.16）。

リスト8.16　getDefaultDriverメソッドのオーバーライド

```
@Override
public WebDriver getDefaultDriver() {
    System.setProperty("webdriver.chrome.driver", "ChromeDriverサーバのパス");
    return new ChromeDriver();
}
```

8.7　ページオブジェクトパターン

　FluentLeniumでページオブジェクトを作成する場合は、継承元クラスFluent Pageを利用できます。

　リスト8.17は、6章のリスト6.3のReserveInputPageページクラスをFluent Leniumで書き換えたものです。

リスト8.17　FluentLeniumのページオブジェクトクラス

```
import org.fluentlenium.core.FluentPage;

public class ReserveInputPage extends FluentPage {

    @Override
    public String getUrl() {
        return "/reserveApp";
    }

    @Override
    public void isAt() {
        assertThat(title(), is("予約情報入力"));
    }

    public void setReserveDate(String year, String month, String day) {
        $(withName("reserve_y")).text(year);
        $(withName("reserve_m")).text(month);
        $(withName("reserve_d")).text(day);
    }

    public void setReserveTerm(String value) {
        $(withName("reserve_t")).text(value);
    }

    public void setHeadCount(String value) {
        $(withName("hc")).text(value);
    }

    public void setBreakfast(boolean on) {
        if (on) {
            $("#breakfast_on").click();
        } else {
```

```
            $("#breakfast_off").click();
        }
    }

    public void setEarlyCheckInPlan(boolean checked) {
        if ($(0, withName("plan_a")).isSelected() != checked) {
            $(withName("plan_a")).click();
        }
    }

    public void setSightseeingPlan(boolean checked) {
        if ($(0, withName("plan_b")).isSelected() != checked) {
            $(withName("plan_b")).click();
        }
    }

    public void setGuestName(String value) {
        $(withName("gname")).text(value);
    }

    public ReserveConfirmPage goToNext() {
        $("#goto_next").click();
        return createPage(ReserveConfirmPage.class);
    }

    public ReserveErrorPage goToNextExpectingFailure() {
        $("#goto_next").click();
        return createPage(ReserveErrorPage.class);
    }
}
```

　getUrlメソッドは、そのページの表すURLを返します。テストスクリプトからページオブジェクトのインスタンスを引数にしてgoToメソッドを呼び出すと、このURLに遷移できます。isAtメソッドは、現在のページがページオブジェクトの対象ページに一致するかをチェックし、一致しなければエラーを返します[注3]。

　ページオブジェクトのインスタンスの生成には、createPageメソッドを使用します。通常のコンストラクタでページオブジェクトのインスタンスを生成してしまうと、goToメソッド中でベースURLを参照できないので注意してください。

　ここでは省略しますが、ReserveConfirmPageやReserveErrorPageも同様に書き換えることができます。

注3　131ページで述べたように、ページオブジェクトにはAssertionのロジックを含めるべきではありませんが、FluentLeniumプロジェクトページのサンプルスクリプトではisAtメソッドの実装にassertThatメソッドを使用していること、そしてエラーメッセージがわかりやすくなることから、ここではassertThatメソッドを利用しています。

これらのページオブジェクトを利用したFluentLeniumのテストスクリプトは、リスト8.18のようになります。

リスト8.18　FluentLeniumのページオブジェクトクラスを使ったテストスクリプト

```java
public class FluentLeniumSampleTest extends FluentTest {

    @Override
    public String getDefaultBaseUrl() {
        return "http://example.selenium.jp";
    }

    private static Calendar nextSaturday() {
        // 略
    }

    @Test
    public void 宿泊予約が成功すること() {
        // 予約情報入力ページ
        ReserveInputPage inputPage = createPage(ReserveInputPage.class);
        goTo(inputPage);
        inputPage.isAt();
        Calendar nextSaturday = nextSaturday();
        inputPage.setReserveDate(
            Integer.toString(nextSaturday.get(Calendar.YEAR)),
            Integer.toString(nextSaturday.get(Calendar.MONTH) + 1),
            Integer.toString(nextSaturday.get(Calendar.DATE)));
        inputPage.setReserveTerm("1");
        inputPage.setHeadCount("2");
        inputPage.setBreakfast(true);
        inputPage.setEarlyCheckInPlan(true);
        inputPage.setGuestName("サンプルユーザ");

        // 予約内容確認ページ
        ReserveConfirmPage confirmPage = inputPage.goToNext();
        confirmPage.isAt();
        assertThat(confirmPage.getPrice(), is("21500"));
        confirmPage.commit();
    }

    @Test
    public void 入力に誤りがある場合にエラーになること() {
        // 略
    }
}
```

goToメソッドでページ遷移を、isAtメソッドで対象ページのチェックを行っていることがわかります。

第9章 Capybara

本章では、Rubyでシンプルにスクリプトを記述できるフレームワークCapybaraについて解説します。

9.1 Capybaraとは

Capybara[注1]は、Rubyでスクリプトを記述するWebアプリケーションのE2Eテストフレームワークです[注2]。本章ではWebアプリケーションの操作に内部的にWebDriverを利用しますが、このライブラリはWebDriver以外のものに差し替えることもできます。

本章では、Capybaraのセットアップ方法から使い方までを簡単に紹介します。さらに詳しく知りたい方は、CapybaraのAPIドキュメント[注3]を参考にしてください。

9.2 ドライバ

Capybaraが内部で使用しているWebアプリケーション操作のライブラリを「ドライバ」と呼び、表9.1の中から選択できます。どのドライバを選ぶかによって、テストを実行するブラウザも変わってきます。

表9.1 Capybaraで利用できるドライバ

ドライバ	説明
Selenium	WebDriverのRubyクライアントライブラリを使って、さまざまなブラウザを操作する
Poltergeist[注a]	WebDriverと異なる独自のロジックで、ヘッドレスブラウザPhantomJSを操作する

注1 http://jnicklas.github.io/capybara/
注2 WebDriverはブラウザ操作の自動化を目的としたツール、Capybaraはブラウザを使ったE2Eテストの自動化を目的としたツールであり、厳密にはカバーしている範囲が異なります。たとえばCapybaraには、WebDriverと違って値チェックのコマンドも含まれています。
注3 http://www.rubydoc.info/github/jnicklas/capybara/master

ドライバ	説明
capybara-webkit[注b]	WebKitをベースにした独自ヘッドレスブラウザを操作する。インストールに手間がかかるのが難点
RackTest	rack-test[注c]を使ってテスト対象Webアプリケーションを操作する。JavaScriptの実行はできない。また、操作できるのはRuby on RailsなどのRackアプリケーション[注d]に限る

注a https://github.com/teampolterpeist/poltergeist
注b https://github.com/thoughtbot/capybara-webkit
注c https://github.com/brynary/rack-test
注d http://rack.github.io/

　本書では、ドライバにSeleniumを使う方法のみを解説します。ドライバにSeleniumを使う場合でも、ブラウザにPhantomJSを指定してヘッドレステストが可能なため、ほかのドライバを使う必要は特にないでしょう。

9.3 セットアップ

　続いて、WindowsおよびMac OS Xにおける、Capybaraのインストール手順を説明します。インストールにはRubyGemsを使います。コマンドラインから、次のコマンドを実行してください。

```
$ gem install selenium-webdriver
$ gem install capybara
```

　ドライバにSeleniumを使うため、selenium-webdriverもあわせてインストールしています。Mac OS Xでパーミッションエラーが出る場合は、sudoコマンドを使って実行してください。

9.4 Capybaraのテストスクリプト

　リスト9.1は、テストフレームワークRSpecと組み合わせたCapybaraのスクリプトのサンプルです。

リスト9.1　CapybaraとRSpecを組み合わせたスクリプト

```ruby
require 'capybara/rspec'

Capybara.default_driver = :selenium

feature 'Capybaraのサンプル' do
  scenario '宿泊予約が成功すること' do
    visit 'http://example.selenium.jp/reserveApp'
    fill_in('guestname', with: 'サンプルユーザ')
```

```
    click_button('goto_next')
  end
end
```

RSpecのインストールがまだの場合は、次のコマンドでインストールしておきましょう。

```
$ gem install rspec
```

CapybaraにはfeatureとscenarioというメソッドがRSpecと組み合わせる場合、describeメソッドの代わりにfeatureメソッドを、itメソッドの代わりにscenarioメソッドを使用できます。RSpecの詳細は本書では説明しませんが、featureメソッドがユニットテストフレームワークにおけるテストクラス、scenarioメソッドがテストメソッドに相当するものと考えるとイメージしやすいでしょう[注4]。

Capybaraのドライバはデフォルトで RackTest になっているので、リスト9.1では最初にSeleniumに変更しています。scenarioメソッドの内部では、Capybaraのメソッドを使ってページ遷移やキー入力、クリックを行います。スクリプトを見れば、WebDriverよりもシンプルな記述になっていることがわかるでしょう。

また、WebDriverのドライバクラスのインスタンス生成はCapybaraの内部で自動的に行われ、生成されたインスタンスはすべてのfeatureメソッド・scenarioメソッドで同一のものが使い回されます[注5]。プロセス終了時にquitされていないドライバクラスのインスタンスがある場合は、自動的にquitが呼ばれます。

fill_inメソッドやclickメソッドの引数のロケータには、id属性・name属性・要素のテキストなどが指定できます。詳細はこのあと詳しく説明していきます。

リスト9.1のテストをcapybara_sample_spec.rbという名前で保存し、コマンドラインから次のコマンドを実行すれば、RSpecでCapybaraのテストが実行されます。

```
$ rspec capybara_sample_spec.rb
```

図9.1がテストの実行結果です。

注4　RSpecはBDD(*Behavior Driven Development*、振る舞い駆動開発)フレームワークと呼ばれ、JUnitのような単純なユニットテストフレームワークとは思想が異なっています。
注5　Cookieについてはscenarioメソッドごとに現在のドメインのものがリセットされます。

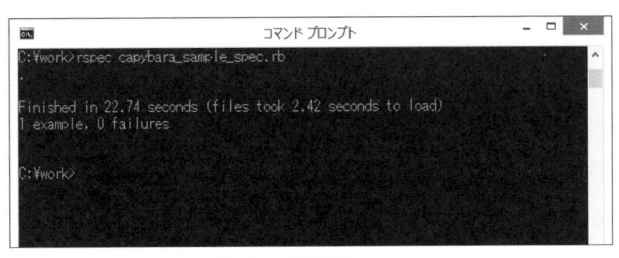

図9.1　Capybaraのスクリプトの実行結果

9.5　主なコマンド

続いて、Capybaraのコマンドのうち主要なものを紹介します。

クリック

要素のクリックは、click_button・click_link・click_onメソッドで行います（リスト9.2）。

リスト9.2　要素のクリック

```
# id・テキスト・value・titleなどが「保存」に一致するボタン
# (button要素やtype=buttonのinput要素など)をクリック
click_button('保存')

# id・テキスト・title・内部のimg要素のaltなどが「root」に一致するa要素をクリック
click_link('root')

# 要素に応じてclick_buttonまたはclick_linkを実行
click_on('root')
```

クリックや値セットのメソッドが要素をどのように検索するか厳密に知りたい場合は、Capybara内部のロジック[注6]を見て確認できます。基本的には、直感的に要素を一意に特定できそうな値を指定すれば、メソッドに応じて適切にマッチするものをCapybaraが検索してくれます（name属性はフォーム要素に対してしか検索されないので、注意してください）。

注6　https://github.com/jnicklas/capybara/blob/master/lib/capybara/selector.rbとhttps://github.com/jnicklas/xpath/blob/master/lib/xpath/html.rbです。

フォームコントロール

テキスト入力

テキスト入力欄へのテキスト入力は、fill_in メソッドで行います (リスト 9.3)。

リスト 9.3　fill_in メソッドによるテキスト入力

```
# id・name・labelテキストなどが「user」に一致するテキスト入力欄のテキストを
# クリアし、「ユーザA」をセット
fill_in('user', with: 'ユーザA')
```

プルダウンの選択

プルダウンの選択は、select メソッドで行います (リスト 9.4)。value 指定やインデックス指定での選択は、select メソッドではできません。

リスト 9.4　select メソッドによるプルダウンへの選択

```
# id・name・labelテキストなどが「country」に一致するプルダウンから、
# テキストが「日本」の項目を選択
select('日本', from: 'country')
```

チェックボックスの選択・非選択

チェックボックスの選択・非選択は、check メソッドおよび uncheck メソッドで行います (リスト 9.5)。

リスト 9.5　check メソッドおよび uncheck メソッドによるチェック処理

```
# id・name・labelテキストなどが「accept-check」に一致するチェックボックスを
# チェック状態にする
check('accept-check')

# 非チェック状態にする
uncheck('accept-check')
```

ラジオボタンの選択

ラジオボタンの選択は、choose メソッドで行います (リスト 9.6)。

リスト 9.6　choose メソッドによるラジオボタンの選択

```
# ラジオボタンの、id・name・labelテキストなどが「はい」に一致する項目を選択
choose('はい')
```

要素の取得

XPathやCSSセレクタで要素を取得する場合は、findメソッドが利用できます。findメソッドの引数は次の通りです。

find(種別, ロケータ, オプション)

- **種別**
  :cssまたは:xpathを指定する。省略すると:cssとして扱われる
- **ロケータ**
  種別に応じて、CSSセレクタまたはXPathの値を指定する
- **オプション**
  取得した要素に対するさらなる絞り込み条件を指定する

各引数は省略も可能です。**リスト9.7**は、findメソッドの利用例です。

リスト9.7　findメソッドによる要素の取得

```
# idが「root」の要素をクリック
find('#root').click

# name「user」のinput要素のテキストをクリアし、「ユーザA」をセット
find(:xpath, "//input[@name='user']").set('ユーザA')
```

オプションには、テキストを指定するtext:や、非表示要素も検索[注7]するvisible:があります（**リスト9.8**）。

リスト9.8　findメソッドのオプション

```
# テキストが「次へ」のa要素が表示されているか
p find('a', text: '次へ').visible?

# id「hidden_box」の要素のテキスト。非表示要素も検索する
p find('#hidden_box', visible: false).text
```

ほかには、click_buttonメソッドやclick_linkメソッドと同じ方法で要素を取得するfind_button・find_linkメソッド、フォーム要素を取得するfind_fieldメソッドなども用意されています（**リスト9.9**）。

リスト9.9　さまざまな要素検索メソッド

```
# id・テキスト・value・titleなどが「保存」に一致するボタンをクリック
find_button('保存').click
```

注7　デフォルトでは、表示要素は検索されません。

```
# id・テキスト・title・内部のimg要素のaltなどが「root」に一致するa要素をクリック
find_link('root').click

# id・name・labelテキストなどが「user」に一致する項目のvalue属性の値
p find_field('user').value
```

値チェック

　値のチェックには、テストフレームワークに付属するAssertionメソッドを利用します。RSpecであればexpectメソッドを利用します。Capybaraには、expectメソッドと組み合わせて使えるさまざまな値チェックメソッドがあります（リスト9.10）。リスト9.10のpageメソッドは、セッションオブジェクト（Webアプリケーションとのやりとりを実際に行うオブジェクト）を取得するCapybaraのメソッドです。

リスト9.10　expectメソッドによる値チェック

```
# id「root」の要素が存在することをチェック
expect(page).to have_css('#root')

# id「message」の要素がテキスト「完了」を含むかチェック
expect(find('#message')).to have_content('完了')
expect(find('#message')).to have_text('完了')
```

　expectメソッドと組み合わせて利用できる値チェックメソッドの一覧は、RSpecMatchersクラスのドキュメント[注8]で確認できます。

待ち処理

　Capybaraには待ち処理を明示的に行うメソッドはありません[注9]。次のような優れたImplicit Waitのしくみがあり、明示的に待ち処理メソッドを呼び出す必要がないためです。

- findなどの要素検索メソッドは、要素が見つかるまで待機する
- click_onなどの画面操作メソッドは、要素が存在しない・グレーアウトしているなどの理由で操作が失敗した場合は、成功するまでリトライする
- 値チェックメソッドは、チェックが成功するまでリトライする

注8　http://www.rubydoc.info/github/jnicklas/capybara/Capybara/RSpecMatchers
注9　以前はwait_untilというメソッドが存在しましたが、バージョン2.0.0で削除されました。

要素のテキストが「完了」になるまで待機したい、といった場合も、単にテキストが「完了」になっていることの値チェックを入れればよいので、明示的に待ち処理メソッドを呼び出す必要はありません。

このImplicit Waitの最大待ち時間は、デフォルトで2秒になっています。時間のかかる処理の待機などで待ち時間を一時的に長くしたい場合は、using_wait_timeメソッドを使用するとよいでしょう（**リスト9.11**）。

リスト9.11　using_wait_timeメソッドによる待ち時間の一時的な変更

```
# ブロック内のみ最大待ち時間を30秒にする
Capybara.using_wait_time(30) do
  expect(find('#message')).to have_text('完了')
end
```

その他のコマンド

URL遷移

指定URLへのページ遷移はvisitメソッドで行います（**リスト9.12**）。

リスト9.12　visitメソッドによるページ遷移

```
visit 'http://example.selenium.jp/reserveApp'
```

画面キャプチャ

画面キャプチャの取得は、save_screenshotメソッドで行います（**リスト9.13**）。

リスト9.13　save_screenshotメソッドによる画面キャプチャの取得

```
save_screenshot('***.png')
```

WebDriverコマンドの直接呼び出し

WebDriverのコマンドを直接呼び出す場合は、browserメソッドでもとのDriverのインスタンスを取得できます（**リスト9.14**）。

リスト9.14　browserメソッドによるDriverインスタンスの取得

```
# WebDriverのmanageメソッドを直接呼び出して、ブラウザウィンドウの高さを取得
p page.driver.browser.manage.window.size.height
```

WebDriverのElementを直接利用する場合は、nativeメソッドでもとのElementのインスタンスを取得できます（**リスト9.15**）。

リスト9.15　nativeメソッドによるElementインスタンスの取得

```
# id「user」の要素のclearメソッドを直接呼び出し
find('#user').native.clear
```

9.6　Capybara 単独で実行する場合

　リスト9.1のスクリプトは、RSpecと組み合わせずに記述するとリスト9.16のようになります。CapybaraのコマンドはCapybara::DSLモジュールに定義されており、これをクラスやモジュールにincludeすることでコマンドを利用できるようになります。

リスト9.16　テストフレームワークを使わない、Capybaraのスクリプト

```ruby
require 'capybara'

Capybara.default_driver = :selenium

class CapybaraSampleClass
  include Capybara::DSL

  def sample_method
    visit 'http://example.selenium.jp/reserveApp'
    fill_in('guestname', with: 'サンプルユーザ')
    click_button('goto_next')
  end
end

sample = CapybaraSampleClass.new
sample.sample_method
```

　Capybara::DSLモジュールをincludeしたCapybaraSampleClassクラスを定義し、そのクラスを使ってブラウザ操作を行います。

　このテストをcapybara_sample.rbという名前で保存し、コマンドラインから次のコマンドを実行すれば、テストが実行されます。

```
$ ruby capybara_sample.rb
```

　Capybaraでページオブジェクトクラスを定義する場合も、Capybara::DSLモジュールをページオブジェクトクラスにincludeすることでCapybaraのメソッドを使用できるようになります。

Part 4

Seleniumの
さまざまな活用方法

- ☑ 第10章　Selenium IDE
- ☑ 第11章　スマートフォンのテストとAppium
- ☑ 第12章　CI環境での利用

第10章 Selenium IDE

本書の前半はWebDriverについての解説でした。これはプログラミング言語と組み合わせるライブラリであり、スクリプトの構造を整備することでテストを効率的に運用できます。本章では、Seleniumの別の形態であるSelenium IDEについて解説します。

10.1 Selenium IDEとは

Selenium IDEは、ブラウザの操作を独自のスクリプトで自動記録・再生できるソフトウェアです。スクリプトの構造は自由度が低く、効率的な運用には即さない面がある一方、コードをまったく書かずに手軽に済ませることができるため、プログラマでない職種の人々によく使われています。

Selenium IDEは、Selenium RCがベースになっている古いソフトウェアです。近い将来、Selenium BuilderなどWebDriverがベースの新しいソフトウェアに取って代わられるでしょう。一方、今日においては開発はまだ活発に進められていますし、ユーザも多数存在する非常によく使われているソフトウェアです。

このため、本書では実践書としての立場を重視し、Selenium IDEの現状と活用方法について相応のページを割いて記述します。

10.2 インストール手順

Selenium IDEはFirefoxのプラグインとして動作するので、先にFirefoxをインストールする必要があります。Mozillaの公式サイト[注1]から最新版のFirefoxをダウンロードできますが、Selenium IDEの更新のほうが追いつかずうまく動作しない場合は、古いバージョンのFirefoxをMozillaのFTPサイト[注2]からダウンロードして試してみましょう。

注1 https://www.mozilla.org/ja/firefox/
注2 https://ftp.mozilla.org/pub/mozilla.org/firefox/releases/

Selenium IDEのダウンロードについては、Selenium公式サイトのダウンロードページ[注3]で案内されています。Firefoxでダウンロードページにアクセスしてみましょう。ダウンロードページには図10.1のようにSelenium IDEのセクションがあります。Selenium IDEのセクションの記述「Download latest released version」の次に書かれているリンクをクリックすると、MozillaのアドオンサイトのSelenium IDEのページにアクセスできます。

> **Selenium IDE**
> Selenium IDE is a Firefox plugin which records and plays back user interactions with the browser. Use this to either create simple scripts or assist in exploratory testing. It can also export Remote Control or WebDriver scripts, though they tend to be somewhat brittle and should be overhauled into some sort of Page Object-y structure for any kind of resiliency.
>
> Download latest released version from addons.mozilla.org or view the Release Notes and then install some plugins.
>
> Download previous versions here.

図10.1　Selenium公式サイトのダウンロードページ内のSelenium IDEのセクション

Selenium IDEのページには図10.2のように「Add to Firefox」ボタンがあります。これをクリックして、Selenium IDEをダウンロードしましょう。

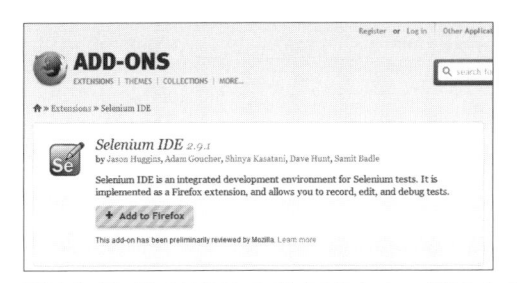

図10.2　MozillaのアドオンサイトのSelenium IDEのページ

プラグインのダウンロードが完了すると、図10.3のようにダイアログが表示されます。インストールされるソフトウェアがSelenium IDEであることを確認したら「インストール」を押しましょう。

注3　http://www.seleniumhq.org/download/

第10章　Selenium IDE

図10.3　アドオンのインストールダイアログ

　最後にFirefoxを再起動すれば、インストールは完了です。図10.4のように再起動を求めるダイアログが表示されたら、「今すぐ再起動」を押しましょう。

図10.4　再起動を求めるFirefoxのダイアログ

　再起動したあと、図10.5のようにFirefoxのツールバーにSelenium IDEのボタンが追加されます。

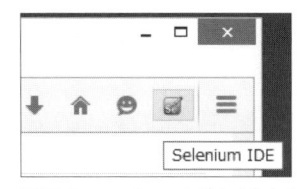

図10.5　ツールバーに追加されたSelenium IDEのボタン

　さて、Selenium IDEも最新版では正しく動作しないことがあります。その場合は、正しく動作していた古いバージョンをインストールしましょう。古いバージョンのSelenium IDEは、Selenium公式サイトのリリースページ[注4]からダウンロードできます。Firefoxでアクセスしてみましょう（図10.6）。

注4　http://release.seleniumhq.org/selenium-ide/

204

```
Index of /selenium-ide/

../
0.8.0/              03-Jun-2006 17:19    -
0.8.0-beta/         29-May-2006 14:51    -
0.8.1/              20-Sep-2006 14:50    -
0.8.2/              26-Sep-2006 15:06    -
0.8.3/              08-Oct-2006 08:01    -
0.8.4/              27-Oct-2006 09:47    -
0.8.5/              18-Nov-2006 13:31    -
0.8.6/              23-Nov-2006 05:48    -
0.8.7/              21-Mar-2007 14:14    -
1.0/                28-May-2009 14:44    -
1.0-beta-1/         05-Mar-2008 14:58    -
1.0-beta-2/         03-Jun-2008 14:09    -
1.0.1/              10-Jun-2009 21:31    -
1.0.10/             06-Dec-2010 19:04    -
```

図10.6 Selenium IDEのリリースページ

　リリースページのバージョン番号のフォルダの中に、Selenium IDEのプラグインのファイルが入っています。Firefoxのプラグインの実体は、拡張子が「.xpi」のファイルです。Webページ上のxpiファイルへのリンクをFirefoxでクリックすると、**図10.7**のようにインストールの許可を求めるダイアログが表示されます。ここで「許可」を押すと、プラグインとしてインストールできます。

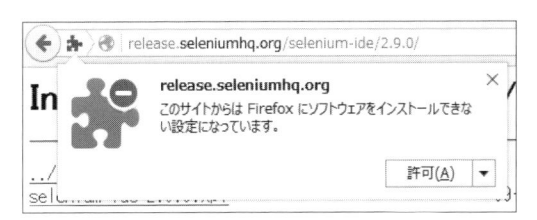

図10.7 リリースページのxpiファイルへのリンクをクリックしたときの動作

　なお、バージョン2.9.0以下の古いSelenium IDEを利用する場合、Firefoxもバージョン42以下の古いものが必要となります。

10.3 基本的な使い方

起動・記録

　Firefoxのツールバーに追加されたSelenium IDEのボタンをクリックすると、Selenium IDEが起動して**図10.8**のような画面が開きます。

第 10 章　Selenium IDE

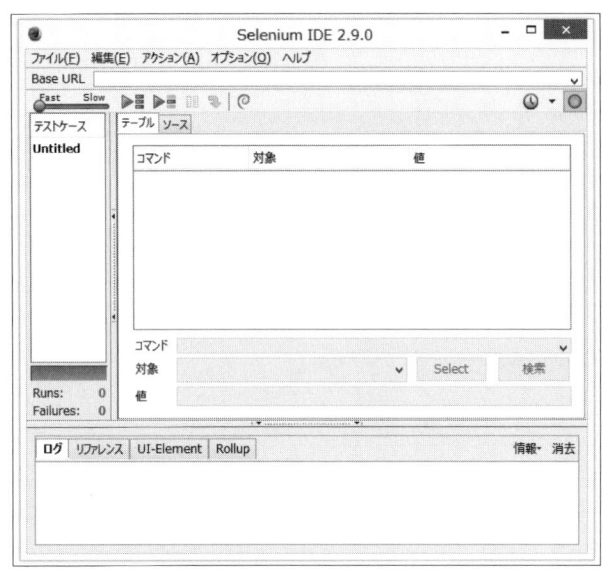

図10.8　Selenium IDE の画面

　起動してすぐ、Selenium IDE の記録機能が有効になっています。これは画面右上の記録ボタンの表示で確認できます（図10.9）。

図10.9　Selenium IDE の記録ボタン（記録中）

　ではこの状態で、Firefox の操作を記録してみましょう。例として、次の操作を行います。

- 日本 Selenium ユーザーコミュニティが提供するサンプル Web ページ[5]（図10.10）にアクセスする
- 「宿泊日」の日付文字列に「2015/06/30」と入力する

注5　http://example.selenium.jp/reserveApp_Renewal/

206

10.3 基本的な使い方

図10.10 日本Seleniumユーザーコミュニティが提供するサンプルWebページ

Firefoxの操作が、Selenium IDEのコマンドとして記録されます。また「Base URL」にはアクセス先ページのベースURLが記録されます（**図10.11**）。

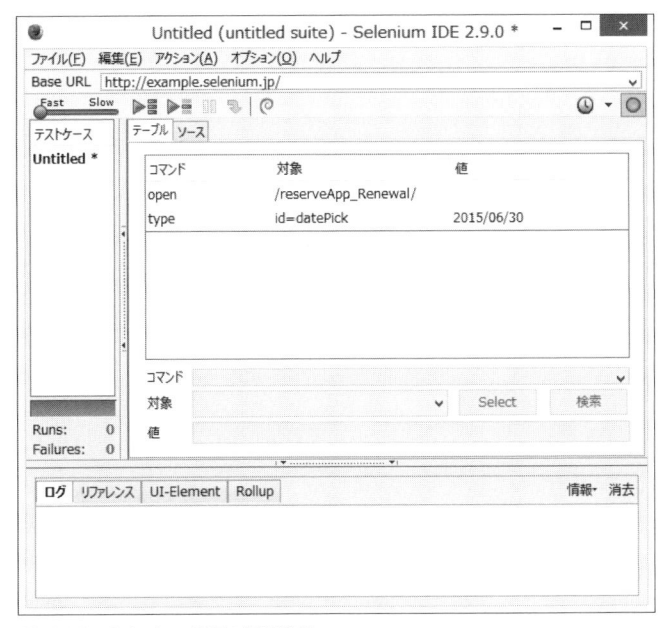

図10.11 Selenium IDEの記録結果

記録の停止

Selenium IDEは、停止操作をするまでずっとFirefoxの操作を記録し続けます。記録したい操作が終わったら、記録ボタンをクリックして停止させましょう（図10.12）。

図10.12　Selenium IDEの記録ボタン（停止中）

これ以降は、Firefoxの操作は記録されなくなります。

再生

記録した動作は、画面左上のツールバーを操作すると再生できます（図10.13）。

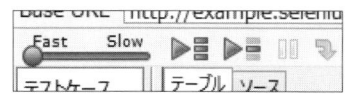

図10.13　Selenium IDEのツールバー

再生ボタンは2種類あります。

- すべて再生：テストスイート全体を実行する
- 再生：現在のテストケースを実行する

ここでは2つ目の「再生」ボタンをクリックしてみましょう。記録した操作が、上から順に自動的に再生されるはずです。

Fast-Slowと書かれた速度コントロールを調節すると、操作の再生速度を変えることができます（図10.14）。自動再生されている内容がよくわかるように、Slow側に調節してからもう一度再生してみましょう。再生が遅くなったことを実感できることでしょう。

図10.14 Selenium IDEの速度コントロール

　実行に成功したコマンドの行は、（本書の紙面ではわかりませんが）緑色になります（図10.15）。すべて緑色になれば成功です。

図10.15 実行に成功したコマンド

　実行に失敗したコマンドの行は、赤色になります（図10.16）。再生は、失敗したところで中断します。

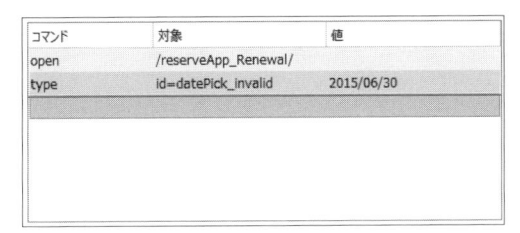

図10.16 実行に失敗したコマンド

　再生の途中で、一時停止もできます。ツールバーの一時停止ボタン をクリックしましょう。ツールバーの表示が図10.17のように変化します。

図10.17 一時停止中のツールバー

　一時停止している状態から再生を再開するときは、変化した一時停止ボタン をクリックしましょう。再生が再開されます。また、一時停止している状態からコマンドを1ステップずつ実行したいときは、1ステップ実行ボタン をクリックしましょう。

1ステップ実行ボタンは一時停止している状態でしか押すことができませんが、特定のコマンド1ステップのみについてはいつでも実行できます。実行したいコマンドを選択した状態で、「アクション」メニューの「このコマンドを実行」を選択しましょう（図10.18）。

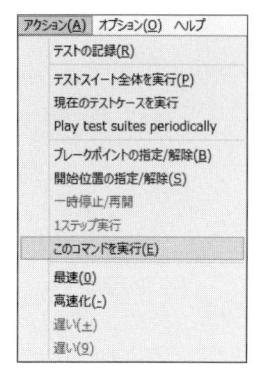

図10.18　アクションメニュー

この操作は X でも呼び出せます。動作確認などの際に手軽に活用しましょう。

テストケースの保存

ここまでできたら、いったん記録データを保存しましょう。「ファイル」メニューの「テストケースに名前を付けて保存」を選択してください（図10.19）。

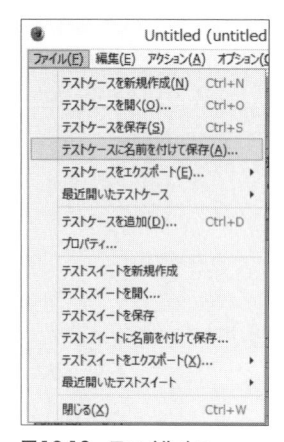

図10.19　ファイルメニュー

Selenium IDEのテストケースはHTMLファイルとして保存されます。ブラウザで開けば、図10.20のように、どのようなテストケースが記録されているのか確認できます。

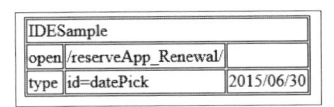

IDESample		
open	/reserveApp_Renewal/	
type	id=datePick	2015/06/30

図10.20　Selenium IDEのテストケースをブラウザで表示

記録の再開

では、先ほど作ったテストケースの続きを作っていきましょう。記録ボタンをもう一度押すと、記録を再開できます。このとき選択されているコマンドの1つ前に、記録されたコマンドが挿入されていきます。ここでは例として、図10.21のように日付文字列を入力するtypeコマンドを選択した状態にします。

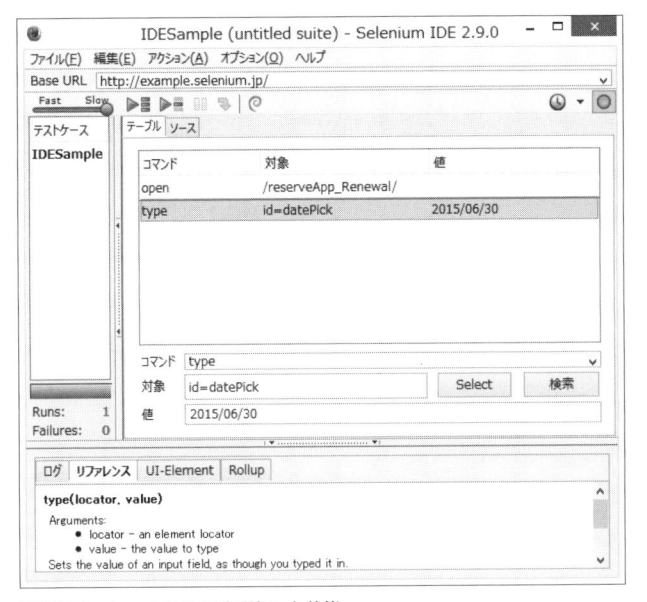

図10.21　typeコマンドを選択した状態

この状態で、「人数」のプルダウンで「2」を選択します。図10.22のように、プルダウンを選択するselectコマンドが、typeコマンドの直前に挿入されます。

第10章　Selenium IDE

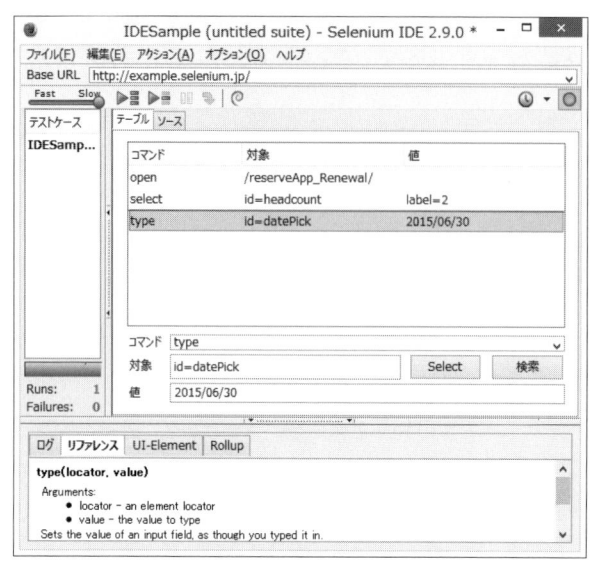

図10.22　プルダウンを選択するコマンドが挿入された状態

　テストケースの途中にコマンドを挿入させるのではなく、末尾に追加していきたい場合は、図10.23のように最後に記録されたコマンドの1つ下の空行を選択した状態にしてから操作しましょう。

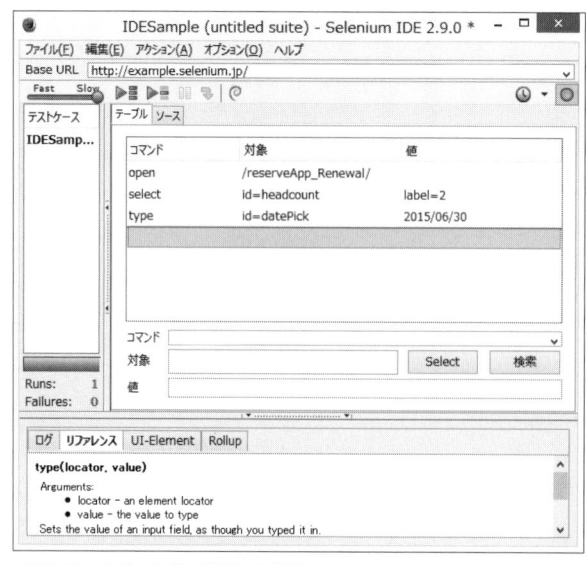

図10.23　末尾の空行を選択した状態

212

手作業でのコマンドの追加

　ここまでの説明では、Selenium IDEの記録機能により、実際のブラウザ操作が自動的にコマンドとして記録されていました。このコマンドは手作業で追加することもできます。

　例として、「昼からチェックインプラン」のチェックボックスをクリックするコマンドを、図10.23のように末尾の空行を選択した状態で追加します。まず、図10.24のように、画面下のフォームのうち「コマンド」に、クリック操作をさせるclickコマンドを入力してください。

図10.24　clickコマンドを入力

　次に、クリック操作の対象とする「昼からチェックインプラン」のチェックボックスの位置情報（ロケータ）を入力します。ここでは、ロケータをSelenium IDEに自動的に割り出させましょう。「対象」の右にある「Select」をクリックしてください。図10.25のように、「Select」が「Cancel」に変わり、ロケータを割り出せる状態になります。

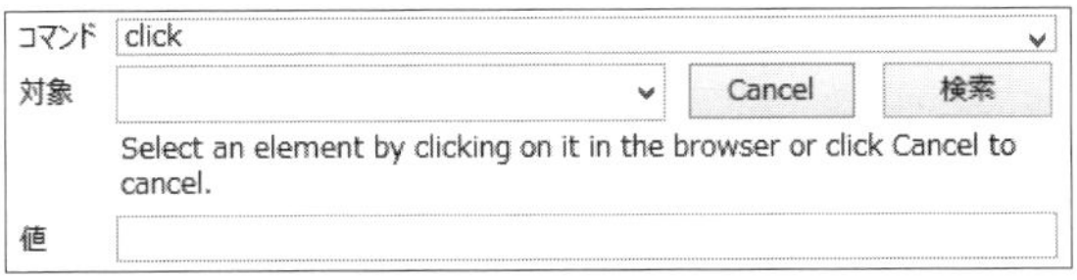

図10.25　SelectボタンをクリックするとCancelボタンに変化

　この状態でWebページ上の要素にマウスポインタを合わせると、ロケータを取得可能な要素がハイライトされた状態になります。「昼からチェックインプラン」のチェックボックスにマウスポインタを合わせてみましょう。図10.26のように、チェックボックスがハイライトされます。

図10.26　対象のチェックボックスのハイライト表示

この状態でチェックボックスをクリックすると、自動的に割り出されたロケータが「対象」に入力されます（図10.27）。ロケータの候補が複数あるときは、「対象」のプルダウンで選択できます。

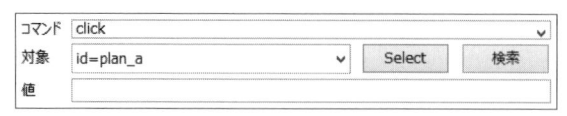

図10.27　ロケータが自動入力された状態

このようにして、コマンドを手作業で追加していくことができます。

テストケースの追加、テストスイートの作成

コマンドの追加を続けていると、だんだん1つのテストケースが長大になっていきます。あまりに長いテストケースは取り扱いが難しくなるので、1つのテストケースでやることは1つのテーマに絞り、テストケースを複数に分割して記述していきましょう。

「ファイル」メニューの「テストケースを新規作成」を選択してください（図10.28）。

図10.28　テストケースを新規作成

図10.29のように、新しいテストケースが追加されます。ここに新しくコマンドを記録して保存していきましょう。

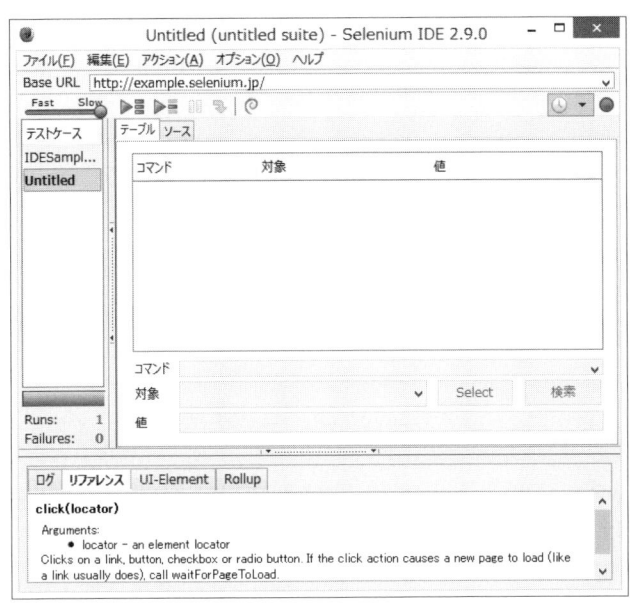

図10.29　新しいテストケースが追加された状態

　開かれている複数のテストケースは、「テストスイート」という1つのグループにまとめて保存できます。テストスイートに属するテストケース全体を一括して操作できて便利になります。

　「ファイル」メニューの「テストスイートに名前を付けて保存」を選択して、適当な名前のHTMLファイルとして保存しましょう（図10.30）。

図10.30　テストスイートに名前を付けて保存

保存されたテストスイートファイルをブラウザで開けば、図10.31のように、テストスイートにどのようなテストケースがまとめられているのか確認できます。

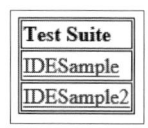

図10.31　Selenium IDEのテストスイートをブラウザで表示

ロケータの自動判定機能の調整（Locator Builders）

「起動・記録」の記録時や、「手作業でのコマンドの追加」のロケータの割り出しの際に使用したように、Selenium IDEにはロケータの自動判定機能があります。しかし残念ながらこの機能は100%信頼できるわけではなく、既定の設定では、実際にはうまく動作しないロケータや、不必要に複雑なロケータを書き出してしまうことがあります。

テスト対象のWebページに合わせてSelenium IDEのオプションを調整することで、この自動判定機能の精度を多少改善できます。

「オプション」メニューの「設定」を選択しましょう（図10.32）。

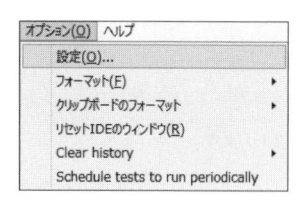

図10.32　オプションメニュー

Selenium IDEのオプション画面が表示されます。「Locator Builders」タブで、ロケータ自動判定機能を調整できます（図10.33）。

10.3 基本的な使い方

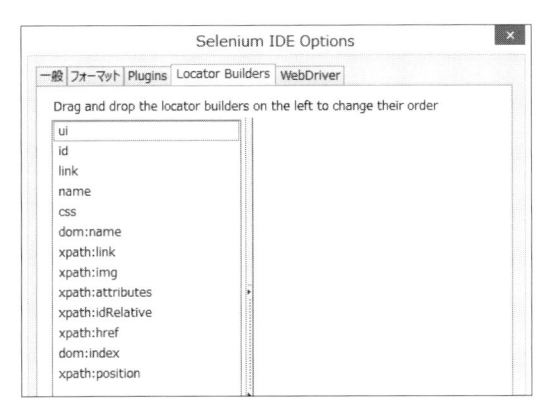

図10.33 Locator Buildersの設定

　この画面では、ロケータを自動判定するときに何を判定材料として優先して利用するか設定できます。

　優先すべき項目は、テスト対象のWebページにおいて要素を特定しやすい項目です。たとえば、要素のid属性は通常、最も要素を特定しやすいよい判断材料となります。しかし、複数の要素でid属性が同じ値だったり、アクセスのたびにid属性の値が動的に変わったりするWebページにおいては、判断材料として役に立ちません。このような場合、id属性の優先度は下げるべきでしょう。

　試しに、id属性の優先度を下げてみましょう。項目の一覧で、上にある項目のほうが優先度が高くなります。id項目をドラッグして、項目の末尾でドロップしましょう。id属性の優先度が最低になります。

　一覧にある項目の意味は**表10.1**の通りです。テスト対象のWebページに適した項目の優先度を調整して、自動判定の精度を高めていきましょう。

表10.1　Locator Buildersの項目とその意味の一覧

項目	意味
ui	10.8節で紹介する、UIマッピングの定義で合致するものを利用する
id	要素に設定されているid属性を利用する
link	a要素のインナーテキストを利用する
name	要素に設定されているname属性を利用する
css	要素についてのCSSセレクタを利用する
dom:name	特にform要素に内包されている要素のname属性を利用する
xpath:link	XPathで表現できる、a要素のインナーテキストを利用する

（続く）

表10.1 Locator Buildersの項目とその意味の一覧（続き）

項目	意味
xpath:img	XPathで表現できる、img要素とその属性を利用する。利用される属性は次の通り ・alt ・title ・src
xpath:attributes	XPathで表現できる属性のうち、特に次の属性を持つ要素を利用する ・id ・name ・value ・type ・action ・onclick
xpath:idRelative	XPathで表現できる、id属性を持つ親要素からの相対的なDOM構造を利用する
xpath:href	XPathで表現できる、href属性に含まれるURL文字列を利用する
dom:index	特にform要素に内包されている要素の出現順の数値を利用する
xpath:position	XPathで表現できる、絶対的なDOM構造を利用する

Test Schedulerを使った定時実行

　Selenium IDEは、バージョン2.9.0からの新機能「Test Scheduler」を使うことで、単体で定時実行できるようになりました。

　画面右上の記録ボタンの左にあるTest Schedulerのアイコンをクリックして表示されるメニューから、「Play test suites periodically」を選択しましょう（図10.34）。

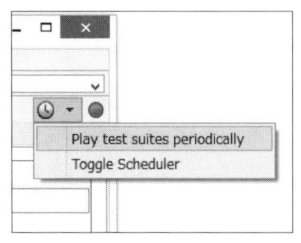

図10.34　Test Schedulerのメニュー

　図10.35のように、Test Schedulerの設定画面が表示されます。「Title」に定時実行ジョブの名前、「Suite」に定時実行するテストスイートを指定できます。実行するタイミングは、曜日・時・分で指定できます。画面左下の「+」を押すと、

ジョブを登録できます。

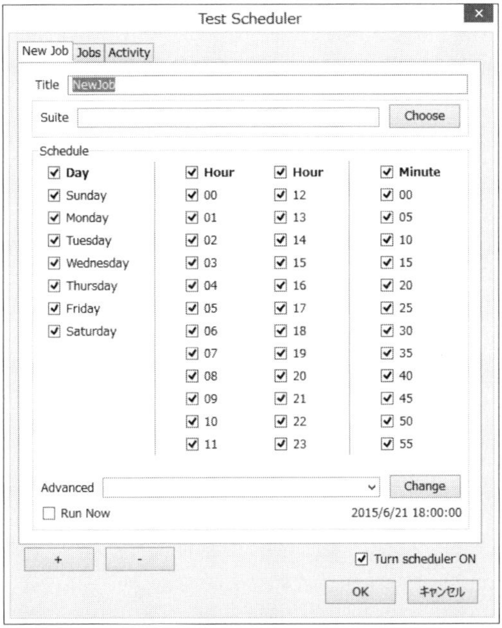

図10.35 Test Schedulerの設定画面

「Jobs」タブで、登録されている定時実行ジョブの一覧を確認できます（図10.36）。

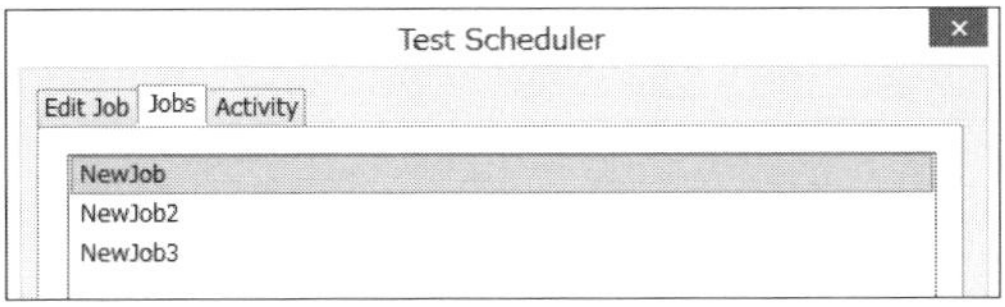

図10.36 Test Schedulerのジョブ一覧

プログラミング言語へのエクスポート

Selenium IDEには、記録したコマンドをプログラミング言語のコードに変換するエクスポート機能があります。作りためたSelenium IDEのテストケースを、WebDriverのしくみに移行したいときなどに便利です。

エクスポートの使い方

Selenium IDEには、プログラミング言語ごとのエクスポートのためのフォーマッタがあります。バージョン2.9.0までは独立したプラグインとして提供されていましたが、バージョン2.9.1からはSelenium IDEに内蔵されています（図10.37）。

Selenium開発チームにより2015年12月時点でメンテナンスされているフォーマッタは、C#、Java、Python、Rubyの4つです。

図10.37　Selenium開発チームのGitHubリポジトリに存在するフォーマッタ

では、例としてJavaのWebDriverコードをエクスポートしてみましょう。エクスポートしたいテストケースが選択された状態で、「ファイル」メニューの「テストケースをエクスポート」＞「Java / JUnit 4 / WebDriver」を選択します（図10.38）。

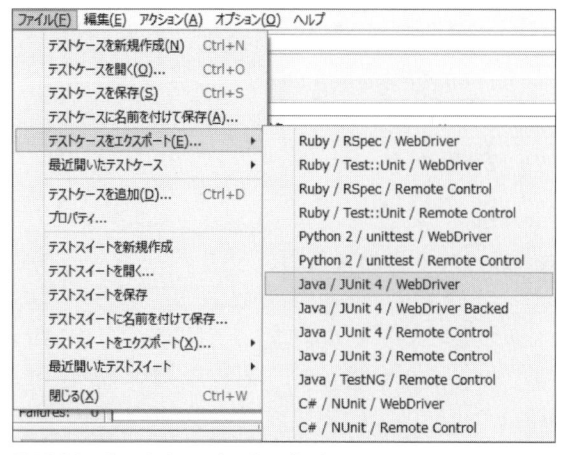

図10.38　「テストケースをエクスポート」のメニュー

「.java」拡張子を付けたファイル名で保存すると、指定した通りJavaでJUnit 4を利用したWebDriver対応のコードが出力されます。

エクスポートできないコマンドの例

Selenium IDEの一部のコマンドは、フォーマッタによってはエクスポートに対応していません。代表的なコマンドは、画面キャプチャを取得するコマンド「captureEntirePageScreenshot」です。例として、このコマンドを「Java / JUnit 4 / WebDriver」でエクスポートすると、ソースコードには**リスト10.1**のようにエクスポートに失敗したことを表すコメント行が記載されます。

リスト10.1　エクスポートに失敗したことを表すコメント行

```
// ERROR: Caught exception [ERROR: Unsupported command [captureEntirePageScreenshot | example.png | ]]
```

エクスポートしたソースコードはそのまますぐに利用するのではなく、このようなコメント行が出力されていないかを含めて、必ず内容を確認するようにしましょう。

10.4　ブラウザを操作するコマンド

Selenium IDEのコマンドのうち、ブラウザを操作するためのコマンドを紹介します。これらのコマンドの多くは自動的に記録できますが、状況によっては自動記録されたコマンドを「AndWait」で終わるコマンド（以下「AndWait系コマンド」）に手作業で修正したほうがよい場合もあります。

AndWait系コマンドは、コマンドが実行されたあとにページが遷移する場合、遷移後のページの読み込みが完了するまで待機して、次のコマンドに移らないようになっているコマンドです。リンクや送信ボタンをクリックするときのコマンドをAndWait系にすることで、適切な待ち時間が生じ、その次のコマンド実行が失敗しにくくなります。

フォームの操作

フォームの操作コマンドは、**表10.2**の通りです。

第10章　Selenium IDE

表10.2　フォームの操作コマンド

操作	コマンド	対象フィールドに入力するデータ	値フィールドに入力するデータ	AndWait系コマンド
リンクやチェックボックスなどをクリック	click	ロケータ	（なし）	clickAndWait
指定した要素に文字列を入力	type	ロケータ	入力する文字列	typeAndWait
キー入力をシミュレート	sendKeys	ロケータ	入力する文字列	sendKeysAndWait
プルダウンから選択	select	select要素のロケータ	option要素のロケータ	selectAndWait
複数選択プルダウンの選択	addSelection	select要素のロケータ	option要素のロケータ	addSelectionAndWait
複数選択プルダウンの選択を1つ解除	removeSelection	select要素のロケータ	option要素のロケータ	removeSelectionAndWait
複数選択プルダウンの選択をすべて解除	removeAllSelections	select要素のロケータ	option要素のロケータ	removeAllSelectionsAndWait
チェックボックスやラジオボタンにチェックを付ける	check	ロケータ	（なし）	checkAndWait
チェックボックスやラジオボタンからチェックを外す	uncheck	ロケータ	（なし）	uncheckAndWait
フォームを送信	submit	form要素のロケータ	（なし）	submitAndWait

　ファイルアップロードのinput要素に対しては、sendKeysコマンドではなくtypeコマンドで値を設定する点に注意しましょう。

ウィンドウやフレームの操作

　ウィンドウやフレームの操作コマンドは、表10.3の通りです。

表10.3　ウィンドウやフレームの操作コマンド

操作	コマンド	対象フィールドに入力するデータ	値フィールドに入力するデータ	AndWait系コマンド
指定したURLへのアクセス	open	URL文字列	（なし）	（なし）
ウィンドウを選択	selectWindow	ウィンドウ識別子	（なし）	（なし）
フレームを選択	selectFrame	ロケータ	（なし）	（なし）
子ウィンドウを選択	selectPopUp	ウィンドウ識別子	（なし）	selectPopUpAndWait

10.5　値を検証・待機・保持するコマンド

操作	コマンド	対象フィールドに入力するデータ	値フィールドに入力するデータ	AndWait系コマンド
選択されているウィンドウを閉じる	close	（なし）	（なし）	（なし）

画面キャプチャの取得

　画面キャプチャの取得コマンドは、**表10.4**の通りです。画面に見えている部分だけでなく、ページ全体の画像を取得できます。

表10.4　画面キャプチャの取得コマンド

操作	コマンド	対象フィールドに入力するデータ	値フィールドに入力するデータ	AndWait系コマンド
画面キャプチャの取得	captureEntirePageScreenshot	ファイル名	取得時に適用するページ背景のCSS	captureEntirePageScreenshotAndWait

10.5　値を検証・待機・保持するコマンド

　Selenium IDEでは、画面に表示されている文字列などの値を検証したり、特定の値を待機したり、変数として保持したりするコマンドを利用できます。コマンドを直接記述するほか、Webページ上の要素を右クリックしてコンテキストメニューを開き、そこから**図10.39**のようにコマンドを選択することでも入力が可能です。

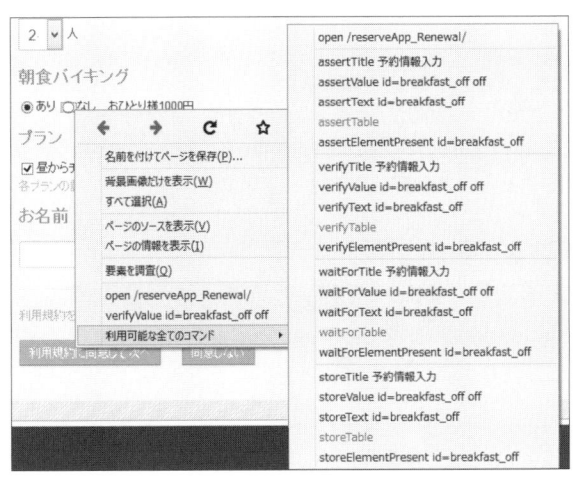

図10.39　Firefoxのコンテキストメニューに追加されたSelenium IDEのコマンド

値を検証するコマンドは、「assert」「verify」の2系統があります。特定の値を待機するコマンドは「waitFor」の1系統があります。値を変数として保持するコマンドは「store」の1系統があります。

assert

assert系のコマンドでは、検証した値が期待値と合致しなかったときにテストケースの実行が途中で終了します。いずれのコマンドについても「Not」フレーズが追加された逆の検証を行うコマンドが用意されています。

HTML要素

HTML要素のロケータなどを記述したうえで、その値を検証するコマンドです。おそらく、最もよく使うことになるでしょう。特によく使うのは、表10.5のコマンドです。

表10.5　よく使うHTML要素の値の検証コマンド

検証内容	コマンド	対象フィールドに入力するデータ	値フィールドに入力するデータ	逆のコマンド
要素の存在	assertElementPresent	ロケータ	（なし）	assertElementNotPresent
table要素のセル内の文字列の合致	assertTable	*table要素のロケータ.行番号.列番号*	文字列	assertNotTable
文字列の合致	assertText	ロケータ	文字列	assertNotText
title要素の文字列の合致	assertTitle	文字列	（なし）	assertNotTitle
valueの合致	assertValue	ロケータ	文字列	assertNotValue

このほかにも、表10.6のコマンドが用意されています。

表10.6　その他のHTML要素の値の検証コマンド

検証内容	コマンド	対象フィールドに入力するデータ	値フィールドに入力するデータ	逆のコマンド
指定した要素の属性値の合致	assertAttribute	ロケータ	属性値	assertNotAttribute
指定した名前の属性値の配列の合致	assertAttributeFromAllWindows	属性の名前	属性値	assertNotAttributeFromAllWindows

10.5 値を検証・待機・保持するコマンド

検証内容	コマンド	対象フィールドに入力するデータ	値フィールドに入力するデータ	逆のコマンド
チェックボックスまたはラジオボタンの選択	assertChecked	ロケータ	（なし）	assertNotChecked
フォーム要素の入力位置の合致	assertCursorPosition	ロケータ	フォーム要素の入力位置の文字数	assertNotCursorPosition
フォーム要素の編集可否	assertEditable	ロケータ	（なし）	assertNotEditable
要素の高さの値の合致	assertElementHeight	ロケータ	ピクセル数	assertNotElementHeight
要素のインデックスの合致	assertElementIndex	ロケータ	インデックス数	assertNotElementIndex
要素の横方向の座標値の合致	assertElementPositionLeft	ロケータ	ピクセル数	assertNotElementPositionLeft
要素の縦方向の座標値の合致	assertElementPositionTop	ロケータ	ピクセル数	assertNotElementPositionTop
要素の幅の値の合致	assertElementWidth	ロケータ	ピクセル数	assertNotElementWidth
2つの要素の表示順の合致	assertOrdered	先にあるべき要素のロケータ	あとにあるべき要素のロケータ	assertNotOrdered
選択されているoption要素のidの合致	assertSelectedId	select要素のロケータ	option要素のid	assertNotSelectedId
すべての選択されているoption要素のidの合致	assertSelectedIds	select要素のロケータ	カンマ区切りのoption要素のid	assertNotSelectedIds
選択されているoption要素のインデックスの合致	assertSelectedIndex	select要素のロケータ	option要素のインデックス	assertNotSelectedIndex
すべての選択されているoption要素のインデックスの合致	assertSelectedIndexes	select要素のロケータ	カンマ区切りのoption要素のインデックス	assertNotSelectedIndexes
選択されているoption要素のラベル文字列の合致	assertSelectedLabel	select要素のロケータ	option要素のラベル文字列	assertNotSelectedLabel
すべての選択されているoption要素のラベル文字列の合致	assertSelectedLabels	select要素のロケータ	カンマ区切りのoption要素のラベル文字列	assertNotSelectedLabels

（続く）

表10.6　その他のHTML要素の値の検証コマンド（続き）

検証内容	コマンド	対象フィールドに入力するデータ	値フィールドに入力するデータ	逆のコマンド
選択されているoption要素のvalueの合致	assertSelectedValue	select要素のロケータ	option要素のvalue	assertNotSelectedValue
すべての選択されているoption要素のvalueの合致	assertSelectedValues	select要素のロケータ	カンマ区切りのoption要素のvalue	assertNotSelectedValues
いずれかのoption要素の選択	assertSomethingSelected	select要素のロケータ	（なし）	assertNotSomethingSelected
要素の可視	assertVisible	ロケータ	（なし）	assertNotVisible

ポップアップ

JavaScriptによって表示される3種類のポップアップについて検証するコマンドは、表10.7の通りです。

表10.7　JavaScriptポップアップの検証コマンド

検証内容	コマンド	対象フィールドに入力するデータ	値フィールドに入力するデータ	逆のコマンド
Alertダイアログの存在	assertAlert	Alertダイアログのメッセージ	（なし）	assertNotAlert
Alertダイアログの存在	assertAlertPresent	（なし）	（なし）	assertAlertNotPresent
Confirmダイアログの存在	assertConfirmation	Confirmダイアログのメッセージ	（なし）	assertNotConfirmation
Confirmダイアログの存在	assertConfirmationPresent	（なし）	（なし）	assertConfirmationNotPresent
Promptダイアログの存在	assertPrompt	Promptダイアログのメッセージ	（なし）	assertNotPrompt
Promptダイアログの存在	assertPromptPresent	（なし）	（なし）	assertPromptNotPresent

ページ全体の値の検証

ページ全体の値を一括取得して検証するコマンドは、表10.8の通りです。扱いが難しいので、できるだけ使わないほうがよいでしょう。

表10.8 ページ全体の値を一括取得して検証するコマンド

検証内容	コマンド	対象フィールドに入力するデータ	値フィールドに入力するデータ	逆のコマンド
ボタンの存在	assertAllButtons	カンマ区切りのid	（なし）	assertNotAllButtons
input要素の存在	assertAllFields	カンマ区切りのid	（なし）	assertNotAllFields
リンクの存在	assertAllLinks	カンマ区切りのid	（なし）	assertNotAllLinks
識別子が合致するウィンドウの存在	assertAllWindowIds	カンマ区切りのウィンドウ識別子	（なし）	assertNotAllWindowIds
名前が合致するウィンドウの存在	assertAllWindowNames	カンマ区切りのウィンドウ名	（なし）	assertNotAllWindowNames
タイトルが合致するウィンドウの存在	assertAllWindowTitles	カンマ区切りのウィンドウタイトル	（なし）	assertNotAllWindowTitles
ページ全体の表示文字列の合致	assertBodyText	文字列	（なし）	assertNotBodyText
すべてのoption要素のラベル文字列の合致	assertSelectOptions	select要素のロケータ	カンマ区切りのoption要素のラベル文字列	assertNotSelectOptions

その他

以上のほか、やや特殊な用途で利用するコマンドを、**表10.9**にまとめました。なかなか使う機会はないと思われますが、このようなコマンドが存在することを記憶しておいてもよいでしょう。

表10.9 特殊な用途で利用するコマンド

検証内容	コマンド	対象フィールドに入力するデータ	値フィールドに入力するデータ	逆のコマンド
すべてのCookieの値の合致	assertCookie	Cookieの文字列	（なし）	assertNotCookie
指定した名前のCookieの値の合致	assertCookieByName	Cookieの名前	Cookieの値	assertNotCookieByName
指定した名前のCookieの存在	assertCookiePresent	Cookieの名前	（なし）	assertCookieNotPresent
JavaScriptの返り値の合致	assertEval	JavaScriptコード	JavaScriptコードの返り値	assertNotEval

（続く）

表10.9　特殊な用途で利用するコマンド（続き）

検証内容	コマンド	対象フィールドに入力するデータ	値フィールドに入力するデータ	逆のコマンド
入力値と検証値の合致	assertExpression	入力値	入力値と同じ値	assertNotExpression
HTMLソースコードの合致	assertHtmlSource	HTMLソースコード	（なし）	assertNotHtmlSource
URLの合致	assertLocation	URL文字列	（なし）	assertNotLocation
mousemoveイベントを起こす移動量の合致	assertMouseSpeed	ピクセル数	（なし）	assertNotMouseSpeed
Selenium IDEの実行速度の合致	assertSpeed	ミリ秒	（なし）	assertNotSpeed
XPathと合致する要素の数の合致	assertXpathCount	XPath	合致した要素数	assertNotXpathCount

verify

　verify系のコマンドでは、検証した値が期待値と合致しなかったときにテストケースの実行を途中で終了させず、エラーログを表示して継続します。いずれのコマンドについても、「Not」フレーズが追加された逆の検証を行うコマンドが用意されています。

　verify系のコマンド体系はassert系とまったく同じですので、コマンド一覧の記載は省略します。

waitFor

　waitFor系のコマンドでは、検証した値が期待値と合致するまでテストケースの実行を進めずに待機します。待機時間には制限（タイムアウト）を設定でき、制限時間に達した場合はテストケースの実行が途中で終了します。この特性からwaitFor系のコマンドは、JavaScriptによる非同期処理など、次のコマンドに移るまでに一定の待機時間が必要になる部分で活用できます。既定のタイムアウト時間は30秒ですが、setTimeoutコマンドを使って任意に設定できます。

　多くのコマンドについて、「Not」フレーズが追加された逆の検証を行うコマンドが用意されています。一部のコマンドには用意されていません。

　waitFor系のコマンド体系はassert系とほぼ同じですのでコマンド一覧の記載は省略しますが、検証対象であるWebページの読み込み処理が完了したか

10.5 値を検証・待機・保持するコマンド

検証するコマンドのみ、表10.10に記載します。

表10.10 Webページの読み込み処理が完了したか検証するコマンド

検証内容	コマンド	対象フィールドに入力するデータ	値フィールドに入力するデータ	逆のコマンド
JavaScriptコードの返り値がtrueか	waitForCondition	JavaScriptコード	タイムアウトまでのミリ秒	（なし）
新しいフレームの読み込みが完了したか	waitForFrameToLoad	frame要素のロケータ	タイムアウトまでのミリ秒	（なし）
新しいページの読み込みが完了したか	waitForPageToLoad	タイムアウトまでのミリ秒	（なし）	（なし）
新しい子ウィンドウのページの読み込みが完了したか	waitForPopUp	ウィンドウの識別子	タイムアウトまでのミリ秒	（なし）

store

store系のコマンドでは、値を変数として保持できます。保持した変数は、「${変数名}」という書式で呼び出せるようになり、ほかのコマンドの引数として利用できるようになります。

store系のコマンド体系はassert系とほぼ同じですので、コマンド一覧の記載は省略します。

例として、図10.40のコマンドのように、store系のコマンドで取得した値を、変数sampleVariableに設定します。設定した変数の内容は、echoコマンドを使ってログに出力して確認します。

コマンド	対象	値
open	/reserveApp_Renewal/	
type	id=datePick	2015/06/30
storeValue	id=datePick	sampleVariable
echo	${sampleVariable}	

図10.40 storeValueの設定例

実行してログを確認すると、図10.41のように変数に値が設定されて、echoコマンドで出力できたことがわかります。

```
[info] Executing: |type | id=datePick | 2015/06/30 |
[info] Executing: |storeValue | id=datePick | sampleVariable |
[info] Executing: |echo | ${sampleVariable} | |
[info] echo: 2015/06/30
[info] Test case passed
```

図10.41　Selenium IDEのログに出力された変数sampleVariable

期待値でのパターンマッチングの利用

　Selenium IDEの期待値には、単純に合致する値のほか、正規表現などのパターンマッチング文字列を設定できます。パターンマッチングを行いたい場合は、期待値の直前にラベルを記述して指定しましょう。指定できるラベルは表10.11に挙げる4種類です。

表10.11　Selenium IDEで利用できるパターンマッチングのラベル

ラベル	意味
glob:文字列	ワイルドカードを含む文字列を利用する。使用できるワイルドカードは「*」(任意の0文字以上の文字列)「?」(任意の1文字)の2種類である
regexp:正規表現パターンの文字列	JavaScriptで利用可能な正規表現パターンを利用する。英字の大文字・小文字の区別がある
regexpi:正規表現パターンの文字列	JavaScriptで利用可能な正規表現パターンを利用する。英字の大文字・小文字の区別がない
exact:文字列	ワイルドカードも正規表現もない、完全一致の文字列であることを明示する

　たとえば、assertValueコマンドで期待値を「先頭が"2015"の文字列」としたい場合、図10.42のように値フィールドでglobラベルを利用できます。

```
コマンド  assertValue
対象     id=datePick
値       glob:2015*
```

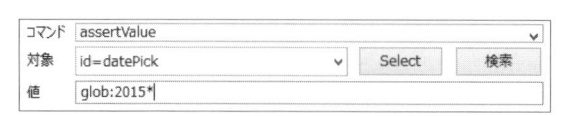

図10.42　globラベルの利用例

10.6　Selenium IDEのプラグイン

　Selenium IDEには、さらにプラグインを追加できます。特殊なコマンドを追加したり、機能を拡張したりできます。本節では、よく使われるプラグインを紹介します。

Implicit Wait

- URL：https://addons.mozilla.org/En-us/firefox/addon/selenium-ide-implicit-wait/
- 開発プロジェクト：https://code.google.com/p/selenium-implicit-wait/

テスト対象の要素がページ内に出現するまで待機できるようになります。待機するタイムアウト時間はミリ秒単位で任意に設定できます。

SelBlocks

- URL：https://addons.mozilla.org/En-us/firefox/addon/selenium-ide-sel-blocks/
- 開発プロジェクト：https://github.com/refactoror/SelBlocks

プログラミング言語ではよく使われる、if文・while文・for文・foreach文などの制御構造を実現するコマンドを、Selenium IDEで利用できるようになります。

制御構造を実現するプラグインはほかにもいくつかありますが、SelBlocksが最も多機能です。

Highlight Elements

- URL：https://addons.mozilla.org/en-US/firefox/addon/highlight-elements-selenium-id/
- 開発プロジェクト：http://blog.reallysimplethoughts.com/

Selenium IDEのテストケースを再生している間、操作されている要素をハイライト表示できるようになります。

File Logging

- URL：https://addons.mozilla.org/en-US/firefox/addon/file-logging-selenium-ide/
- 開発プロジェクト：http://blog.reallysimplethoughts.com/

Selenium IDEのログを、指定したファイルに保存できるようになります。

ScreenShot on Fail

- URL：https://addons.mozilla.org/en-US/firefox/addon/screenshot-on-fail-selenium/
- 開発プロジェクト：http://blog.reallysimplethoughts.com/

Selenium IDEのテストケースの実行に失敗したときに、自動的に画面キャプチャを取得できるようになります。

Test Results

- URL：https://addons.mozilla.org/en-US/firefox/addon/test-results-selenium-ide/
- 開発プロジェクト：http://blog.reallysimplethoughts.com/

Selenium IDEのテストケースの実行結果を、HTML形式で出力できるようになります。

Power Debugger

- URL：https://addons.mozilla.org/en-US/firefox/addon/power-debugger-selenium-ide/
- 開発プロジェクト：http://blog.reallysimplethoughts.com/

Selenium IDEのテストケースの実行に失敗したときに、再生を自動的に一時停止して、失敗したコマンドの次からすぐにテストケースを再開できるようになります。

10.7 WebDriver-Backed

Seleniumには、「WebDriver-Backed」と呼ばれるしくみがあります。これは、テストコード側はSelenium RCのAPIを使用しつつ、内部ではWebDriverのAPIに処理を振り向けるしくみです。

Selenium RCがベースになっているSelenium IDEでも、このしくみを使うことができます。これにより、通常は再生用のブラウザにFirefoxしか使えないところを、Internet ExplorerやChromeなどでも再生できるようになります。ク

ロスブラウザチェックなどで有効な局面があれば活用してみましょう。

環境の準備

まず、WebDriverでブラウザを操作するときに必要なソフトウェア（IEDriverサーバやChromeDriverサーバなど）を、3章を参考にして準備してください。

次に、Seleniumサーバを公式サイト[注6]からダウンロードしましょう（図10.43）。Seleniumサーバはブラウザのリモート操作をネットワーク経由で行えるようにするもので、Selenium IDEのWebDriver-Backedは、同じマシンで起動しているSeleniumサーバを利用します。

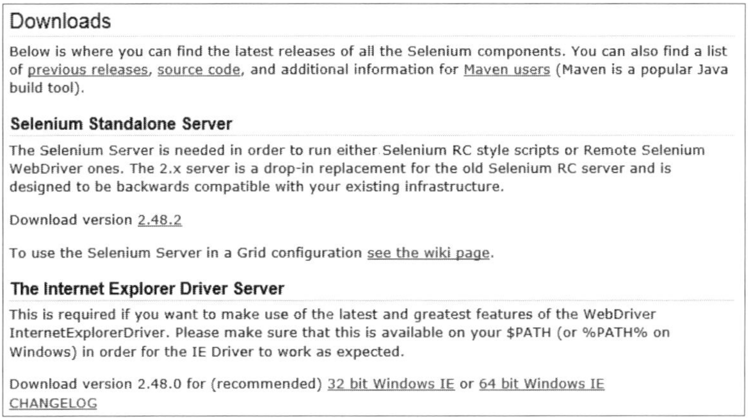

Downloads

Below is where you can find the latest releases of all the Selenium components. You can also find a list of previous releases, source code, and additional information for Maven users (Maven is a popular Java build tool).

Selenium Standalone Server

The Selenium Server is needed in order to run either Selenium RC style scripts or Remote Selenium WebDriver ones. The 2.x server is a drop-in replacement for the old Selenium RC server and is designed to be backwards compatible with your existing infrastructure.

Download version 2.48.2

To use the Selenium Server in a Grid configuration see the wiki page.

The Internet Explorer Driver Server

This is required if you want to make use of the latest and greatest features of the WebDriver InternetExplorerDriver. Please make sure that this is available on your $PATH (or %PATH% on Windows) in order for the IE Driver to work as expected.

Download version 2.48.0 for (recommended) 32 bit Windows IE or 64 bit Windows IE
CHANGELOG

図10.43　公式サイトの、Seleniumサーバの配布ページ

準備ができたら、次のコマンドのようにシステムプロパティを設定してSeleniumサーバを起動しましょう。

```
$ java -Dwebdriver.chrome.driver=ChromeDriverのファイルパス -Dwebdriver.ie.river
=IEDriverServerのファイルパス -jar selenium-server-standalone-***.jar 実際は1行
```

Selenium IDEの設定

Selenium IDEを起動して、「オプション」メニューの「設定」を選択し、設定画面を開いたら、「WebDriver」タブを選択してください（図10.44）。

注6　http://www.seleniumhq.org/download/

第 10 章　Selenium IDE

図10.44　設定画面の「WebDriver」タブ

「Enable WebDriver Playback」にチェックを入れると、以後のテストケースの再生ではFirefoxを操作せずに、別に起動したSeleniumサーバを経由してブラウザを操作するようになります。

操作されるブラウザは、この画面のテキストフィールドで指定されたブラウザになります。試しに「chrome」と入力して、Chromeが操作されるようになるか確認してみましょう。入力が完了したら「OK」を押して、Selenium IDEを一度再起動してください。

WebDriver-Backedで再生

Selenium IDEを再起動したら、これまでFirefoxを操作していたテストケースを実行してみましょう。FirefoxではなくChromeが起動して操作されれば成功です。

10.8 UI マッピング

　WebDriverを利用したプログラミングにおけるデザインパターンとしては、6章で紹介したように、テストのシナリオとテスト対象のページ構造を表すオブジェクトを分離する、ページオブジェクトパターンがよく使われています。Selenium IDEでテストコードを作成する場合に同様のパターンを実現するときは、「UIマッピング」と呼ばれる手法を使うことができます。

　UIマッピングでは、ページごとのテスト対象の要素のロケータに別名を付け、定義ファイルにまとめておきます。こうすると、テストケースではロケータを直接記述しないで、論理的な別名でテスト対象の要素を指定できるようになります。

　定義ファイルでは、**リスト10.2**のサンプルコードのようにUIMapオブジェクトにテスト対象の要素の定義を追加していきます。

リスト10.2　UIMap定義ファイル（myFirstMap.js）

```
var myFirstMap = new UIMap();

// テスト対象のページの定義を追加
myFirstMap.addPageset(
  {
    name:        'SamplePage',              // ページの定義の名前
    description: 'This is a sample page.',  // ページの定義の説明文
    pathRegexp:  '.*'
  }
);

// テスト対象のページ内の、テスト対象の要素の定義を追加
myFirstMap.addElement(
  'SamplePage',    // テスト対象の要素が存在するページの名前
  {
    name:        'SampleElement',              // 要素の定義の名前
    description: 'This is a sample element.',  // 要素の定義の説明文
    locator:     'id=sample'                   // 要素のロケータ
  }
);
```

　この定義ファイルに「myFirstMap.js」という名前を付けて、Selenium IDEから参照できるよう設定してみましょう。「オプション」メニューから「設定」を選択し、設定画面の「一般」タブで「Selenium Core拡張スクリプト（user-extensions.js）のパス」に定義ファイルのパスを指定してください（**図10.45**）。

第10章　Selenium IDE

図10.45　Selenium Core拡張スクリプトにUIMap定義ファイルを設定

ここまで設定すると、Selenium IDEの「対象」フィールドのプルダウンメニューで、定義済みのUIロケータを選択できるようになります（**図10.46**）。

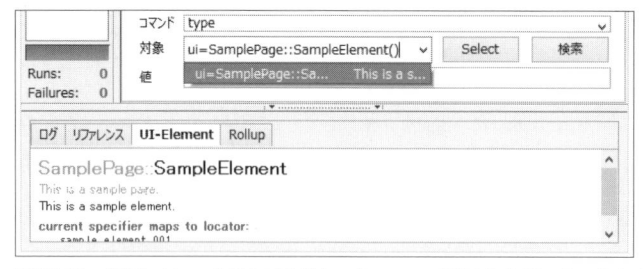

図10.46　「対象」フィールドのプルダウンメニューで定義されたUIロケータを呼び出す

定義したページと要素の名前で、ロケータを指定できるようになりました。

なお、10.3節の「ロケータの自動判定機能の調整（Locator Builders）」でも取り上げた通り、この状態になると操作記録時のロケータ自動判定でも、合致するUIマッピングの定義が選択されるようになります。

236

第11章 スマートフォンのテストとAppium

　最近では、Webアプリケーションの多くがPCだけでなく、スマートフォンにも対応させることが求められます。したがって、これまで紹介してきたようなPCブラウザを用いたPC用Webサイトのテストと同様に、スマートフォン向けテストも当然必要となります。

　本章では、Seleniumを使ってPCブラウザからスマートフォン用Webサイトのテストを行う方法と、Seleniumと同じコマンド体系でスマートフォンのエミュレータ・実機を操作できるAppiumを使ってスマートフォン用Webサイトのテストを行う方法を紹介します。

11.1 スマートフォンのテストとは

スマートフォンのテストの種類

　一般的に、あるサービスがスマートフォン対応である場合、次のパターンがあります。

- Webサイトをスマートフォンのブラウザに最適化する
- スマートフォン用アプリを提供する
    - ネイティブアプリ
    - ハイブリッドアプリ

　Webサイトをスマートフォンのブラウザに最適化するということは、見た目もそうですが、スマートフォン独特のスワイプ・タップ・ロングタップといった操作を可能にし、スマートフォン的なUIを提供するということです。したがって、テストでもそのような操作を実行できる必要があります。

　スマートフォン用アプリには、ネイティブアプリとハイブリッドアプリの2パターンがあります。ハイブリッドアプリとは、更新の簡単なWebサイトとリッチな表現が可能なネイティブアプリの両方をあわせもつアプリのことで、たとえ

ば、Apache Cordova[注1]のようなハイブリッドアプリフレームワークを利用すれば、簡単に作成できます。

　テストもこの合計3パターンに対応したものが必要になります。本書は「Selenium本」なので、このうちWebサイトのテストに関して主に取り扱います。

　なお、ハイブリッドアプリのテストに関しては、15章において、ハイブリッドアプリに対するテストを事例として紹介しています。

スマートフォン用Webサイトのテスト

　スマートフォン用Webサイトの自動テストを実施する最も簡単な方法は、PCブラウザのユーザエージェントとウィンドウサイズをスマートフォンのものに変更することです。これは、開発しているWebアプリケーションにスマートフォンでアクセスしていると伝え、スマートフォンと同様のUIをPCブラウザからテストする方法です。

　利用するブラウザに、Safariを利用すればMobile Safariと、PC版Chromeを利用すればスマートフォン版Chromeと、それぞれほぼ同等の見た目や動作が得られます。一般にスマートフォン用Webサイトを開発する際は、SafariやPC版Chromeのモバイルエミュレーションを利用しておおまかな見た目や動作を確認しますが、それと同様のやり方となります。このようにPCブラウザを利用する、WebDriverを用いたスマートフォン用Webサイトのテストに関しては11.2節で紹介します。

　ただし、この方法では、PCブラウザでは起こらないが、スマートフォン用ブラウザだけで起こるような問題や、特定のOSのブラウザだけで起こるような問題を発見することはできません。そのような特定のOSや、OSに同梱されているブラウザで自動テストを実施するために、エミュレータやシミュレータを利用します。

　エミュレータやシミュレータ内でテストスクリプトを実行することは大変です。実行する際は、エミュレータやシミュレータをホストしているPC上でテストスクリプトを動かし、エミュレータやシミュレータ上のブラウザを起動して自動操作します。したがって、ただ単純に自動テストと同一のマシン上にインストールされているPCブラウザを動かすテストより、問題が起こる可能性が高くなります。

注1　https://cordova.apache.org/

エミュレータやシミュレータの利用により、特定のOSのブラウザで起こる問題の多くを発見できるようになりました。しかし、特にAndroidで顕著ですが、特定端末でのみ起こる問題はわかりません。そのようなメーカーに特徴的な問題やハードウェアに起因する問題を発見するには、実機を利用する必要があります。もちろんAndroidに限らず、当然、実機を利用したほうが実際の利用状況に近く、より多くの問題を発見できる可能性があります。

本書では、エミュレータやシミュレータおよび実機のブラウザを操作するテストを実施するツールとして、Seleniumと同じコマンド体系で操作できるAppiumを取り上げます。Appium自体は11.3節で、Appiumを利用した各種ブラウザの操作方法は11.4節と11.5節で紹介します。

スマートフォン用アプリのテスト

スマートフォン用アプリ自体のテストにはさまざまなテストライブラリがあります。たとえば、テストの記録・再生ができる非エンジニアにもお勧めのMonkeyTalk[注2]や、早くからiOSとAndroidの両方に対応していたCalabash[注3]、それに加え、本書で解説するAppiumがあります。

Appium自体の説明は11.3節で行いますが、他のテストライブラリとの違いは、実際にリリースするアプリをそのままテストできるという点です。MonkeyTalkやCalabashでは、ライブラリを組み込んでテスト用にビルドする必要があるのですが、Appiumは何かを組み込む必要はなく、リリース候補のアプリを直接利用できます。

スマートフォンのテストに利用できるSelenium関連ツール

本書では詳しく取り扱いませんが、Appium以外でエミュレータ・シミュレータ・実機上のブラウザおよびアプリを操作する際に利用できるSelenium関連ツールは次の通りです。

- ChromeDriver
- Selendroid[注4]
- ios-driver[注5]

注2 https://www.cloudmonkeymobile.com/monkeytalk
注3 http://calaba.sh/
注4 http://selendroid.io/
注5 https://ios-driver.github.io/ios-driver/

Android 4.4以降の標準ブラウザであるスマートフォン版Chromeを自動操作するには、ChromeDriverが利用可能です。ChromeDriverは3.2節で説明したようなPC版Chromeだけでなく、エミュレータやスマートフォンの実機にインストールされたスマートフォン版Chromeと、WebViewベースのアプリを操作できます。本章で紹介するAppiumも、スマートフォン版Chromeを操作する場合は、内部的にChromeDriverを利用しています。

一方、Android 2.3のような古いAndroidの標準ブラウザを操作するには、Selendroidが利用できます。厳密には、標準ブラウザそのものではなく、シンプルなWebViewを利用したアプリの操作になります。

ios-driverを利用すると、iOSのMobile Safariやアプリを操作できます。

エミュレータを利用するか実機を利用するか

本書ではスマートフォンのテストについて、PCブラウザを利用して擬似的に実施する方法から実機を使う方法まで、さまざまな手段を利用する方法を紹介してます。正確にテストしたいのであれば実機だけを使えばよいのではないか、という意見もあると思います。

しかし、実機でテストするということは、実機ならではの物理的な制約に基づく問題が起こるようになります。たとえば、テスト実行時に消費される電力のほうがUSBから給電される電力より大きな場合には、長時間連続してテストしていくとどんどん電池が減っていき、最終的に電力不足で電源が落ちてしまうというような問題があります。

また、そのような技術的に解決できる問題ならよいですが、そもそも実機をテスト専用として確保し続けること自体が、組織の制約上難しいといった状況も多くあります。さらに、多種多様にわたる実機を多数確保し、それを管理するコストもかなりのものになります。

PCブラウザよりエミュレータやシミュレータ、それよりは実機を利用したテストと、より実際に則したテストを行うほうが、より細かい問題を発見できます。しかし、これはテストを実行すること自体のコストとトレードオフの関係にあります。スマートフォンの、特に実機を利用したテストは、PCブラウザを使うテストに比べてまだまだ枯れた技術とはなっていないので、実施にあたってさまざまな問題が起こります。自分たちが行いたいテストはどういうものかを意識し、適切なテスト方法を選択することが求められます。

11.2 PCブラウザによるスマートフォン用Webサイトのテスト

　本節では、WebDriverを利用し、PCブラウザでスマートフォン用Webサイトのテストをする方法について説明します。

　前節でも説明したように、スマートフォン用Webサイトのブラウザ自動テストを行うとき、PCブラウザ、シミュレータ・エミュレータ、実機の順に問題の再現度は高くなります。これは実際の使われる環境に近いためです。しかし、実機やシミュレータ、エミュレータを利用するほうが、テストの安定性を高めたりテスト環境を構築したりすることが難しくなる、というトレードオフの関係にあります。現状では、そもそもスマートフォンの自動テスト自体が成熟しているわけではないため、テストの安定性やテスト環境の構築は無視できない要素です。

　PCブラウザを利用したスマートフォン用Webサイトの自動テストは、実機特有で起こる問題などを検出するためではなく、主にそのスマートフォン用Webサイトの機能性を検証するために行います。

　スマートフォン用WebサイトのテストをPCブラウザからする場合、一般的にSafariまたはPC版Chromeを利用します。iOSではMobile Safariが、Android 4.4以降ではスマートフォン版Chromeが標準ブラウザになっており、それぞれモバイルブラウザのシェアの1位と2位を占めています。これらのブラウザに性質が近いSafariやPC版Chromeを利用することは、まったく関係ないブラウザを利用するよりは効果の高いテストになるだろうということです。

　また、PhantomJSを利用することも多くあります（PhantomJSに関しては3.2節を参照してください）。PhantomJSはヘッドレスで、CI（*Continuous Integration*、継続的インテグレーション）との相性もよいためです。PhantomJSを利用する場合は、さらに機能性の確認に特化した形になります。

PCブラウザでテストする場合の注意事項

　PCブラウザを利用してスマートフォン用Webサイトのテストを行う場合の大事な要素としては、次の3つが挙げられます。

❶ スマートフォンが利用するユーザエージェントとしてアクセスすること
❷ スマートフォン特有のタッチイベントを利用すること
❸ スマートフォンのウィンドウサイズでアクセスすること

PCブラウザを利用してスマートフォン用Webサイトにアクセスする場合、そもそもPC用Webサイトにリダイレクトされてしまうことがあります。そのうえ、ユーザエージェントごとに機能を変化させる場合もあります。したがって、PCブラウザを利用する場合には、❶のようにユーザエージェントをモバイルブラウザのものに偽装してあげる必要があります。

　また、スマートフォン用Webサイトの場合ではスワイプやタップのような、スマートフォン特有の操作に対応していることが多くあります。したがって❷のように、PCブラウザでそのようなスワイプやタップといった処理をエミュレートしなければいけません。

　さらに、たとえばレスポンシブデザインのように、ブラウザの表示領域に従って、レイアウトを組み替えたり、一部機能を表示させなかったりすることがあります。特に、ウィンドウサイズの違いで機能の出し分けが変わるような場合には、❸のように当然ウィンドウサイズを変更する必要があります。

　したがって、PCブラウザを利用してスマートフォン用Webサイトのテストを行う際にもこれら3つのことを実現しなければなりません。また、このとき気をつけたいことは、たとえばウィンドウサイズをスマートフォンのものにして、その描画が正しく行われているからといって、実機でも正しく表示されているとは限らないことです。何度も言いますが、PCブラウザを利用したスマートフォン用Webサイトのテストはあくまで機能性の確認のみにとどめ、UIに関してのテストは別途行う必要があります。

　以降では、PCブラウザを利用をしてスマートフォン用Webサイトのテストをするために必要な設定のやり方および注意点を、Safari、PC版ChromeおよびPhantomJSそれぞれに対して説明します。

　なお、ウィンドウサイズに関しては4.6節で説明済みなので、本節ではユーザエージェントの変更方法と、タッチイベントについて説明します。

Safariを利用したテスト

　このテストにはSafariDriverのセットアップが必要です。セットアップ方法については3.2節を参照してください。

Safariのユーザエージェントの設定

　まず、ユーザエージェントの設定方法ですが、SafariはSafari自体の起動オプションやSeleniumの設定では動的にユーザエージェントを変更できません。

11.2 PCブラウザによるスマートフォン用Webサイトのテスト

そもそもSafari自体には、**図11.1**のように開発用にユーザエージェントを変更する機能があるものの、これは手動でしか設定できず、自動では設定できません。また、手動で設定したとしても、これはタブごとの設定であり、設定したタブを閉じた場合はその設定自体が消えてしまいますし、新しいタブを開いた場合にもその設定は引き継がれません。

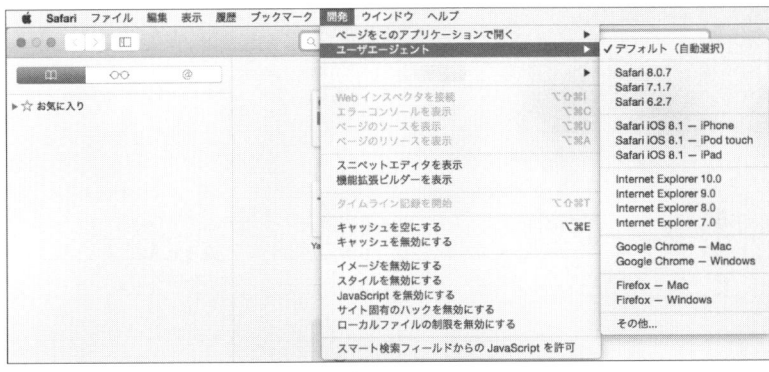

図11.1　Safariのユーザエージェントの設定

そこで、Mac OS Xのdefaultsコマンドを利用してSafariのユーザエージェントのデフォルト値を設定することで、Seleniumから利用したときにあらかじめ設定したユーザエージェントの値を利用するようにします。

図11.2のコマンドはiOS 8.2のiPhoneのユーザエージェントに設定する例となります。このデフォルト値は、Safariの起動時に利用されます。つまり、Safariが起動したままだと反映されないので、このコマンドは必ずSafariが終了していることを確認してから実行してください。

図11.2　defaultsコマンドを利用したSafariのユーザエージェントの設定

```
$ defaults write com.apple.Safari CustomUserAgent\
"\"Mozilla/5.0 (iPhone; CPU iPhone OS 8_2 like Mac OS X) AppleWebKit/600.1.4 (K
HTML, like Gecko) Version/8.0 Mobile/12D508 Safari/600.1.4\""
```

実行してからSafariを起動し、スマートフォン用Webサイトがあるサイトにアクセスすると、PC用ではなく、スマートフォン用のページが表示されるはずです。

■ タッチイベント

Safariでは標準でタッチイベントが利用できます。**リスト11.1**は右方向に

10［pixel］だけ、スピード10［pixel/sec］でフリックする例です。この移動距離や移動速度は現在の画面のズーム状態によって変化する相対的な値なので注意してください。

リスト11.1　タッチイベント実行例

```
package org.openqa.selenium.interactions.touch.TouchActions;

int x = 10;
int y = 0;
int speed = 10;

new TouchActions(driver)
    .flick(driver.findElement(By.id("data")), x, y, speed)
    .perform();
```

Seleniumでサポートしている主なTouchActionを**表11.1**にまとめました。基本的な概念はマウスのコマンドと同じなので、4.10節も参考にしてください。

表11.1　主なTouchAction

メソッド	説明
singleTap(WebElement onElement)	onElementの中心をシングルタップする
scroll(WebElement onElement, int xOffset, int yOffset)	onElementをxOffsetとyOffsetだけスクロールする
scroll(int xOffset, int yOffset)	画面全体をxOffsetとyOffsetだけスクロールする
doubleTap(WebElement onElement)	onElementの中心をダブルタップする
longPress(WebElement onElement)	onElementの中心を長押しする
flick(int xSpeed, int ySpeed)	x方向にxSpeed[pixel/sec]、y方向にySpeed[pixel/sec]でフリックする
flick(WebElement onElement, int xOffset, int yOffset, int speed)	onElementをx方向にxOffset、y方向にyOffsetでspeed[pixel/sec]でフリックする

PC版Chromeを利用したテスト

このテストにはChromeDriverのセットアップが必要です。セットアップ方法については3.2節を参照してください。

Chromeのユーザエージェントの設定

ChromeにはDeveloper Toolsという開発者サポート機能があります。Web

11.2 PCブラウザによるスマートフォン用Webサイトのテスト

の開発を行うときには、その中のデバイスモードという機能を利用して、表示するウィンドウサイズや解像度を変更しつつデバッグを行っていくというスタイルが一般的になっています。図11.3はChromeにデバイスモードを適用した際の画面です。

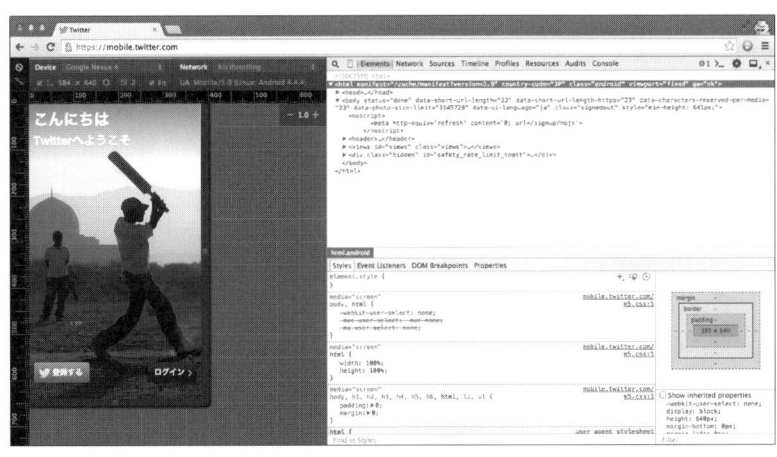

図11.3　Chromeのデバイスモード適用時

　SeleniumからもChromeのデバイスモード機能は利用可能です。ただし利用には、ChromeDriverサーバ2.11以上が必要になります。デバイスモード機能を使ってモバイルエミュレーションをすると、ユーザエージェントも解像度も任意に設定でき、また、Chromeがタッチイベントをエミュレートしてくれるようになります。

　モバイルエミュレーションを利用するには、ChromeDriverインスタンスの生成時に**リスト11.2**のようにCapabilitiesを設定します。

リスト11.2　Google Nexus 4のエミュレーションモード

```
Map<String, String> mobileEmulation = new HashMap<String, String>();
mobileEmulation.put("deviceName", "Google Nexus 4");

Map<String, Object> chromeOptions = new HashMap<String, Object>();
chromeOptions.put("mobileEmulation", mobileEmulation);

DesiredCapabilities caps = DesiredCapabilities.chrome();
caps.setCapability(ChromeOptions.CAPABILITY, chromeOptions);
```

　この例では、デバイス名としてGoogle Nexus 4を指定しました。**図11.4**のように、Seleniumにより起動したChromeがGoogle Nexus 4のウィンドウサ

245

イズや解像度のものになり、画面もそのサイズになっていることがわかります。

図11.4　Google Nexus 4を指定したときの画面

　指定できるデバイス名は、実際にChromeのデバイスモードで設定できるものになります。デバイスモードのリストにないものを利用したい場合は、**リスト11.3**のように個別にパラメータを指定することもできます。

リスト11.3　モバイルエミュレーションパラメータの設定

```
Map<String, String> deviceMetrics = new HashMap<String, Object>();
deviceMetrics.put("width",      480);
deviceMetrics.put("height",     960);
deviceMetrics.put("pixelRatio", 1.0);
```

タッチイベント

　デバイスモードを利用すると、タッチイベントもエミュレートしてくれます。Safariでのタッチイベントを起こすコードがそのまま動作します。
　また、モバイルエミュレーションモードを利用せず、タッチイベントだけを利用したい場合は、--touch-eventsオプションを指定してChromeを起動します。ChromeDriverでコマンドライン引数を指定する方法に関しては4.2節を参照してください。

PhantomJSを利用したテスト

このテストにはPhantomJS自体のセットアップが必要です。セットアップ方法については3.2節を参照してください。

PhantomJSのユーザエージェントの設定

PhantomJSでは、リスト11.4のようにユーザエージェントを設定します。

リスト11.4　PhantomJSのユーザエージェントの変更

```
String userAgent = "Mozilla/5.0 (iPhone; CPU iPhone OS 8_2 like Mac OS X) "
    + "AppleWebKit/600.1.4 (KHTML, like Gecko) "
    + "Version/8.0 Mobile/12D508 Safari/600.1.4";

DesiredCapabilities cap = DesiredCapabilities.phantomjs();
cap.setCapability("phantomjs.page.settings.userAgent", userAgent);
```

1点注意する必要があるのは、PhantomJSでは、現状このユーザエージェントの設定は、Seleniumによりタブを開いたときにだけ反映される点です。したがって、Webページ内でのwindow.openイベントにより新しいタブが開いた場合には、デフォルトのユーザエージェントが利用されてしまいます。

タッチイベント

PhantomJSは、もともと特別な設定をしなくてもタッチイベントが利用できます。したがって、Safariでのタッチイベントを起こすコードがそのまま動作します。

11.3　Appium

本節では、スマートフォン向けサイトやスマートフォン向けアプリのテストライブラリであるAppium[注6]の概要とその導入方法を説明します。スマートフォンのブラウザの操作に関する具体的な使い方に関しては11.4節および11.5節でも説明するので、そちらも合わせて読んでください。

注6　http://appium.io/

SeleniumとAppium

本書は、Seleniumに関する本という位置付けですが、Appiumも例にもれずSelenium関連のツールです。Appiumは「App」+「Selenium」から作られた言葉で、簡単に言うとSeleniumでスマートフォンのアプリを操作するためのツールです。スマートフォンにおけるブラウザも1つのアプリなので、当然、Appiumを用いてブラウザを操作できます。

このブラウザを含めたアプリの操作は、Seleniumで利用しているJSON Wire Protocolの拡張であるMobile JSON Wire Protocol[注7]で実現されています。

Mobile JSON Wire Protocol

Mobile JSON Wire Protocolは、スマートフォンのアプリを操作可能にするプロトコルです。JSON Wire ProtocolからMobile JSON Wire Protocolで拡張された主なAPIがcontextです。

JSON Wire Protocolが対象としてきたブラウザという概念とは異なり、モバイルデバイス向けアプリには複数のレイヤーが存在します。典型的な例では、ハイブリッドアプリは、ネイティブのレイヤーとWebViewのレイヤーを同時に有しています。このネイティブとWebViewを切り替えて利用するものがcontextとなります。

このMobile JSON Wire Protocolの拡張部分に関しては、WebDriver APIの次バージョンとして取り込まれる予定です。したがって、Seleniumの一部のクライアントライブラリにおいては、この拡張が先行して取り込まれています。たとえば、Javaでは先述のcontextの切り替えはすでに実装されています。もちろん、そもそも本書執筆時点でWebDriver API自体がW3C標準として正式に発行されてはいないので、次のバージョンというのもまだだいぶ先になるでしょう。

また、Mobile JSON Wire ProtocolはJSON Wire Protocolの拡張なので、基本的にAppiumではSeleniumのコマンドがそのまま使えます。

Appium独自コマンド

Mobile JSON Wire Protocolに加えて、Appium独自のコマンドも利用できます。主な独自コマンドを表11.2に示します。

注7 https://github.com/SeleniumHQ/mobile-spec/blob/master/spec-draft.md

表11.2　主なAppium独自コマンド

メソッド名	概要
installApp	アプリをインストールする
removeApp	アプリをアンインストールする
launchApp	アプリを起動する
closeApp	アプリを終了する
rotate	端末を回転させる
pinch	ピンチアウトする
zoom	ズームインする
hideKeyboard	キーボードを非表示にする

　これらのコマンドを駆使することで、アプリを起動したり終了したりといった主にモバイルデバイスに関する操作が可能となります。これらは特に、アプリを操作するときに利用頻度が高くなります。

AppiumDriverの導入方法

　Appiumにおいて拡張されたこれらのコマンドを使うために、Appiumクライアントライブラリを利用します。Appium公式サイトによると、AppiumのクライアントライブラリはJava・Ruby・JavaScript・C#・Python・PHPから利用可能です。本書ではこれまでと同様、サンプルコードにはJavaを利用します。

　AppiumのJavaのクライアントであるAppiumDriverは、Mavenのリポジトリ[注8]からダウンロードできます。AppiumはSeleniumのクライアントライブラリへの依存関係があるので、そちらもダウンロードが必要です。

　pom.xmlはリスト11.5のようになります。

リスト11.5　Appiumのpom.xml

```
<dependency>
  <groupId>io.appium</groupId>
  <artifactId>java-client</artifactId>
  <version>3.2.0</version>
</dependency>
```

注8　https://search.maven.org/#search%7Cga%7C1%7Cg%3Aio.appium%20a%3Ajava-client

Appium の Capabilities

Selenium において、各ブラウザを利用するときには対象ブラウザに合わせた Capabilities を設定する必要があるように、Appium には Appium 用の Capabilities が必要になります。Appium の主な Capabilities を表 11.3 にまとめました。

表11.3　Appium の主な Capabilities

名前	概要
platformName	iOS・Android など、操作したい OS を指定する
platformVersion	OS のバージョンを指定する（たとえば Android 4.4 の場合は 4.4 と指定する）
deviceName	iPhone Simulator や Google Nexus 4 のようなデバイスの名前を指定する（ただし Android では現状無視される）
browserName	Safari、Chrome、Browser など、操作したいブラウザの名前を指定する
app	アプリを操作する場合そのファイルパスもしくは URL を指定する。指定したアプリが自動的にインストールされる
automationName	Android 2.3 などの古い Android OS を操作する場合に指定する

なお、これらの Capabilities の具体的な利用方法に関しては、11.4 節と 11.5 節を参照してください。

Appium サーバの導入方法

Appium サーバ自体の動作には、Node.js が必要となります。もちろん、Appium サーバとクライアントライブラリ間は HTTP 通信ベースの Mobile JSON Wire Protocol でやりとりされるので、Appium サーバが Node.js で動作していても、さまざまな言語のクライアントライブラリから利用可能です。

本章では iOS も扱うため、説明に用いる環境は Mac OS X を利用します。また、Mac OS X 内のパッケージ管理システムとしては Homebrew を利用しています。

Appium サーバは、Node.js のパッケージ管理システムである npm を利用して、図 11.5 のコマンドでインストールします。Node.js および npm の導入に関しては、3.1 節を参照してください。

11.3 Appium

図11.5　Appiumのインストール

```
$ npm install -g appium
```

Appiumサーバをインストールすると、appiumコマンドが利用できるようになります。まずは図11.6のようにそのまま起動してみます。

図11.6　Appiumの起動

```
$ appium
info: Welcome to Appium v1.4.7 (REV 3b1a3b3ddffa1b74ce39015a7a6d46a55028e32c)
info: Appium REST http interface listener started on 0.0.0.0:4723
info: Console LogLevel: debug
```

Appiumサーバが起動すると、図11.6のように4723番ポートで待ち受けています。この待ち受けポートはappiumコマンドの-pオプションで指定できます。AppiumサーバはクライアントがNegocia接続してくると、iOSのUIAutomation[注9]やAndroidのUI Automator[注10]を利用して、モバイルアプリやモバイルブラウザを操作できるようになります。

Appiumサーバのインストールが済んだのち、Android、iOSそれぞれの設定を行う必要があります。この設定が正しいかは、図11.7のようにappium-doctorコマンドで確認できます。図11.7では、iOSの設定は済んでいるが、Androidの設定が済んでいないことが示されています。

図11.7　appium-doctorコマンドによる診断

```
$ appium-doctor
Running iOS Checks
✔ Xcode is installed at /Applications/Xcode.app/Contents/Developer
✔ Xcode Command Line Tools are installed.
✔ DevToolsSecurity is enabled.
✔ The Authorization DB is set up properly.
✔ Node binary found at /usr/local/bin/node
✔ iOS Checks were successful.

Running Android Checks
✘ ANDROID_HOME is not set
Appium-Doctor detected problems. Please fix and rerun Appium-Doctor.
```

以降、AndroidとiOSそれぞれに対して必要な設定を説明します。

注9　iOSの操作を自動化するためのツールです。
注10　Androidの操作を自動化するためのツールです。

Android開発環境の設定

まず、Androidの開発環境を設定します。図11.8のように、Homebrewからandroid-sdkをインストールします。

図11.8　Android開発環境のインストール

```
$ brew update
$ brew install android-sdk
```

インストールが終わると、androidコマンドが利用できるようになります。図11.9のようにそのまま実行すると、Android SDK Managerが起動します。

図11.9　Android SDK Managerの起動

```
$ android
```

Android SDK Managerを起動したら、Android SDK Platform-toolsとAndroid SDK Build-toolsをインストールします。図11.10のように2つのチェックボックスにチェックを入れたら、「Install 2 packages...」を押し、ライセンスに同意してインストールします。

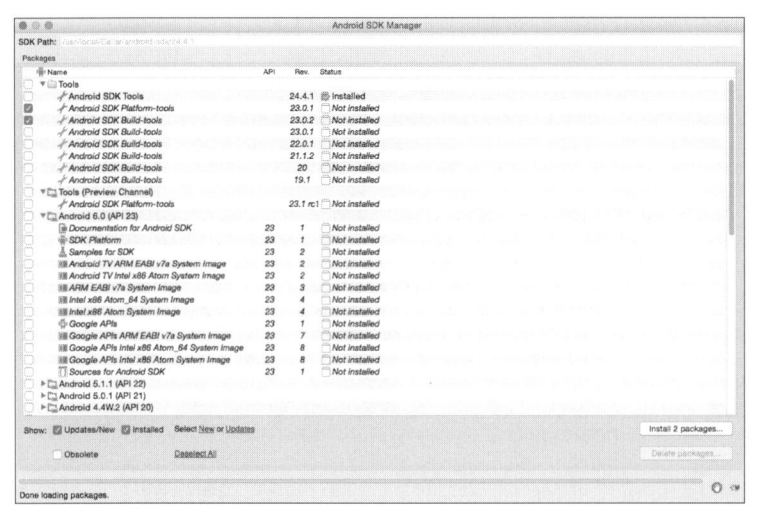

図11.10　Android SDK Manager

次に、環境変数ANDROID_HOMEを設定します。Homebrewはandroid-sdkを/usr/local/opt/android-sdkにインストールするので、こちらを環境変

数として設定します。**リスト11.6**を使用しているシェルの設定ファイルに記述します（.bash_profileなど）。

リスト11.6　環境変数の設定

```
export ANDROID_HOME=/usr/local/opt/android-sdk
```

以上の設定が済めば、appium-doctorコマンドのAndroidの設定結果が成功になります（なお、Androidの設定状況だけを確認したい場合は、appium-doctor --androidと実行します）。

次に、Appiumから利用するAndroidのエミュレータおよび実機の設定を行います。

Androidのエミュレータの設定

まず、Androidのエミュレータをインストールします。先ほどのAndroid SDK Managerから必要なSDKをインストールします。今回は例としてAndroid 4.4.2のSDKとそのエミュレータをインストールします。

図11.11のように、Android 4.4.2のSDKと、ExtrasのIntel x86 Emulator Accelerator（以降HAXM）を選択し[注11]、インストールします。

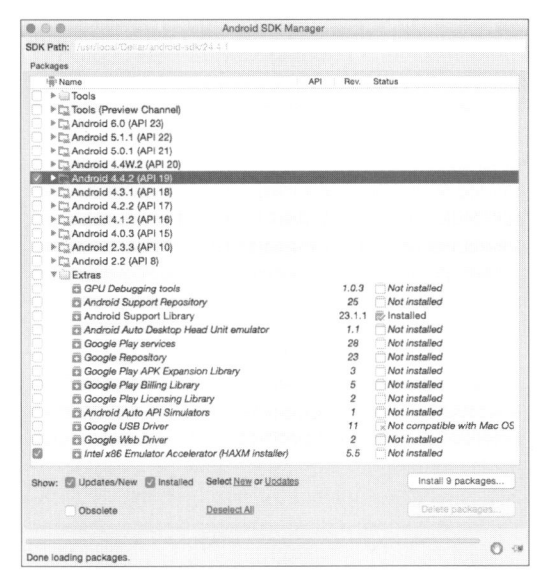

図11.11　Android SDKとHAXMのインストール

注11　Androidエミュレータを動作させるPCのCPUがIntel VT-xに対応している場合のみ有効になります。また、CPU自体は対応していてもBIOSの設定により、Intel VT-x機能が有効になっていない場合もあります。

多くのAndroid端末はARMアーキテクチャのCPUを採用していますが、PCの多くはx86アーキテクチャであり、Androidエミュレータのデフォルトである ARMアーキテクチャのエミュレータを利用した場合、動作が非常に遅くなるという問題点があります。そのような動作の遅いエミュレータ上でブラウザを操作すると、たとえばレンダリングの実行に時間がかかってしまい、SeleniumやAppiumのコマンドがタイムアウトしてしまいます。そこで、x86アーキテクチャで動作するAndroidエミュレータと、HAXMによるx86仮想化を利用した高速に動作するエミュレータを利用して、そのような問題を防止します。

Android SDK ManagerはHAXMをダウンロードするだけなので、図11.12のコマンドを実行してダウンロード先[注12]のディレクトリを開き、IntelHAXM_1.1.5.dmg[注13]を実行して、展開されたIntelHAXM_1.1.5.mkpgをインストールしてください。

図11.12　IntelHAXM_1.1.5.dmgの表示

```
$ open /usr/local/Cellar/android-sdk/24.4.1/extras/intel/Hardware_Accelerated_
Execution_Manager/   実際は1行
```

次に、図11.13のコマンドを実行してAndroid Virtual Device（以降AVD）Managerを起動し、エミュレータ用のAVDを作成します。起動したAVD Managerは図11.14のようになっています。

図11.13　AVD Managerの起動

```
$ android avd
```

注12　コマンド中に、利用しているAndroid SDKのバージョンが入っていることに注意してください。
注13　2015年12月時点のバージョンなので、バージョンアップされている可能性があります。

図11.14　AVD Manager

　AVD Managerを起動したら、「Create...」をクリックしてAVDを作成します。図11.15のように先ほどインストールしたAndroid 4.4.2を使用することや、CPU/ABI（*Application Binary Interface*）としてx86を利用することなどを設定します。

図11.15　AVDの作成画面

AVDを作成すると、AVD Manager上に作成したAVDが表示されて「Start...」が有効になるので、そこからエミュレータを起動できます。また、作成したAVDの名前を利用してターミナルからも実行できます（**図11.16**）。

図11.16　エミュレータの起動

```
$ emulator -avd hello_android
```

エミュレータ起動時に、コンソールに「emulator: ERROR: x86 emulation currently requires hardware acceleration!」といったメッセージが出る場合は、HAXMのインストールが正しくできていないので、インストールやBIOSの設定を見直してください。

以上で、Androidエミュレータの設定が完了し、Appiumから操作可能になります。

Androidの実機の設定

Androidの実機をAppiumから利用するには、Appiumサーバが起動しているマシンに対し、USBデバッグを許可してある端末をUSBで接続する必要があります。

USBデバッグを許可するには、Android端末の開発者向けオプションで設定する必要があります。Android 4.2以前では、この開発者向けオプションは設定内にあったのですが、最近のAndroidでは隠しモードになっています。これを有効にするには、端末情報の「ビルド番号」を連打します。連打すると、デベロッパになったというメッセージが出て、設定画面の下のほうに開発者向けオプションが表示されるようになります。

開発者向けオプションが利用できるようになったら、USBデバッグを有効にしてください。有効にした状態でPCにUSB接続すると、**図11.17**のようにUSB接続された実機が認識されます。

図11.17　実機接続の確認

```
$ adb devices
List of devices attached
d970d75 device
```

この状態になっていれば、Appiumから操作可能となります。また、図11.17の実行結果の「d970d75」は端末を識別するシリアルIDとなります。複数のエミュレータ・接続された端末がある場合、adb -s d970d75というように、-sオ

プションで操作する端末を指定することができます。

iOS開発環境の設定

iOSに関しては、いわゆるiOSの開発環境である、XcodeやXcode Command Line Tools、iOSシミュレータのインストールが必要になります。Xcodeのインストールに関しては本書では説明しません。

また、iOSの実機を操作するには、Apple Developer Programへの登録・プロビジョニングプロファイルの取得・Apple Developer Member Centerへの操作する実機の登録などが必要になることがあります。本書では紙面の都合上、これらの設定方法に関しては説明しません。少し複雑な手順が必要ですが、Web上にはこの説明を丁寧に行っているサイトはたくさんあるので、そちらを参考にしてください。また、Xcode 7を利用する場合、必ずしも上記の登録は必要ではありません。

iOSのシミュレータの設定

iOSのシミュレータを利用するには、XcodeからiOSシミュレータをダウンロードします。図11.18のようにXcodeの設定からダウンロードを開き、希望のバージョンのiOSシミュレータをダウンロードしてください。

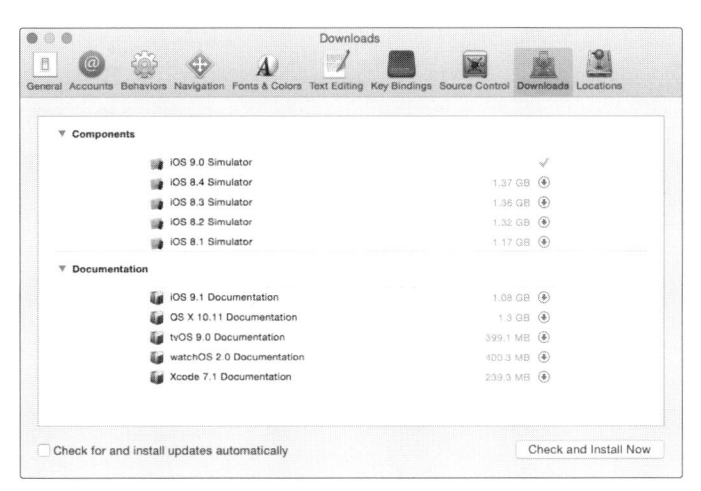

図11.18 iOSシミュレータのダウンロード

以上で、iOSのシミュレータがAppiumから操作可能になります。

11.4 AppiumでのAndroid版Chromeの操作

　本節では、AndroidエミュレータおよびAndroid実機のAndroid版ChromeをAppiumにより操作する方法を説明します。

　端末にAndroid版Chromeがインストールされている必要があるので、Google Playからインストールしてください。

　AppiumからAndroidのエミュレータおよび実機を操作できるようになるレベルの設定は11.3節で説明しました。Androidの場合、Android版Chromeのインストールが済んでいれば、エミュレータでも実機でも同様にAppiumから利用できます。本節ではエミュレータを例として説明します。

ChromeDriverサーバの設定

　AppiumからAndroid版Chromeを操作するとき、内部的には3.2節で説明したChromeDriverサーバを利用しています。このChromeDriverサーバは、Appiumをインストールした際に一緒にインストールされます。

　ChromeDriverサーバを利用してAndroid版Chromeを操作する場合、Android OS上の/data/localというディレクトリを読み書きできるようになっていないといけません。こちらは、図11.19のようにadbコマンドを利用して権限の設定をします。

図11.19　Android版Chromeの設定

```
$ adb start-server
$ adb shell su -c chmod 777 /data/local
```

　/data/localの権限の設定ができたら準備完了です。

Android版Chromeの操作

　以降は、AppiumDriverを利用していきます。AppiumDriverのインストール方法は11.3節を参照してください。

Appiumサーバの起動

　AppiumDriverからAndroid版Chromeを操作するには、Appiumサーバ

を起動する必要があります。AppiumDriver に Appium サーバが待ち受けるエンドポイントを引数として与え、AppiumDriver インスタンスを生成します。Appium サーバの起動は、図 11.20 のように appium コマンドで行います。

図 11.20　Appium サーバの起動

```
$ appium
info: Welcome to Appium v1.4.7 (REV 3b1a3b3ddffa1b74ce39015a7a6d46a55028e32c)
info: Appium REST http interface listener started on 0.0.0.0:4723
info: Console LogLevel: debug
```

AppiumDriver の実行

Appium サーバが起動すると、デフォルトでは図 11.20 のように 4723 番ポートで待ち受けています。このポートに AppiumDriver を使って接続します。リスト 11.7 を実行すると、エミュレータの Android 版 Chrome が自動的に立ち上がり、サンプルサイトにつながります。

リスト 11.7　Android 版 Chrome の起動

```java
import io.appium.java_client.AppiumDriver;

import org.openqa.selenium.By;
import org.openqa.selenium.remote.DesiredCapabilities;

public class SampleScript {
    public static void main(String[] args) {
        DesiredCapabilities capabilities = new DesiredCapabilities();
        capabilities.setCapability("platformName", "Android");
        capabilities.setCapability("platformVersion", "4.4");
        capabilities.setCapability("deviceName", "Google Nexus 4");
        capabilities.setCapability("browserName", "Chrome");

        WebDriver driver = new AppiumDriver(
            new URL("http://127.0.0.1:4723/wd/hub"), capabilities);
        driver.get("http://example.selenium.jp/reserveApp");
        driver.findElement(By.id("guestname")).sendKeys("サンプルユーザ");
        driver.findElement(By.id("goto_next")).click();
        driver.quit();
    }
}
```

この例では、Capabilities として、platformName、platformVersion、deviceName、browserName を指定しています。本来は、deviceName で端末を指定できる仕様なのですが、Android においては現状無視されます。なお、Appium の Capabilities の詳細については、11.3 節を参照してください。

以上により、Android版Chromeが起動できます。リスト11.7のように、基本的にはWebDriverと同じコマンドでAndroid版Chromeが操作可能になります。

11.5　AppiumでのiOSのMobile Safariの操作

Androidの場合、実機でもエミュレータでもAppiumのセットアップの大変さはそれほど変わりませんでした。しかし、iOSにおいてはシミュレータと実機ではセットアップの難しさが大きく違います。

本節では、まずセットアップが簡単なシミュレータに関して説明します。実機でのセットアップ方法に関してはAppiumに関連する設定のみを説明し、Apple Developer Programへの登録方法などの説明は行いません。

iOSシミュレータの設定

iOSシミュレータは、Xcodeからのダウンロードが完了していれば、図11.21のコマンドを実行するだけでAppiumを操作できる設定が完了し、Mobile Safariを起動して操作することができます。このauthorize_iosコマンドは、Appiumをインストールするときにインストールされています。

図11.21　iOS Simulatorの設定

```
$ sudo authorize_ios
```

シミュレータ上のMobile Safariの操作

11.4節で説明したように、AppiumDriverはAppiumサーバを自動では起動してくれないので、図11.20のようにAppiumサーバを起動しておく必要があります。

リスト11.8のようにAppiumDriverインスタンスを生成すると、シミュレータ上のMobile Safariを操作できます。リスト11.8により、シミュレータが自動的に立ち上がり、シミュレータ上でMobile Safariが起動してMobile Safariを操作することが可能になります。Mobile Safariの起動の様子は図11.22となります。

11.5 Appium での iOS の Mobile Safari の操作

リスト11.8　シミュレータ上のMobile Safariの操作

```
DesiredCapabilities capabilities = new DesiredCapabilities();
capabilities.setCapability("platformName", "iOS");
capabilities.setCapability("platformVersion", "9.0");
capabilities.setCapability("deviceName", "iOS Simulator9.0");
capabilities.setCapability("browserName", "Safari");

WebDriver driver = new AppiumDriver(
    new URL("http://127.0.0.1:4723/wd/hub"),
    capabilities);
driver.get("http://example.selenium.jp/reserveApp");
driver.findElement(By.id("guestname")).sendKeys("サンプルユーザ");
driver.findElement(By.id("goto_next")).click();
driver.quit();
```

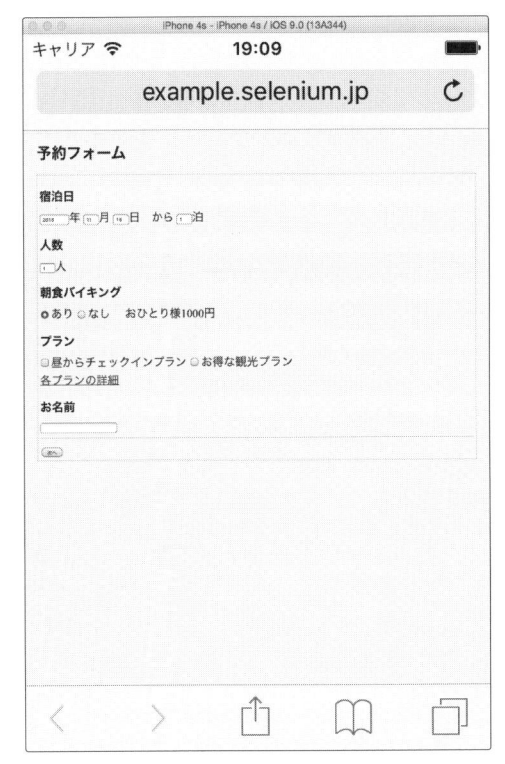

図11.22　iOSシミュレータ上でのMobile Safariの起動

iOS実機のMobile Safariの操作

　シミュレータでの利用は非常に簡単でしたが、iOS実機の場合はAppiumに加えて2つのツールが必要になります。Safari Launcher[注14]とios-webkit-debug-proxy[注15]です。

　前項では、「シミュレータが自動的に立ち上がり、シミュレータ上でMobile Safariが起動してMobile Safariを操作することが可能になります」と説明しました。iOS実機を操作するにはUSBで接続すればよいので、「シミュレータが自動的に立ち上がり」の部分に関しては問題ありません。「シミュレータ上でMobile Safariが起動して」の部分を実機上で実現するためにSafari Launcherが、「Mobile Safariを操作することが可能になります」の部分を実現するためにios-webkit-debug-proxyが必要になります。

　以降、Safari Launcherとios-webkit-debug-proxyの設定を行います。これらの設定を行うことで、iOSシミュレータと同様にiOS実機が操作可能となります。

Safari Launcherのビルド

　シミュレータ上でMobile Safariが自動で起動したのは、シミュレータにインストールされているMobile SafariをAppiumがいったん削除し、Appium-MobileSafari.appというアプリを自動的にインストールして起動していたためです。しかし、そもそも実機ではMobile Safariの削除ができません。そこで、Mobile Safariを起動するためだけのアプリをインストールし、そこからMobile Safariを起動します。このアプリがSafari Launcherです。したがって、実機のMobile Safariを毎回手動で起動するのであれば、実はSafari Launcherは必要ありません。

　Safari Launcherを開発用の実機にインストールするためには、Safari Launcherを開発用にビルドする必要があります。このビルドの方法に関しては、Appium付属のビルドコマンドを利用する方法と、Xcode 7を利用して直接Safari Launcherをビルドする方法があります。それぞれのビルド方法を簡単に説明します。

　Appium付属のビルドコマンドを利用する場合、Apple Developer Member Centerの設定と、プロビジョニングプロファイルの取得や実機の登録などが

注14　https://github.com/snevesbarros/SafariLauncher
注15　https://github.com/google/ios-webkit-debug-proxy

済んでいる必要がありますが、図11.23の手順でSafari Launcherがビルドできます。Appium自体にSafari Launcherのビルドをするスクリプトであるreset.shがあるので、それを実行しています。コマンド中のCODE_SIGNとPROFILEは環境に応じて読み替えてください。この方法でビルドしたSafari Launcherは、Appium実行時に自動的にインストールされます。

図11.23 Safari Launcherのビルド

```
$ git clone https://github.com/appium/appium.git
$ cd appium
$ ./reset.sh --ios --real-safari\
   --code-sign CODE_SIGN\
   --profile PROFILE
```

Xcode 7を利用してビルドする場合は、この--code-signオプションや--profileオプションに指定すべき情報を自動的に解決してくれます。ビルド手順の詳細は省略しますが、ビルドの際にBUNDLE IDENTIFIERをcom.bytearc.SafariLauncherに設定する必要があります。なお、Xcode 7でビルドすると、Appiumの実行時ではなくビルド時に実機へのインストールまで実行されます。したがって、複数の実機を利用したい場合は、それぞれの実機に対してXcode 7でビルドしてインストールする必要があります。

ios-webkit-debug-proxyのインストール

シミュレータ上のMobile Safariが操作可能になったのは、Mac OS Xからシミュレータ上のAppium-MobileSafari.appのChrome Remote Debugging Protocol[注16]を利用できたためです。実機にはセキュリティ上の制限があり、Mobile Safariの当該プロトコルに直接アクセスすることはできません。そこで、ios-webkit-debug-proxyを利用して、Chrome Remote Debugging ProtocolをWebインスペクタ[注17]のプロトコルに変換し、実機上のMobile Safariを操作します。

AppiumサーバをインストールしただけではないようなHomebrewからインストール可能です。

注16 https://developer.chrome.com/devtools/docs/debugger-protocol
注17 https://developer.apple.com/safari/tools/

図11.24　ios-webkit-debug-proxyのインストール

```
$ brew install ios-webkit-debug-proxy
```

　また、Webインスペクタを利用できるように、実機の設定をする必要があります。**図11.25**のように「設定」>「Safari」>「詳細」>「Webインスペクタ」を有効にします。

図11.25　Webインスペクタの有効化

　なお、ios-webkit-debug-proxyは、将来的にはappium-remote-debugger[注18]に置き換えられるようです。これは、Appiumの堅牢性を改善し、複雑性を解決するためで、大幅なプロジェクトの見直し[注19]の一環となります。これはAppium 1.5としてリリースが予定されているそうです。

Mobile Safariの起動

　以上の2つのセットアップが済んでいれば、シミュレータと同様にiOS実機のMobile Safariを操作可能になります。

注18　https://github.com/appium/appium-remote-debugger
注19　https://github.com/appium/appium/issues/5169

Appiumサーバについては、**図11.26**のようにappiumコマンドに--udidオプションを付けて起動します。指定する値は、実機が接続してあればXcodeやiTunes上などから確認できます。環境に応じて読み替えてください。

図11.26　iOS実機を動かすためのAppiumサーバの起動

```
$ appium --udid UDID
```

これで、**リスト11.9**のようにMobile Safariに合ったCapabilitiesを設定すると、実機のMobile Safariが起動し、シミュレータと同じように操作可能になります。Capabilitiesの各値は環境に応じて読み替えてください。また、deviceNameやudidに指定する値はXcodeやiTunes上から確認できます。

リスト11.9　iOS実機のMobile Safariの操作

```
DesiredCapabilities capabilities = new DesiredCapabilities();
capabilities.setCapability("platformName", "iOS");
capabilities.setCapability("platformVersion", "9.0");
capabilities.setCapability("deviceName", "xxx's iPhone");
capabilities.setCapability("browserName", "Safari");
capabilities.setCapability("udid", "UDID");

WebDriver driver = new AppiumDriver(
    new URL("http://127.0.0.1:4723/wd/hub"),
    capabilities);
driver.get("http://example.selenium.jp/reserveApp");
driver.findElement(By.id("guestname")).sendKeys("サンプルユーザ");
driver.findElement(By.id("goto_next")).click();
driver.quit();
```

第12章 CI環境での利用

 ここまでの章に書かれていたことが一通りできるようになると、今度は自分の開発環境で動かしていたものを共有のサーバ上のCI環境に移して、自動的に実行したくなることでしょう。本章では、SeleniumのCI環境を作るための準備、Jenkinsを併用したCI環境の構築、そしてCI環境の処理を複数ノードに分けるためのSelenium Gridの使い方を解説します。

12.1 前提

 CI（*Continuous Integration*、継続的インテグレーション）とは、ソフトウェア開発の際にビルドやテスト、コード解析などを習慣的に頻繁に行うことで、不具合や問題点を早い時期に見つけて対処できるようにする手法です。共有のサーバに構築したCI環境で自動的に実施するのが普通です。
 本章の説明対象とするCI環境のサーバのOSは、LinuxまたはWindowsとします。Mac OS Xなど、他のOSをCI環境とする場合は、ファイルパスなどを適宜読み替えてください。

12.2 コマンドラインツールでの Selenium の実行

 自動的なビルドやテストの実施を確実にするために、CI環境では、細かい自動実行が難しいGUIツールよりもコマンドラインツールがよく利用されます。Seleniumを利用する場合も例外ではありません。ここまでの章では、主にEclipseなどGUIのIDE上でSeleniumを利用する方法を解説してきましたが、CIサーバでの実行方法を知るために、まずはコマンドラインツールでの利用方法も確認してみましょう。

標準的なコンソール実行

コマンドラインツールでのSeleniumの実行と言っても特別なことはなく、3章で例示したように、プログラミング言語ごとの標準的なコンソールプログラムの実行方法でテストスクリプトを実行するだけです。

たとえば、JavaでJUnitのテストスクリプトであるSampleTest.javaを実行するためのコマンドは、図12.1のようになります。

図12.1　Javaでのテストスクリプトの実行コマンドのサンプル

```
コンパイルと実行（Linuxの場合。どちらも実際は1行）
$ javac -classpath "lib/selenium-java-***.jar:lib/junit-dep-***.jar:lib/*" -d
bin src/jp/selenium/sample/test/SampleTest.java
$ java -classpath "bin:lib/selenium-java-***.jar:lib/junit-dep-***.jar:lib/*"
org.junit.runner.JUnitCore jp.selenium.sample.test.SampleTest
```

```
コンパイルと実行（Windowsの場合。どちらも実際は1行）
C:>javac -classpath "lib\selenium-java-***.jar;lib\junit-dep-***.jar;lib\*" -d
bin src\jp\selenium\sample\test\SampleTest.java
C:>java -classpath "bin;lib\selenium-java-***.jar;lib\junit-dep-***.jar;lib\*"
org.junit.runner.JUnitCore jp.selenium.sample.test.SampleTest
```

この方法だけ知っていれば十分なように感じるかもしれません。しかし、あとあとの手間を考えると、この方法よりも、次に説明するビルドツールの利用を選択したほうがよい場合が多いです。

ビルドツールの利用

標準的なコンソール実行でのコマンドは冗長になりがちで、記述量が多いうえ、コマンドを見ただけでは本質的に何をやっているのかがわかりにくいです。ビルドツールを利用することで、CIサーバに乗せるような定型的なテスト実行であれば、意味のわかりやすい簡潔な記述で設定できるようになります。

たとえば、図12.1のコマンドのうち、依存するライブラリパスに関する設定をJava向けのビルドツールであるMavenを利用して最も簡潔な形で書き換えると、リスト12.1のようになります。

リスト12.1　Mavenの設定ファイル（pom.xml）のサンプル

```
<project xmlns="http://maven.apache.org/POM/4.0.0" xmlns:xsi="http://www.w3.org
/2001/XMLSchema-instance"
  xsi:schemaLocation="http://maven.apache.org/POM/4.0.0 http://maven.apache.org
/xsd/maven-4.0.0.xsd">
```

```xml
<modelVersion>4.0.0</modelVersion>
<groupId>SeleniumSimpleSample</groupId>
<artifactId>SeleniumSimpleSample</artifactId>
<version>0.0.1-SNAPSHOT</version>
<dependencies>
  <dependency>
    <groupId>org.seleniumhq.selenium</groupId>
    <artifactId>selenium-java</artifactId>
    <version>利用するバージョン番号</version>
  </dependency>
  <dependency>
    <groupId>junit</groupId>
    <artifactId>junit</artifactId>
    <version>利用するバージョン番号</version>
  </dependency>
</dependencies>
</project>
```

ここまで記述すると、Mavenでテストを実行するためのコマンドは次の1行だけになります。プロジェクト構造などの記述されていない部分についてはMavenの既定値で補完されるので、既定値に合わせてプロジェクト構造を調整することで記述量を減らすことができます。

```
$ mvn -Dtest=SampleTest test
```

何の情報が何のために設定されているか、何をするためのコマンドが実行されるのか、意味がわかりやすい状態になりました。

このようなしくみはJavaとMavenの組み合わせに限った話ではなく、一般的なビルドツールはいずれも同様のしくみを持っています。CI環境はもちろん、IDE環境でもビルドツールを積極的に活用していきましょう。

12.3 CIサーバ上でのSelenium実行環境の整備

CIサーバ上でSeleniumテストスクリプトを実行する場合も、ブラウザやドライバなど実行環境の構築方法は、3章に記載したIDE向けの構築方法と同様です。3章の記述をもとにセットアップしましょう。

一方で、CIサーバは開発用PCとは異なる構成で構築されることが多く、3章に記載した方法だけではうまく動作しないことも多いでしょう。本節では、CIサーバとしてよく利用されるLinuxとWindowsにプラットフォームを絞り、特に考慮すべき点や、追加で必要になる作業などについてのTIPSを紹介します。

Linux

ディストリビューションの選択

メジャーなLinuxディストリビューションのうち、Seleniumの実行環境として利用しやすいのはUbuntuです。Seleniumサーバ以外の必要なソフトウェアがすべて公式のaptリポジトリに登録されているため、Linuxの管理に慣れていない人でも簡易に環境を構築できるでしょう。

Red Hat Enterprise Linux（以降RHEL）や、CentOSなどのエンタープライズ向けRed Hat系ディストリビューションが選ばれるケースも多いでしょうが、Chromeの検証環境としては利用できないので注意しましょう。エンタープライズ向けRed Hat系ディストリビューションではChromeはサポート外とされており、ChromeDriverサーバの公式ビルドも動作しません。自作ビルドなどの応急処置による対応も可能ですが、細かく複雑な手順であり、インストールしたあとのバージョン管理も難しくなるので、推奨はできません。

ヘッドレス環境向けの設定

Linuxサーバは、GUIコンソールがないヘッドレス環境として構築されるケースが多いでしょう。しかしこの状態では、ブラウザを表示するための画面がないためブラウザを起動できず、Seleniumの実行も必ず失敗してしまいます。

この状態を解決する効率のよいやり方として、仮想的な画面でブラウザを動かすという手法がよく使われます。

—— PhantomJS

PhantomJSは、3章でも紹介した通り、画面がなくても起動・実行できる特殊なブラウザです。あまりブラウザの種類にこだわらなくてもよい場合は、CI環境向けのよい選択肢となるでしょう。

—— Xvfbとブラウザの併用

Xvfb[注1]は、Linux環境で仮想的な画面を作るソフトウェアです。ヘッドレス環境でも、ブラウザを仮想的な画面で起動・実行できます。一般に使われるFirefoxなどのブラウザをSeleniumで操作してユーザの操作を再現したい場合は、よい選択肢となるでしょう。

注1　http://www.x.org/archive/X11R7.6/doc/man/man1/Xvfb.1.xhtml

Xvfbは各ディストリビューションの公式リポジトリに登録されています。図12.2、図12.3にyumとaptによるインストールコマンドのサンプルを掲載します。

図12.2　yumを使ったインストールコマンドのサンプル
```
$ sudo yum install xorg-x11-server-Xvfb
```

図12.3　aptを使ったインストールコマンドのサンプル
```
$ sudo aptitude install xvfb
```

Xvfbは、テストスクリプトを実行してブラウザが起動される前に起動しましょう。まず、Xvfbを起動して、待ち受け状態にします。この際、任意のサーバ番号を指定する必要があります。図12.4の例では、サーバ番号を1、画面番号を0、画面解像度を1366×768ピクセル、色深度を24ビットとしています。

図12.4　Xvfbの起動コマンドのサンプル
```
$ Xvfb :1 -screen 0 1366x768x24
```

Xvfbが起動したら、ブラウザを起動させるセッションで、あらかじめ環境変数DISPLAYを設定しましょう。Xvfbの起動時に指定したサーバ番号を、図12.5の例のように設定します。このあとに起動するブラウザの画面は、Xvfbの仮想的な画面に表示されます。

図12.5　環境変数DISPLAYの設定コマンドのサンプル
```
$ export DISPLAY=:1
```

Xvfbは、テストスクリプトの開始前に起動・終了後に停止させるとよいでしょう。

Windows

ローカルシステムアカウントと、対話的デスクトップ

Windows環境には、ほとんどの場合GUIがあるように見えます。しかし、バックグラウンドプロセス用の特権ユーザであるローカルシステムアカウント（SYSTEMユーザ）により実行されるサービスはGUIがない状態で実行されることが多く、このサービスの下ではブラウザが正常に動かないことに注意しましょう。

12.3 CI サーバ上での Selenium 実行環境の整備

たとえば、後述のJenkins[注2]で管理されているSeleniumの実行ジョブでは、サービスと同様にブラウザもGUIなしのローカルシステムアカウントで起動されてしまい、Seleniumが正常に動作しないことがあります。このような場合、サービスにGUIの使用を許可することでSeleniumを正常に動作させることができます。

Windowsでは、図12.6のようにサービスのプロパティの「ログオン」タブを開くと、サービスを動かすユーザを指定できるようになっています。ここで「ローカルシステムアカウント」が選択されているときに「デスクトップとの対話をサービスに許可」のチェックが外れていると、このサービスはGUIがない状態で起動します。

図12.6 サービスのプロパティ

「デスクトップとの対話をサービスに許可」にチェックを付けると、サービスの起動時に仮想的なGUIもあわせて起動するようになります。これで、GUIがないと動作しないブラウザも、バックグラウンドプロセス専用の仮想的なデスクトップで動作させることができるようになります。

注2　https://jenkins-ci.org/

12.4 Jenkins

CI環境の基盤としてよく使われているソフトウェアの1つが、Jenkinsです。簡単かつ柔軟なジョブ管理が可能で、どのOSで動かしても同じように定時実行ジョブを設定できるほか、定時実行以外のさまざまなイベント（例: Gitリポジトリの特定のブランチへのコミット）をジョブの実行のトリガにできるので、CIを実施するタイミングを適切に設定できます。

Jenkinsは汎用性が高いソフトウェアで、非常に多くの用途で利用できます。本節では、Seleniumを利用したテストスクリプトを実行する環境としての用途に絞り、これに必要な設定を解説していきます。また、Jenkins単体で、複数のマシンでテスト実行ジョブを分散実行するための設定についても紹介します。

Jenkinsの導入時のTIPS

本項ではJenkins本体の詳細な導入方法については記載しませんが、導入時に問題になりやすい2つの点と、本節の説明で利用する追加プラグインのみ記載します。

LTS Releaseの選択

Jenkinsには2種類のリリースパッケージ「Release」「LTS（*Long-Term Support*）Release」があります。これらはリリースの基準や頻度が異なるので、使い方や管理の手間などを考えて、自分の用途に適したものを選びます。特別な理由がなければ、安定版であるLTSパッケージを選択しましょう（図12.7）。

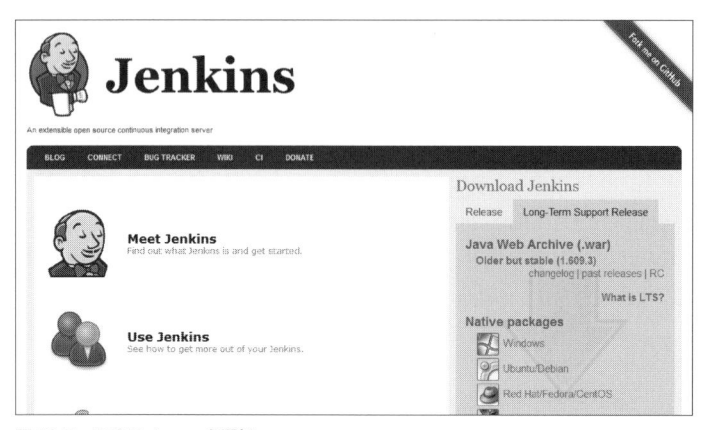

図12.7　LTS Releaseを選択

リリースパッケージのおおまかな違いは、表12.1の通りです。

表12.1　Jenkinsのリリースパッケージの比較

	Release	LTS Release
不具合修正の速さ	速い	遅い
新機能公開の速さ	速い	遅い
動作の安定性	低い	高い
リリース間隔	数日～1週間	1ヵ月

Webサービスの待ち受けポートの確認と変更

JenkinsのWebサービスは、既定では8080番ポートで待ち受けます。インストール先の環境にすでに8080番ポートで待ち受けているサービスがある場合は、インストール後の設定変更を欠かさないようにしましょう。Jenkinsが起動に失敗してしまうためです。OSごとの設定変更の方法は次の通りです。

── Linux（Debian・Ubuntuなど）

設定ファイル/etc/default/jenkinsの、「HTTP_PORT」に設定されているポート番号を変更します。

── Linux（RHEL・CentOSなど）

設定ファイル/etc/sysconfig/jenkinsの、「JENKINS_PORT」に設定されているポート番号を変更します。

── Windows

インストール先ディレクトリの中の設定ファイルjenkins.xmlの「--httpPort」オプションに設定されているポート番号を変更します。

追加プラグイン

次のプラグインはJenkinsに標準でバンドルされていませんが、よく使うことになるので最初から入れておきましょう。以降は、これらのプラグインがすでにインストールされていることを前提として説明していきます。

── Git Plugin

JenkinsからのGitリポジトリへのアクセスの設定を可能にします。プラグイ

ンのインストールとあわせて、gitコマンドもCIサーバ上にインストールしてください。

—— Build-timeout Plugin

何らかの理由でジョブの処理が中断して無応答状態になってしまっても、Jenkinsはいつまでも応答を待ってしまい、タイムアウトしません。Build-timeout Pluginを入れると、ジョブにタイムアウト設定を追加できるようになります。

定時実行ジョブの作成

新規ジョブの登録

Jenkinsを導入できたら、まずトップ画面にアクセスしてみましょう。既定では「http://CIサーバのホスト名またはIPアドレス:8080/」がトップ画面のURLになります。

図12.8のように、まだ何もジョブがない状態です。ここに、テストを実行するジョブを登録してみましょう。同じ画面の左のメニューから「新規ジョブ作成」を選択すると、図12.9のようなジョブの新規作成画面になります。

図12.8　Jenkinsのトップ画面

12.4 Jenkins

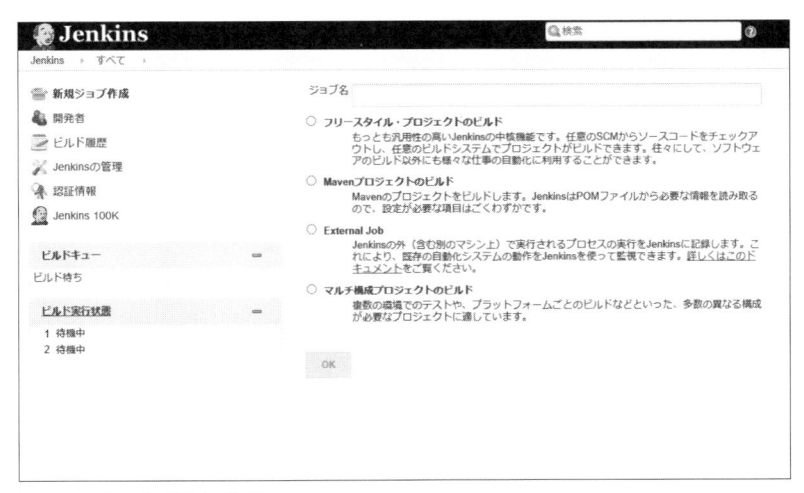

図12.9 ジョブの新規作成画面

「ジョブ名」に、ジョブの名前を適当に付けてください。あとから変更もできます。ジョブの種類は「フリースタイル・プロジェクトのビルド」を選択します。「OK」を押して次に進むと、図12.10のようなジョブの詳細設定画面になります。

図12.10 ジョブの詳細設定画面

すでにこの時点で、設定のない空のジョブが完成していることに注意しましょう。
この画面では細かい設定が多くあるように見えてしまいますが、ひとまず特定のテストを実行できるようにするには、ごく一部を設定するだけで構いません。

275

落ち着いて1つずつ手を付けていきましょう。

ソースコード管理

テストスクリプトが管理されているリモートリポジトリの情報を記載して、Jenkinsが最新のテストスクリプトをダウンロードできるようにしましょう。

ここでは、執筆時点の2015年12月現在で主流のバージョン管理システムであるGitの利用方法のみ記述します。図12.11のように、「Git」を選択して、「Repository URL」にリポジトリのURL、「Branches to build」に使いたいリモートブランチの名前を設定してください。また、接続時に認証が必要なリモートリポジトリである場合は、「Credentials」のプルダウンから選択してください。プルダウンの選択肢は、右側の「Add」を押すと出てくるダイアログで追加できます。

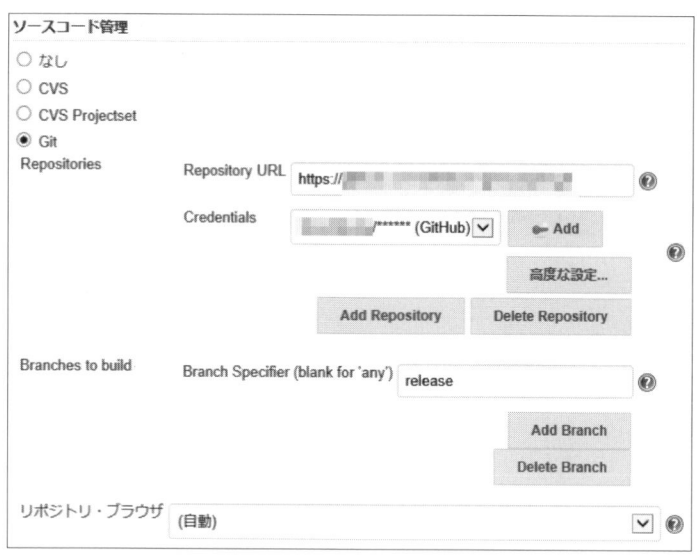

図12.11 ソースコード管理の設定

ビルド・トリガの実行設定

このジョブを自動的に実行するための条件を設定しましょう。ここではまず簡単に、1時間おきに実行する設定にします。

「定期的に実行」を選択すると「スケジュール」が表示され、この中に具体的な実行時間を書き込めるようになります。実行時間の書式は、Linuxなどで使われるcronとほぼ同じです。分の値の設定は、具体的な数値ではなく他ジョ

ブと競合しにくい固有の値をJenkinsが設定する「H」とすることが推奨されています。

図12.12のように「H */1 * * *」と設定すると、1時間おきにジョブを実行させることができます。

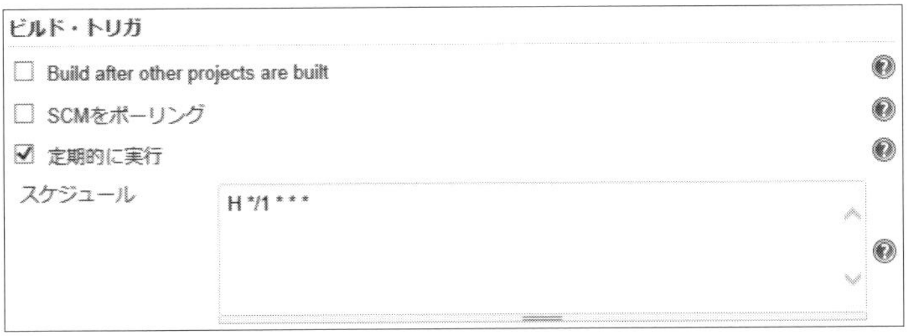

図12.12　ビルド・トリガの設定

タイムアウトの設定

このジョブのタイムアウトの設定をしましょう。4.8節で紹介したImplicit Waitなど、Seleniumにもタイムアウトのしくみはありますが、Seleniumに依存しない部分の処理が途中で動かなくなってしまう可能性に備えて、必ず設定するようにしましょう。

「滞留した場合にビルドを中止する」にチェックを入れると、図12.13のように設定項目がすべて表示されます。「タイムアウトの判定方法」は、「最後のログの出力からの経過時間」を選ぶのがお勧めです。

図12.13　タイムアウトの設定

ビルドの設定

いよいよ、テストスクリプトを実行するコマンドを設定します。Jenkinsでのコマンドの設定方法は、大きく分けて次の2つです。

277

- 実行するコマンドを直接入力する
- Mavenなどのビルドツールを使う

利用する設定方法は、図12.14のような「ビルド手順の追加」のプルダウンで選択できます。

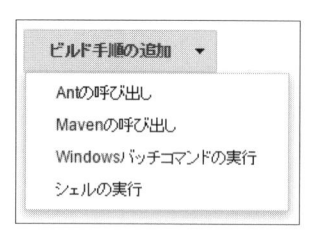

図12.14　ビルド手順の追加のプルダウン

実行するコマンドを直接入力する場合は、「ビルド手順の追加」のプルダウンから、Linux環境であれば「シェルの実行」を、Windows環境であれば「Windowsバッチコマンドの実行」を選択してください。図12.15のように、スクリプトを入力するためのフォームが表示されます。

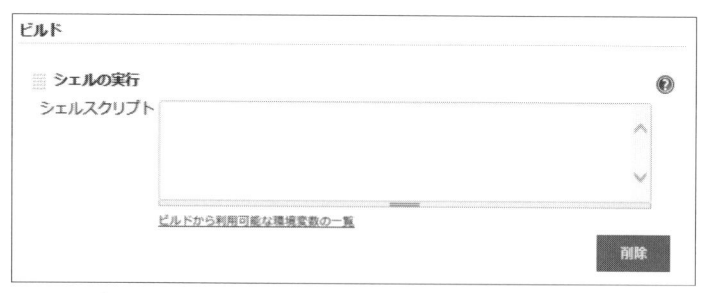

図12.15　「シェルの実行」を選択したときの状態

このフォームに入力されたスクリプトは、ジョブ実行のたびに一時的なスクリプトファイルに出力されたうえで実行されます。「Windowsバッチコマンドの実行」で別のバッチファイルを実行するコマンドを入力するときは、CALLコマンドで実行する必要があることに注意してください。

ビルドツールによるビルドを選択することもできます。Mavenを利用する場合は、「ビルド手順の追加」のプルダウンから「Mavenの呼び出し」を選択してください。図12.16のように、Mavenの設定を入力するためのフォームが表示されます。すべてのテストスクリプトを実行する場合は、「ゴール」フィールドに

testと入力すれば設定完了です。

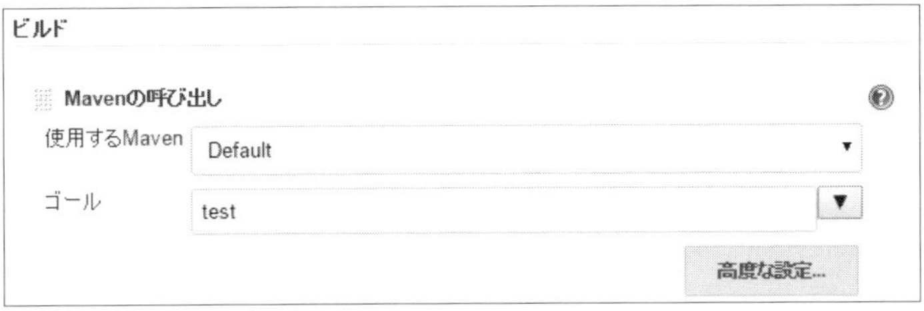

図12.16 「Mavenの呼び出し」を選択したときの状態

なお、使用するビルドツールについては、図12.17のように、あらかじめJenkinsのシステム設定画面でインストール設定を行っておきましょう。

図12.17 Jenkinsのシステム設定画面での、Mavenのインストール設定例

ビルド後の処理

もし、テストスクリプトの中で画面キャプチャ画像などの成果物ファイルを出力していた場合は、これをJenkinsに回収させましょう。回収されたファイルは、ジョブの概要画面や、ジョブの実行結果画面からダウンロードできるようになります。

「ビルド後の処理の追加」のプルダウンから、「成果物を保存」を選択します。図12.18のように表示される「保存するファイル」フォームに、保存するファイルの名前をワイルドカード付きで指定できます。

第12章　CI環境での利用

図12.18　成果物を保存

設定の保存

最後に「保存」を押せば、ジョブの設定は完了です（図12.19）。

図12.19　保存ボタン

ジョブの手動実行

　1時間おきに自動実行するように設定したので、このまま放っておけばジョブは1時間のうちに自動的に実行されます。もしすぐに実行したければ、次の自動実行を待たずに手動で実行させることもできます。

　前項でジョブを作成したので、図12.20のようにダッシュボード上のジョブ一覧に、作成したジョブが1行表示されています。ここでジョブのビルドマークをクリックすると、ジョブをすぐに実行できます。

図12.20　Jenkinsのダッシュボード

また、ジョブの概要画面に進み、図12.21にあるような「ビルド実行」のリンクをクリックすると、同様にジョブをすぐに実行できます。

図12.21　ビルド実行のリンク

実行結果の確認

ジョブの実行がうまくいき、すべてのテストが成功すると、成功の履歴が残ります。テストが失敗すると、失敗の履歴が残ります。ジョブの概要画面には図12.22のようなビルド履歴の欄があり、ジョブの成功・失敗の履歴を確認できます。

図12.22　ビルド履歴

ビルド履歴のリンクからジョブの実行結果画面に移ると、ジョブが実行されたときの詳細を知ることができます。図12.23にあるような「Console Output」を選択すると、実行時の標準出力への出力内容を確認できます。

第 12 章　CI 環境での利用

図12.23　Console Output のリンク

　また、成果物の回収ができていれば、**図12.24**のようにジョブの実行結果画面上に成果物へのリンクが表示されるので、ここから画面キャプチャ画像などを直接ダウンロードできます。最新の成果物へのリンクは、ジョブの概要画面にも表示されます。

図12.24　成果物へのリンク

　さて、ここで1つ物足りない点があります。このジョブではテストの結果レポートファイルを出力していないので、テストの成功・失敗件数などの概況がいまいちわかりにくい状態です。Jenkinsの機能を活用して、見やすい結果レポートをJenkins上に自動生成させてみましょう。XML形式のテスト結果ファイルをもとに、Jenkinsのテスト結果集計の機能でテスト結果レポートを生成すれば、テスト結果の概況をJenkinsの画面上で見やすく表示できます。

　ジョブの詳細設定画面の、「ビルド後の処理の追加」のプルダウンから「JUnitテスト結果の集計」を選択すると、**図12.25**のようにJUnitテスト結果の集計の設定項目が表示されます。「テスト結果XML」に、テストフレームワークやビルドツールが出力するテスト結果XMLファイルの名前を指定してください。ファイルの名前は、ワイルドカード付きでも指定できます。

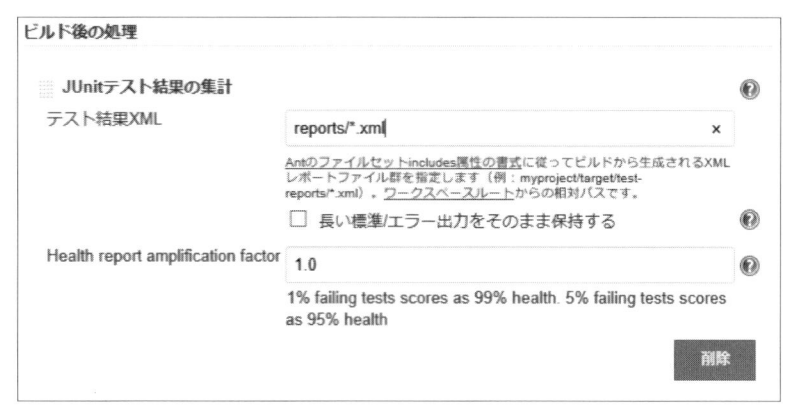

図12.25　JUnitテスト結果の集計の設定

あとは、ジョブ実行時にテスト結果XMLファイルが出力されるように、テストフレームワークやビルドツールの設定を変更すればOKです。Seleniumが対応するプログラミング言語のテストフレームワーク・ビルドツールの、テスト結果XMLファイルの出力方法の例は、**表12.2**の通りです。

表12.2　テスト結果XMLファイルの出力方法の例

プログラミング言語	テストフレームワーク・ビルドツール	テスト結果XMLファイルの出力方法
Java	Maven	ビルドツールの出力機能を使う
Java	Gradle	ビルドツールの出力機能を使う
Ruby	RSpec	RSpec JUnit Formatterのような出力プラグインを追加する
Ruby	test-unit	ci_reporterのような出力プラグインを追加する
JavaScript	Karma	ビルドツールの出力機能を使う
JavaScript	Mocha	mocha-jenkins-reporterのような出力プラグインを追加する
C#	NUnit	JUnitではなく、NUnitの形式のレポートファイルに対応したNUnit PluginのようなJenkinsプラグインを追加して利用する
Python	unittest	unittest-xml-reportingのような出力プラグインを追加する

Jenkinsがテスト結果XMLファイルを利用できるようになると、**図12.26**や**図12.27**のように、各ジョブの画面でテスト結果の概況を確認できるようになります。

図12.26　テスト結果の概況の表示例（その1）

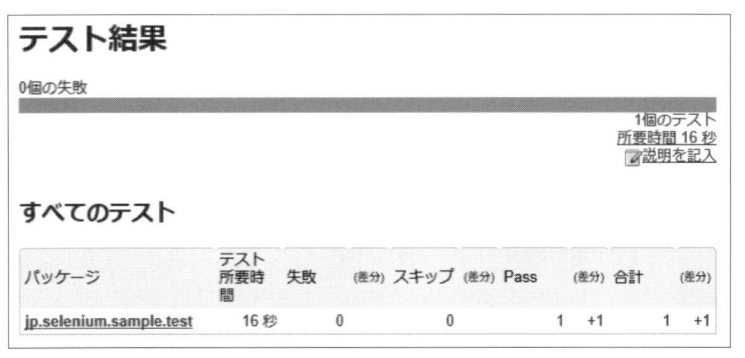

図12.27　テスト結果の概況の表示例（その2）

Jenkinsスレーブでのジョブの実行

　Jenkinsには、マスター・スレーブ構成のしくみが標準で用意されています。これは、ジョブの実行を管理する「マスター」マシンと、マスターから割り当てられたジョブを実行する複数の「スレーブ」マシンでジョブを分散実行するしくみです。

　ここでは例として、1つのマスターと1つのスレーブで分散ビルドを行うための手順を説明します。

スレーブの追加

　Jenkinsのトップ画面から「Jenkinsの管理」画面に移り、「ノードの管理」を選択しましょう（図12.28）。「ノード」とは、マスターやスレーブとなるマシンのことです。

図12.28　ノードの管理メニュー

　図12.29のような、ノードの管理画面に移ります。既定ではノードの一覧に、マスターを表す「master」1ノードだけが表示されています。左のメニューから

「新規ノード作成」を選択してください。

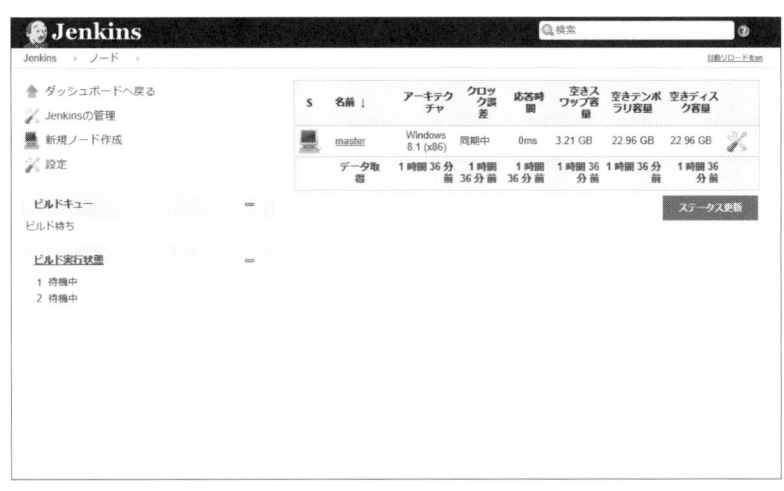

図12.29　ノードの管理画面

図12.30のような、追加するスレーブノードの名前と種類を選択する画面に進みます。ここではノード名を「slave1」、種類を「ダムスレーブ」に設定し、「OK」を押して次に進みましょう。

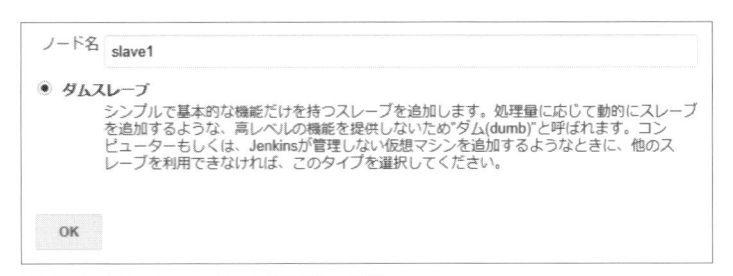

図12.30　追加するノードの名前と種類の選択

図12.31のような、スレーブの詳細設定画面に移ります。ここで必須になる設定項目は「リモートFSルート」のみです。ここで指定した絶対パスが、スレーブとなるマシン上でのJenkinsの作業用パスとなります。「起動方法」はいくつか選択可能ですが、ここでは環境を最も構築しやすい「JNLP経由でスレーブを起動」を選択しましょう。

また、必須ではありませんが、このスレーブを説明する文字列を「ラベル」に設定すると、ジョブごと　またはシステム全体でのこのスレーブノードの利用可

否を、ラベル文字列をキーにして指定できるようになります。ラベルはスペース区切りで複数設定できます。スレーブノードで使えるブラウザの名前などをラベルにすると、Seleniumの実行環境として扱いやすいでしょう。

設定できたら、画面下の「保存」を押しましょう。

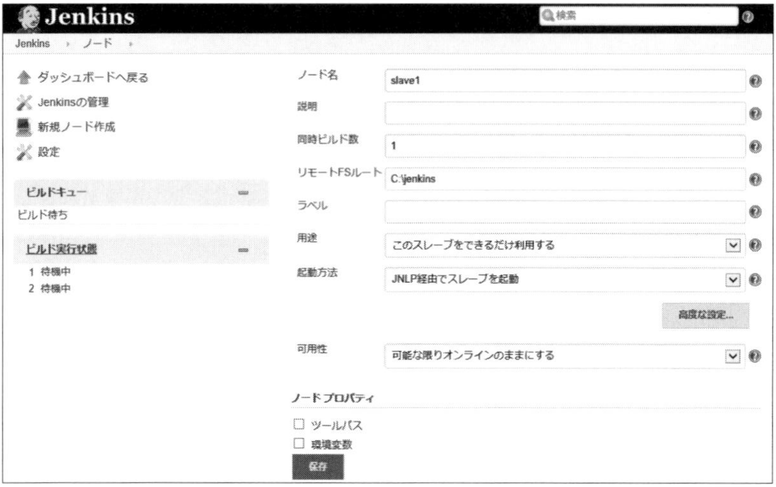

図12.31　スレーブの詳細設定画面

スレーブの設定が追加され、ノード一覧に**図12.32**のようにslave1ノードが表示されるようになります。

S	名前 ↓	アーキテクチャ	クロック誤差	応答時間	空きスワップ容量	空きテンポラリ容量	空きディスク容量	
	master	Windows 8.1 (x86)	同期中	0ms	3.21 GB	22.96 GB	22.96 GB	
	slave1		N/A	N/A	N/A	N/A	N/A	
	データ取得	15 ms 前	1時間47分前	1時間47分前	1時間47分前	1時間47分前	1時間47分前	

図12.32　追加されたスレーブ

スレーブでのJenkinsエージェントの実行

設定を追加しただけでは、スレーブは動作しません。動作させるためには、スレーブとなるマシン上で、Jenkinsエージェントを実行する必要があります。

ノードの管理画面でスレーブを選択してスレーブの概要画面に移ると、どうやってスレーブとなるマシン上でJenkinsエージェントを実行するか、3つの方

法が表示されます。作成したslave1では、図12.33のように表示されます。

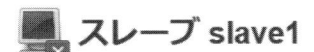

図12.33　起動していないスレーブの情報

ここでは、表示されている3つの方法のうち、GUIなしの環境でも利用可能な「スレーブでXが起動していない場合」を実行してみましょう。

まずスレーブとなるマシン上で、Jenkinsのスレーブ機能アプリケーションであるslave.jarをダウンロードします。図12.33のようにスレーブの概要画面にはslave.jarへのリンクがあり、スレーブとなるマシンからブラウザでダウンロードできます。また、「http://マスターのホスト名またはIPアドレス/jnlpJars/slave.jar」のようなURLから直接ダウンロードすることもできます。

次に、図12.33のようにスレーブの概要画面に書かれているコマンドにならい、ダウンロードしたslave.jarをスレーブとなるマシン上で実行して、Jenkinsエージェントを起動します。slave1ノードのJenkinsエージェントを起動する場合は図12.34のコマンドを実行します。

図12.34　slave1ノードのJenkinsエージェントの起動

```
$ java -jar slave.jar -jnlpUrl http://マスターのホスト名またはIPアドレス/computer/slave1/slave-agent.jnlp     実際は1行
```

エージェントが起動すると、マスターからスレーブとして認識され、ジョブが自動的に割り当てられるようになります。スレーブの概要画面を確認すると、エージェントの実行方法の表示が消えて、スレーブが動作し始めたことを確認できます（図12.35）。

図12.35 起動したスレーブの情報

12.5 Selenium Grid を併用した、複数ノードでのテストの実行

　Seleniumには、複数のマシンでの分散テストを実現するSelenium Grid[注3]というしくみがあります。これは、「ハブ」サーバに複数の「ノード」クライアントが接続するという、2種類の役割で構成されるしくみです（図12.36）。

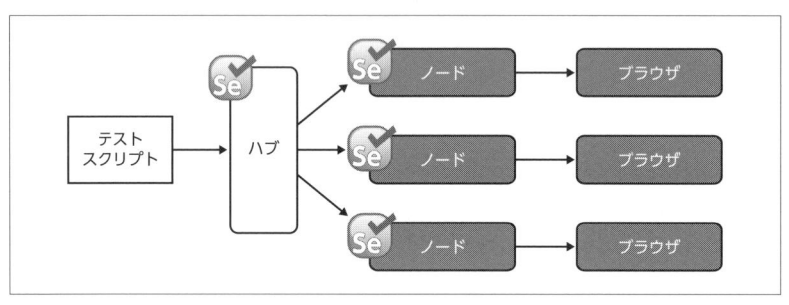

図12.36 Selenium Gridのハブとノードの構成

　ノードにはどのブラウザでのテストを受け入れるか設定でき、ハブはその設定に基づきテストの実行時に最適なノードを選び出します。テストスクリプトで指定したブラウザの種類により処理ノードを自動的に切り替えることができるので、クロスブラウザチェックのための環境に適しています。

　本節では、最小構成でのSelenium Grid環境を作るところから、複数マシンによる構成、ノードの設定、Jenkinsマスター・スレーブとの連携までの基本的な手順について説明します。なお本節では、「ノード」はJenkinsのものではなく、Seleniumのノードを表すものとします。混同しないように注意してください。

注3　https://github.com/SeleniumHQ/selenium/wiki/Grid2

最小構成のSelenium Grid環境の作成

　Selenium Grid環境を作るために必要な機能は、Seleniumサーバの中に含まれています。3章や10章で構築した環境がすでにあれば、ほかに追加で必要なソフトウェアはありません。Seleniumサーバの起動時にいくつかのオプションを追加で指定するだけで、Selenium Gridの機能として起動できます。

　まず、図12.37のように同じマシン上の最小構成でハブとノードを起動して、Selenium Gridがどのように構成されるのかを確認してみましょう。

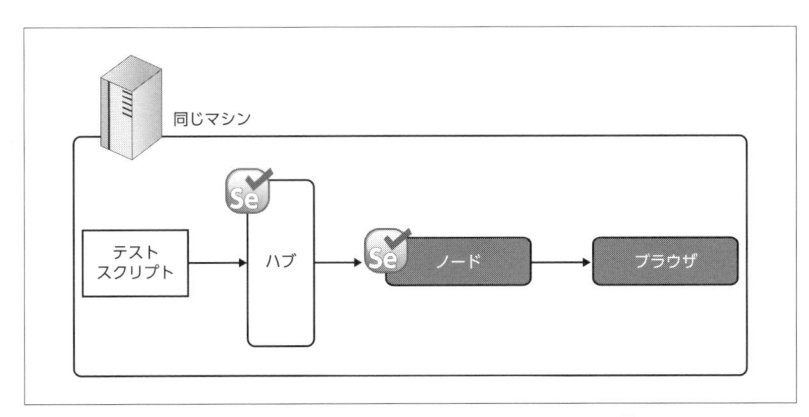

図12.37　同じマシン上にハブとノードが存在する、Selenium Gridの最小構成

ハブの起動

　処理ノードの接続先となるハブを先に起動します。図12.38のように、-roleオプションに「hub」と指定すると、ハブとして起動できます。

図12.38　ハブの起動コマンドの例
```
$ java -jar selenium-server-standalone-***.jar -role hub
```

　既定では、ノードの接続を待ち受けるポートとして4444番ポートが使用されます。もしも既存の処理とポートが競合する場合は、-portオプションで待ち受けるポートの番号を指定して競合しないようにしましょう。たとえば4126番ポートで待ち受ける場合は、図12.39のように起動します。

図12.39　-portオプションの指定の例
```
$ java -jar selenium-server-standalone-***.jar -role hub -port 4126
```

ノードの起動、ハブへの接続

ハブが起動したら、次にノードを起動しましょう。図12.40のように、-role オプションに「node」と指定すると、ノードとして起動できます。

図12.40　ノードの起動コマンドの例

```
$ java -jar selenium-server-standalone-***.jar -role node
```

既定では、ノードは起動したあとに、同じマシン (localhost) の4444番ポートへの接続を試みます。もしもハブが待ち受けるポートが4444番ポートでない場合は、-hubPortオプションで接続するポートの番号を指定しましょう。たとえばハブが4126番ポートで待ち受けている場合は、ノードは図12.41のように起動します。

図12.41　-hubPortオプションの指定の例

```
$ java -jar selenium-server-standalone-***.jar -role node -hubPort 4126
```

ハブの状態の確認

ハブには、Selenium Gridの状態を確認するためのWebコンソールがあります。ブラウザでアクセスして、先ほど起動したノードがハブに接続され、利用可能なノードとして登録されていることを確認してみましょう。アクセスするURLは次の通りです。

http://ハブのホスト名またはIPアドレス:ハブの待ち受けるポート番号/grid/console

図12.42のようにWebコンソールが表示されます。先ほど起動した1つのノードの情報が表示されており、ハブにノードが接続されたことを確認できます。ノードは既定ではFirefox・Chrome・Internet Explorerの操作に対応しており、それを示す対応ブラウザのアイコンが表示されているのがわかります。

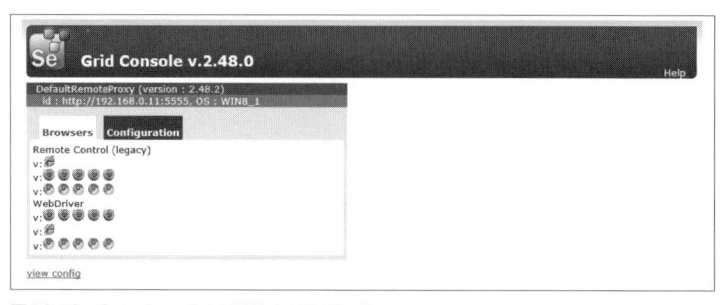

図12.42　Selenium GridのWebコンソール

RemoteWebDriverの利用

　Selenium Gridの環境を作ったところで、テストスクリプトを見直してみましょう。Selenium Gridに乗せるテストスクリプトでは、FirefoxDriverやChromeDriverなどマシン上のブラウザを直接操作するドライバクラスではなく、指定されたURLのハブに操作の命令を送信するRemoteWebDriverクラスを使う必要があります。

　プログラミング言語ごとのRemoteWebDriverのインスタンス生成コードのサンプルを**リスト12.2**〜**リスト12.6**に示します。インスタンス生成時にハブのURLを指定しない場合は、既定値として同一マシン（localhost）上のハブが使われるようにURLが設定されます。ブラウザの種類は、実行するOSやブラウザについての具体的な情報を表すオブジェクトであるCapabilitiesにより変更できます。リスト12.2〜リスト12.6ではFirefoxのCapabilitiesを設定しています。

リスト12.2　RemoteWebDriverのインスタンス生成コード（Java）

```
DesiredCapabilities capabilities = DesiredCapabilities.firefox();
WebDriver driver = new RemoteWebDriver(capabilities);
```

リスト12.3　RemoteWebDriverのインスタンス生成コード（Ruby）

```
capabilities = Selenium::WebDriver::Remote::Capabilities.firefox
driver = Selenium::WebDriver.for( :remote, desired_capabilities: capabilities )
```

リスト12.4　RemoteWebDriverのインスタンス生成コード（JavaScript）

```
var driver = new webdriver.Builder().
    forBrowser('firefox').usingServer().build();
```

リスト12.5　RemoteWebDriverのインスタンス生成コード（C#）

```
DesiredCapabilities capabilities = DesiredCapabilities.Firefox();
IWebDriver driver = new RemoteWebDriver(capabilities);
```

リスト12.6　RemoteWebDriverのインスタンス生成コード（Python）

```
driver = webdriver.Remote(desired_capabilities = DesiredCapabilities.FIREFOX)
```

RemoteWebDriverの実行

　では、ここでRemoteWebDriverを使ったテストスクリプトを実行してみましょう。同じマシンでハブとノードが共存しているため、Selenium Gridを使う

前、FirefoxDriverやChromeDriverを使った場合と同様に、ブラウザが起動し操作されます。手間をかけた割には何も変わっていないように見え、少し物足りなく感じるかもしれません。

しかし、内部の処理構造は変わり、図12.43のようなシーケンスになっています。まず、RemoteWebDriverはハブに対して、コード上で指定されたCapabilitiesに含まれているブラウザの種別やバージョンなどの情報を通知します。ハブはこの通知内容に基づき、登録されているノードの中から最も適合するものを選び出し[注4]、ブラウザの自動操作のメッセージを中継するようになります。選び出されたノード上で、中継されてきたメッセージに基づき、ノード上のブラウザが自動操作されます。

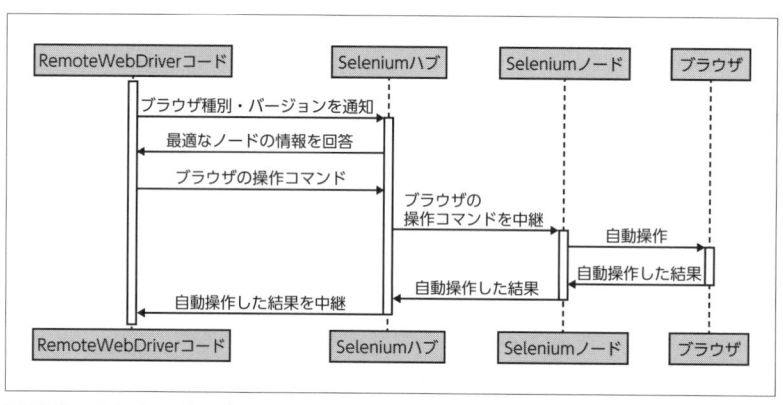

図12.43 Selenium Grid上でのテストスクリプトの実行シーケンス概要図

この処理シーケンスについてテストスクリプト側で詳細に記述する必要はなく、Capabilitiesさえ設定していれば、Selenium Grid環境が適切に処理を行ってくれます。

複数のマシンにより構成されるSelenium Grid環境の作成

前項までは、あくまでSelenium Grid環境の構成を確認するために、同じマシン上でハブとノードを動作させました。ここからは、複数のマシンによる実践的な構成を、段階的に紹介していきます。

注4　適合性の判断は後述のノード設定を根拠とします。

テストスクリプト・ハブ・ノードのマシンの分離

まずは、テストスクリプト・ハブ・ノードの3つの要素を、図12.44のようにそれぞれ別々のマシンに分けます。

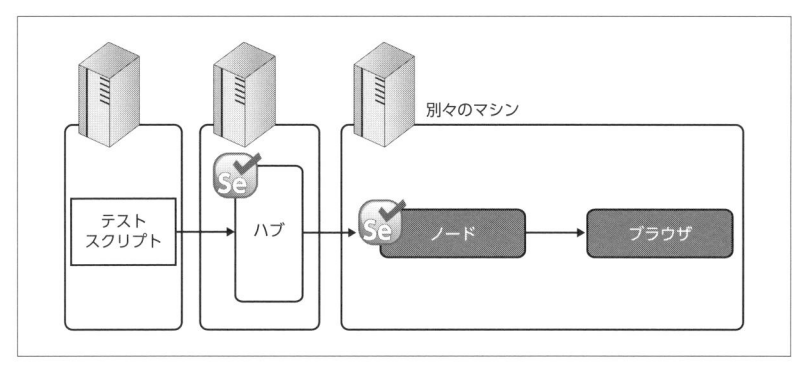

図12.44　別々のマシン上にテストスクリプト・ハブ・ノードが存在する構成

前述のようにハブを起動したあと、ノードの起動時に、ハブのマシンのホスト名またはIPアドレスを-hubHostオプションで指定する必要があります。たとえばハブのマシンのIPアドレスが192.168.4.126の場合は、ノードは図12.45のように起動します。

図12.45　-hubHostオプションの指定の例

```
$ java -jar selenium-server-standalone-***.jar -role node -hubHost 192.168.4.126
```

次に、テストスクリプトを修正して、ハブのマシンのURLをRemoteWebDriverインスタンスの生成時に指定しましょう。プログラミング言語ごとのハブのマシンのURLの指定のサンプルをリスト12.7〜リスト12.11に示します。ハブのマシンのIPアドレスは、例として192.168.4.126とします。

リスト12.7　ハブマシンのURL指定 (Java)

```
DesiredCapabilities capabilities = DesiredCapabilities.firefox();
URL hubUrl = new URL("http://192.168.4.126:4444/wd/hub");
WebDriver driver = new RemoteWebDriver(hubUrl, capabilities);
```

リスト12.8　ハブマシンのURL指定 (Ruby)

```
capabilities = Selenium::WebDriver::Remote::Capabilities.firefox
hub_url = "http://192.168.4.126:4444/wd/hub"
driver = Selenium::WebDriver.for( :remote, url: hub_url, desired_capabilities: capabilities )
```

リスト12.9 ハブマシンのURL指定 (JavaScript)

```
var hubUrl = 'http://192.168.4.126:4444/wd/hub',
    driver = new webdriver.Builder().
    forBrowser('firefox').usingServer(hubUrl).build();
```

リスト12.10 ハブマシンのURL指定 (C#)

```
DesiredCapabilities capabilities = DesiredCapabilities.Firefox();
Uri hubUri = new Uri("http://192.168.4.126:4444/wd/hub");
IWebDriver driver = new RemoteWebDriver(hubUri, capabilities);
```

リスト12.11 ハブマシンのURL指定 (Python)

```
hub_url = "http://192.168.4.126:4444/wd/hub"
driver = webdriver.Remote(
    command_executor = hub_url,
    desired_capabilities = DesiredCapabilities.FIREFOX)
```

複数のノードと、ノードごとの使用条件の設定

次に、図12.46のように、ノードを複数に増やしてハブに接続させます。各ノードのマシン上で、図12.45のようにハブのマシンを指定して起動すれば、複数のノードをハブに接続できます。

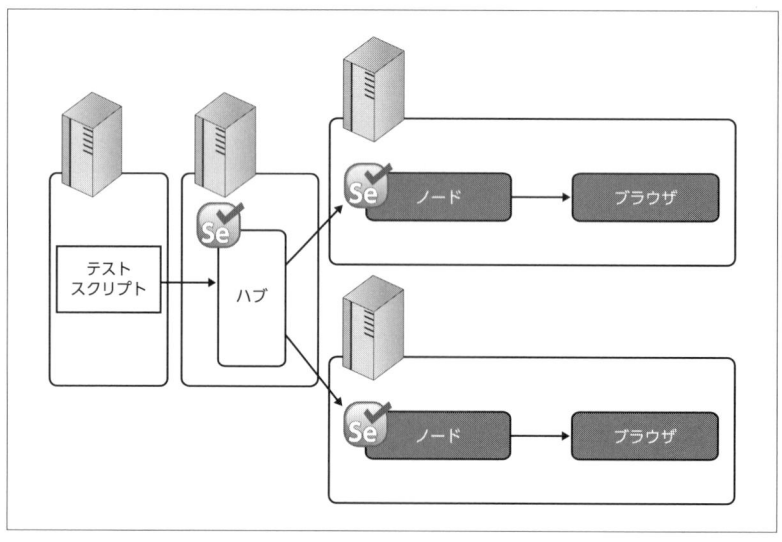

図12.46 複数のノードのマシンが存在する構成

このように複数のノードを用意すると、テストスクリプトを実行したとき、ハブは自動的に最適なノードを1つ選び、処理に割り当てます。ハブがノードを選

ぶ基準の1つは、ノードが対応するブラウザの種類です。

前述の通り、ノードは既定ではFirefox・Chrome・Internet Explorerの操作に対応する設定になっています。大半のテストは、この既定の設定で対応できるかもしれません。

しかし、ノードがハブから選ばれるための条件を、細かく限定したい場合もあるでしょう。たとえば、次のような場合です。

- Mac OS X上のSafariの専用ノードを追加したい
- Firefoxの最新バージョンのノードのほかに、テスト対象が動作保証している古いバージョンの専用ノードも追加したい

このような場合、ノードの起動時に-nodeConfigオプションで設定ファイルを指定することで、ブラウザ種別やバージョンなどのノードの使用条件を細かく設定して、特定の条件でのみハブから選ばれるノードにできます。設定ファイルの名前をnodeConfig.jsonとする場合、ノードは**図12.47**のように起動します。

図12.47　-nodeConfigオプションの指定の例

```
$ java -jar selenium-server-standalone-***.jar -role node -nodeConfig nodeConfig.json
```
実際は1行

ノードの設定ファイルはJSON形式で記述します。次の2つのオブジェクトが必須で、各オブジェクトのプロパティで省略されたものについては既定値が使われます。

- **capabilities**
  ノード上で実行するブラウザに関する情報の配列
- **configuration**
  ノード自身の設定項目のオブジェクト

たとえば、Windows環境でInternet Explorerを使用できるノードの最低限の設定は、**リスト12.12**のような記述となります。

リスト12.12　Internet Explorerを使用できるノード設定の例

```
{
    "capabilities": [
        {
            "browserName": "internet explorer",
            "platform": "WINDOWS"
        }
```

第12章 CI環境での利用

```
    ],
    "configuration": {
    }
}
```

この設定ファイルを使ってノードを起動すると、ハブのWebコンソール上では図12.48のように表示されます。

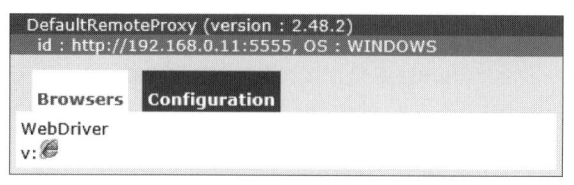

図12.48 Internet Explorerを実行できるノード

Internet Explorerだけが使えるようになっています。では、さらにFirefoxも起動できるように、リスト12.13のように設定ファイルを編集してみましょう。

リスト12.13 Internet ExplorerとFirefoxを使用できるノード設定の例

```
{
    "capabilities": [
        {
            "browserName": "internet explorer",
            "platform": "WINDOWS"
        },
        {
            "browserName": "firefox",
            "platform": "WINDOWS"
        }
    ],
    "configuration": {
    }
}
```

この設定ファイルを使って起動すると、Webコンソール上では図12.49のように表示されます。Firefoxも使えるようになっているのがわかります。

図12.49 Internet ExplorerとFirefoxを実行できるノード

このように、-nodeConfigオプションを利用することで、ノードの使用条件について細かい設定が可能となります。

実行結果の確認

Selenium Grid環境でテストの実行結果（ログや画面キャプチャ）が出力されるのは、Selenium Gridを使う前と同様にテストスクリプトを実行したマシンになり、実行結果の確認方法も変わりません。

ただし、たとえばブラウザにファイルをダウンロードさせるテストを行ったときは、ダウンロードされたファイルが存在するのはテストスクリプトを実行したマシンではなく、ブラウザが動作したノード上となります。そのため、ファイル内容の確認テストを行う場合は、ノードからテストスクリプトを実行したマシンにファイルを転送するなどの工夫が必要になります。

Selenium Grid環境に乗せるテストスクリプトでは、確認したい結果のデータがどのマシンに存在するのか意識し、ノード上にあるデータの取り扱いに注意しましょう。

Jenkinsとの連携

12.4節で取り上げた通り、Jenkinsにも複数マシンからなるマスター・スレーブ構成があり、Selenium Plugin[5]を導入することでJenkinsのマスターにSeleniumのハブを、スレーブにSeleniumのノードを割り当てられます。JenkinsとSelenium Gridを別々に管理するよりも簡単になるので、Jenkinsをすでに使っている場合は、ぜひSelenium Pluginを組み込んで連携してみましょう。

本項では、前項までで作成したSelenium Grid環境は使用せず、12.4節で作成したJenkinsのマスター・スレーブ構成上に新しくSelenium Grid環境を構築していきます。

Selenium Pluginのビルドとインストール

Selenium Pluginのリリースサイクルは非常に遅く、JenkinsやSeleniumの最新バージョンに追従できていないことによる不具合が多いです[6]。

注5 https://wiki.jenkins-ci.org/display/JENKINS/Selenium+Plugin
注6 2015年12月を最新とした数ヵ月間内にリリースされた複数のバージョンの組み合わせでの動作検証を実施しましたが、Jenkinsのプラグインマネージャーでインストールできる古いバージョンのSelenium Pluginはいずれの組み合わせでもうまく動作しませんでした。

このため、ここでは最新版のSelenium Pluginのソースコードからビルドしたプラグインを利用する手順のみ記述します。今後のバージョンアップ情報についてはSelenium Pluginの情報ページ[注7]で参照して、動作が改善された新しいバージョンがリリースされたときはJenkinsのプラグインマネージャーでのインストールも検討しましょう。

── ソースコードの入手

Selenium Pluginは、現在GitHub上のプロジェクトhttps://github.com/jenkinsci/selenium-pluginでソースコードが管理されています。

最新のコードをmasterブランチからチェックアウトしましょう。

── Mavenでビルド

Selenium Pluginは、ビルドツールのMavenを使うことで簡単にビルドできるようになっています。チェックアウトしたプロジェクトで、Jenkinsのプラグインファイルを生成するためのコマンドを、図12.50の通り実行しましょう。

図12.50　MavenによるSelenium Pluginのビルドコマンド

```
$ mvn compile hpi:hpi
```

処理が完了したあと、ディレクトリ「target」の中に生成されるファイル「selenium.hpi」が、Selenium Pluginのファイルです。

── Jenkinsにインストール

Jenkinsプラグインマネージャーの画面の「高度な設定」タブを開き、「プラグインのアップロード」でselenium.hpiファイルをアップロードすると、Selenium Pluginをインストールできます（図12.51）。

図12.51　プラグインのアップロード

注7　https://wiki.jenkins-ci.org/display/JENKINS/Selenium+Plugin

12.5 Selenium Grid を併用した、複数ノードでのテストの実行

インストール後Jenkinsを再起動すると、Selenium Pluginの機能が有効になります。

ハブの設定

Selenium Pluginを導入すると、JenkinsマスターがSeleniumのハブとなり、「システムの設定」画面にハブの設定についてのセクションが出現します。Jenkinsの既存のスレーブのうちSeleniumノードにしたくないものがある場合は、「高度な設定」ボタンを押して図12.52のように出現する項目のうち、「Gridから除外」のフィールドに、除外したいスレーブのラベル文字列を設定しましょう。このラベル文字列は、前述のようにスレーブに設定したものを使います。

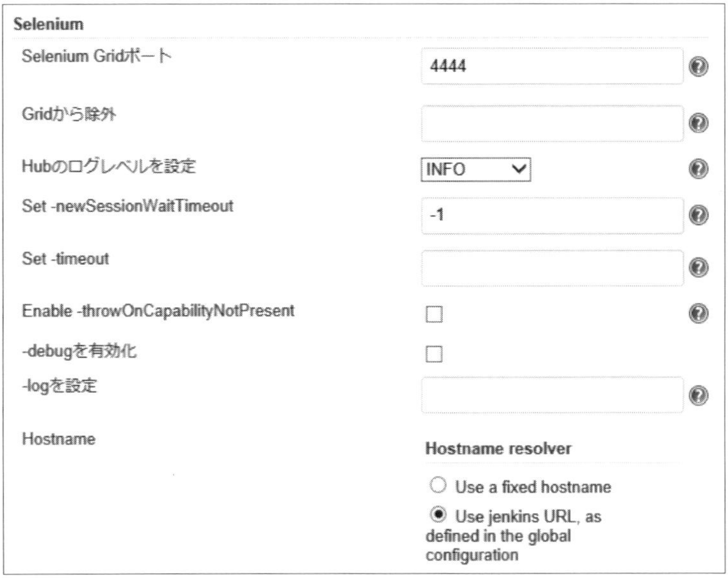

図12.52　Selenium Pluginの設定

ノードの設定

Selenium Pluginを導入すると、Jenkinsのトップ画面のメニューに図12.53のように「Selenium Grid」のリンクが追加されます。これを選択しましょう。

299

第12章　CI環境での利用

図12.53　Selenium Gridのリンク

　図12.54のような、ハブの管理画面になります。ノードの設定は「Configurations」メニューの中にあります。

図12.54　ハブの管理画面

　「Configurations」メニューに進むと、図12.55のようなノードの設定の一覧画面になります。Selenium Pluginのインストール直後は1つも設定がない状態です。

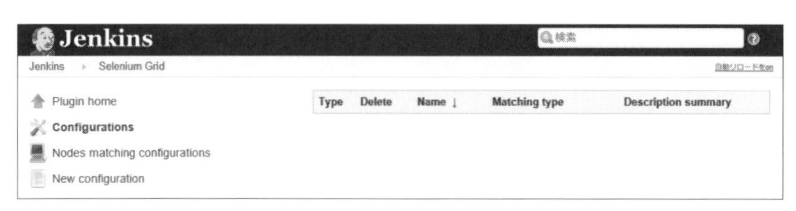

図12.55　ノードの設定の一覧画面

「New configuration」メニューを選択すると、図12.56のようなノード設定の新規作成画面になります。

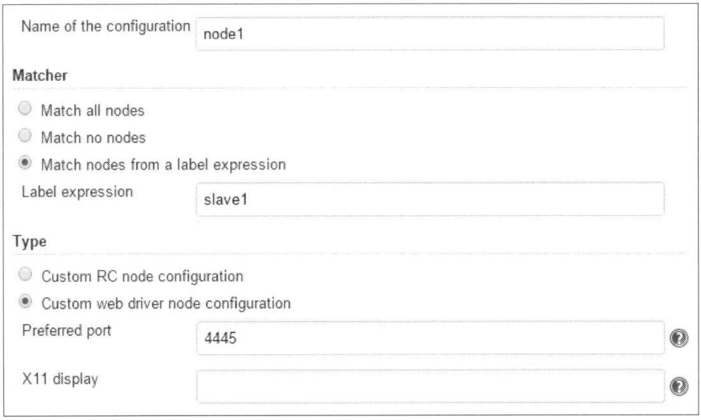

図12.56　ノード設定の新規作成画面

──設定の名前

「Name of the configuration」フィールドに、わかりやすい設定の名前を記入しましょう。

──Jenkinsスレーブの割り当て

「Matcher」のラジオボタンから、「Match nodes from a label expression」を選択して、「Label expression」フィールドに、このノードに割り当てるJenkinsスレーブが対応するラベル文字列を記入してください。このラベル文字列は、前述のようにスレーブに設定したラベル文字列を使います。

──WebDriverノードの選択、ノード上で実行するブラウザの指定

「Type」のラジオボタンから、「Custom web driver node configuration」を選択してください。設定画面の下のほうに図12.57のように、このノード上で実行するブラウザを指定するフィールドが表示されます。必要に応じて、ブラウザを追加したり、削除したりしましょう。既定では、Internet Explorer・Firefox・Chromeが指定されています。

第 12 章　CI 環境での利用

図12.57　ノード上で実行するブラウザを指定するフィールド

── JSON形式でのノードの設定

　前述のように、-nodeConfigオプションに指定していたような、JSON形式の設定をそのまま流用したい場合は、図12.58のように「Type」のラジオボタンから、「File configuration」を選択して「JSON config URL」フィールドにファイルのURLを指定するか、「JSON configuration」を選択して「JSON config」フィールドにJSON形式の設定を直接記述してください。

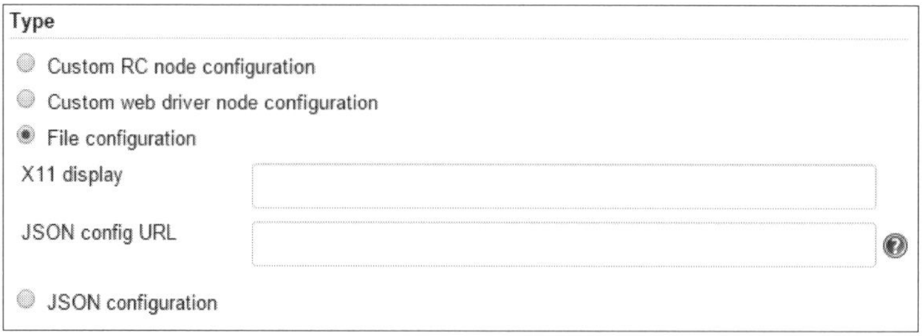

図12.58　File configuration と JSON configuration の表示部分

── 設定の保存

　最後に「Save」を押すと、ノードの設定が保存され、図12.59のようにノードの設定の一覧画面に表示されます。

12.5 Selenium Grid を併用した、複数ノードでのテストの実行

Type	Delete	Name ↓	Matching type	Description summary
🌐	⊘	node1	Match nodes from a label expression (Expression = 'slave1')	1 instances of Internet Explorer (version : Not specified) 5 instances of Firefox (version : Not specified)

図12.59　保存されたノードの設定

ノードの起動

ここまでの設定だけでは、JenkinsスレーブはまだSeleniumノードとして動作しません。明示的にSeleniumノードを起動する必要があります。

ノードの設定の一覧画面（図12.55）で「Nodes matching configurations」メニューを選択してください。図12.60のように、JenkinsスレーブとSeleniumノードの関連付け状況の一覧が表示されます。

Name ↓	Matching configurations
slave1	node1

図12.60　JenkinsスレーブとSeleniumノードの関連付け状況の一覧

Seleniumノードを起動するJenkinsスレーブの名前をName列から選び、クリックしてください。図12.61のように、Jenkinsスレーブに関連付けられたSeleniumノードの設定「Matching configurations」と、そのうち起動しているSeleniumノードの一覧「Running configurations」の画面が表示されます。

Selenium Configuration

Running configurations

Name	Status ↓	Environment variables	JVM options	Selenium options	Service actions

Matching configurations

Type	Name ↓	Matching type	Description summary	Actions
🌐	node1	Match nodes from a label expression (Expression = 'slave1')	1 instances of Internet Explorer (version : Not specified) 5 instances of Firefox (version : Not specified)	Start

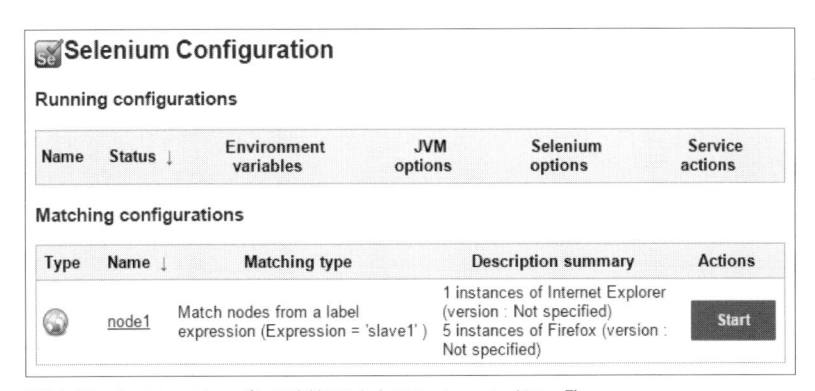

図12.61　Jenkinsスレーブに関連付けられたSeleniumノードの一覧

まだ最初の設定なので、起動しているSeleniumノードは1つもありません。「Matching configurations」のうち、起動したいノードの「Start」ボタンをクリックしましょう。図12.62のように「Running configurations」の欄に「node1」が追加され、Seleniumノードが動き始めます。

```
Selenium Configuration
Running configurations

Name  Status   Environment  JVM options                                    Selenium options                                                                                                        Service
                variables                                                                                                                                                                          actions
node1 Started              webdriver.ie.driver=c:\jenkins\IEDriverServer.exe -port 4445                                                                                                             Restart
                                                                          -browser seleniumProtocol=WebDriver,browserName=internet
                                                                          explorer,maxInstances=1                                                                                                   Start
                                                                          -browser
                                                                          seleniumProtocol=WebDriver,browserName=firefox,maxInstances=5                                                             Stop
                                                                          -host mbp-windows-8

Matching configurations

Type  Name    Matching type                                Description summary                    Actions
      node1   Match nodes from a label                     1 instances of Internet Explorer
              expression (Expression = 'slave1')           (version : Not specified)              Restart
                                                           5 instances of Firefox (version :
                                                           Not specified)
```

図12.62　Seleniumノード「node1」が起動した状態

　設定はこれで終わりです。これからJenkinsで実行されるRemoteWebDriverを利用したテストスクリプトは、設定で関連付けられたJenkinsスレーブをSeleniumノードとして実行されるようになります。

ノードの状態の確認

　さて、本当に設定した通り、JenkinsのスレーブはSeleniumのノードになったのでしょうか。Jenkinsのトップ画面のメニュー「Selenium Grid」で、登録されたノードを確認しましょう。画面のいちばん下、「登録済みリモート制御」に、登録されたノードが表示されます（図12.63）。

```
登録済みリモート制御

▼ http://mbp-windows-8:4445 (firefox 5/5, internet explorer 1/1)
```

図12.63　登録済みリモート制御

Part 5

実践的な運用

- ✓ 第13章　運用
- ✓ 第14章　サイボウズの事例
- ✓ 第15章　DeNAの事例

第13章 運用

本章では、Seleniumを利用した自動テスト環境の運用で起こりがちな典型的な問題を避け、継続的によい状態で運用していくためのTIPSを、テストスクリプトの工夫、テストの実行の工夫、テスト環境の工夫という3つの観点でまとめて解説していきます。

13.1 運用での典型的な問題

本章まで読んで、書かれていることを一通り実際に試した人は、いよいよ自分が関わるソフトウェアプロジェクトにも本格的に導入していこうと思うことでしょう。導入には大きな問題もなく、これまでのプロジェクトの根強い問題を解決できることでしょう。

しかし、導入してから数ヵ月も経つと、残念なことに新しい問題がちらほら出てくるものです。たとえば次のような、一つ一つは単純な問題が徐々に積み上がってしまい、いっそもう自動テストをやめてしまったほうが楽だ、とすら思うようになってしまうのです。

- テストスクリプトを書くことが負担になってしまった
- 不具合を見つけるのは早くなったが、不具合の原因を見つけるのにかかる手間は前とあまり変わらなかった
- テストの実行時間が長くなってしまい、CIの実施が難しくなってきた
- 結局、導入した自分しか使っておらず、使い続けるのがつらくなってきた
- Seleniumまたはブラウザのバージョンが更新されたタイミングで、実行環境がうまく動かなくなってしまった

これらの問題を回避するための工夫を、一つ一つ考えてみましょう。

13.2 テストスクリプトの工夫

テストスクリプトのバージョン管理

　テストスクリプトも、テスト対象のソフトウェアのソースコードと同様にバージョン管理システムで管理しましょう。このとき、テストスクリプトだけ別のリポジトリで管理するのではなく、テスト対象のソフトウェアのリポジトリで一緒に管理して、テスト対象に変更が入ったときに、対応するテストが必ず通っている状態にしましょう。

依存関係のないテスト

　Seleniumを利用した自動テストのスクリプトを、手作業でテストしていたときの感覚で作ると、1つのテストケースが複雑で長いシナリオに膨らみがちです。これには、次の悪い点があります。

- 1つのテストケースで多数の事柄をテストしてしまうので、失敗したときに何を修正すべきかはっきりしない
- 1つのテストケースが成功するための条件が多くなるので、失敗する確率が高い壊れやすいテストになる

　かと言って、長いテストを単純に複数のテストケースに小分けしてしまうのにも問題があります。あるテストの前に別のテストを実行する必要があるなど、テストケースの間に依存関係が生じてしまうためです。

　たとえば、テスト対象のある機能の廃止に合わせて、その機能に対応するテストを削除したときに、そのテスト内でのある操作を前提としていた別のテストが失敗してしまう、といった状況が考えられます。これではテストスクリプトを少し変更するにも一苦労で、継続的な運用が困難になってしまいます。次のような点に注意してテストスクリプトの構造を作りましょう。

- 手作業でのテストを細かく再現することよりも、自動実行に適したテストケースでカバーすることを重要視する
- どのテストケースから実行されてもよいように、テストケースごとの独立性を保つ
- 1つのテストケースで何をテストするのか、明確にする

- どうしてもテスト間に依存関係を持たせたい場合は、依存関係にあるテストケースをテーマごとに個別のクラスにまとめるなどして、依存関係があることを明示する

共通する記述のまとめ

　Seleniumを利用したテストスクリプトを書くうちに、どのテストでも共通する記述が見えてくるでしょう。このような記述のまとめは通常、テストスクリプトを一通り書いたあとの全体のリファクタリングで行うことになると思います。

　一方、全体を見るまでもなく、どのようなテストスクリプトでも使うような定型の記述も実際にはあります。このような部分についてはあらかじめ共通部分として準備しておき、テストスクリプトを作る手間を減らすために活用したほうがよいでしょう。

既成のライブラリやフレームワークの利用

　7章〜9章で説明したような既成のライブラリやフレームワークを利用し、共通処理を一から作成する手間や、定型処理の記述量を減らしましょう。ライブラリやフレームワークの利用方法についての学習コストは発生しますが、長期的な運用では作業コストの削減によって取り返せるコストとなるでしょう。

SeleniumのAPIに対するフック処理の追加

　SeleniumのAPIの実行前後に合わせて実行したい定型の処理がある場合、まず、4章で説明したイベントリスナの利用を検討しましょう。要素のクリックや入力値の変更の前後に、ログ出力などの定型処理を追加できます。

　Seleniumのイベントリスナが用途に合わない場合などは、アスペクト指向ライブラリを併用してSeleniumのAPIに直接フックすることを検討してもよいでしょう。

　たとえば、Javaではアスペクト指向ライブラリであるAspectJ[注1]を併用することで、**リスト13.1**のようにSeleniumのAPIが呼び出された前後にフック処理を割り込ませるクラスを後付けできます。既存のテストスクリプトには一切修正を加えずに済みます。

注1　https://eclipse.org/aspectj/

リスト13.1　AspectJによるフック処理クラスのサンプル

```java
@Aspect
public class WebElementAspect
{
    @Before("call(boolean org.openqa.selenium.WebElement.isDisplayed()) && target(validatedElement)")
    public void beforeIsDisplayed(WebElement validatedElement)
    {
        // 略
    }

    @After("call(boolean org.openqa.selenium.WebElement.isDisplayed()) && target(validatedElement)")
    public void afterIsDisplayed(WebElement validatedElement)
    {
        // 略
    }
}
```

期待値の定数化

テスト対象のページにおいて文字列のテストを行う場合、**リスト13.2**のように期待値の文字列を直接スクリプト内に記述することも多いでしょう。

リスト13.2　期待値の文字列を直接記述するスクリプトのサンプル

```java
assertThat("年数のラベルを確認", SamplePage.yearLabel, is("年"));
```

ラベルなどの静的な文字列の検証を行いたい場合はこうではなく、**リスト13.3**のように文字列を静的に持つ定数オブジェクトを使うほうが、文言の細かい変更に強いスクリプトになります。同じラベルに関するテストが増えてきたときや、ラベルの文字列が頻繁に修正されるとき、多言語化されたページのテストなどで有効なやり方です。

リスト13.3　期待値の文字列を定数で記述するスクリプトのサンプル

```java
assertThat("年数のラベルを確認", SamplePage.yearLabel, is(Labels.YEAR_LABEL));
```

テストスクリプトのリファクタリング

ここまで挙げたようなテストスクリプトの工夫を行っていても、プロジェクトの進行に伴って少しずつテストスクリプトの構造はほころび、運用・維持に手間がかかるようになっていくものです。この手間を平準化するため、テストスクリプトも、テスト対象のソフトウェアのソースコードと同様に定期的に見直し、必要に応じてリファクタリングしていきましょう。

13.3 テストの実行の工夫

Seleniumを利用した自動テストの実行にあたっては、次の3つの観点での整備が必要です。

- テストの実行前の準備
- テスト実行時のリソース管理
- テストの結果の確認

テストの実行前の準備

いつ自動テストを実行しても同じ結果になるように、実行前にはさまざまな条件を整え、準備する必要があります。Seleniumを利用した自動テストにおいて準備すべきことは何でしょうか。具体的には、DBや他の連携システム（外部のWeb APIなども含む）など、GUI以外から入力されるサーバ側のデータであることが多いでしょう。

このため、テストの前提条件を整える意図でサーバ側のデータを初期化するしくみを作る場合がありますが、このしくみは問題を起こしやすいので、次のような点に十分に注意して作りましょう。

Seleniumを利用するテストのレベル

サーバ側のデータを初期化するしくみとは、すなわちサーバ側のデータ形式をよく知っていないと作れないしくみです。一度このようなしくみにしてしまうと、サーバの外部仕様（UIなど）だけでなく内部仕様が変わったときにも、クライアント側でのテストスクリプトを変更・修正しなければならないといういびつな構造になり、テストスクリプト作成後の管理の手間が必要以上に増えてしまいます。

そもそもSeleniumでテストするのはWebアプリケーション全体の動きですから、結果として一部の内部仕様に依存したようなしくみにしないよう、十分に注意しましょう。内部仕様に依存せずに初期化する手法としては、サーバ側に初期化のための専用APIを用意して、テストスクリプトからはこれを操作するだけにする、というやり方も考えられます。

テストの並列実行

Seleniumを利用した自動テストがよく使われるようになると、複数のテストを

並列で動かして実行時間を短縮したくなってきます。ここでテスト対象のサーバが1つだけである場合、あるテストの実行中に別のテストの処理が実行されたせいでサーバの状態が変わり、成功するはずのテストが失敗してしまうことがあります。

テストスクリプトを並列で実行する環境でサーバ側の初期化を行う必要がある場合は、1つのテストスクリプト実行ホストに対して1つの専用サーバを用意するような排他的な環境を作って、テストの途中で別のテストからサーバの状態を変更されないことを保証できるようにしましょう。

テスト実行時のリソース管理

テストを実行するためのリソース

テストスクリプトが正しく記述され、自動テストが誤動作しないことはもちろん当然のことです。これ以外にも、テストを実行するPCまたは仮想マシンが、テストを実施するためのリソース（CPUパワーや確保するメモリ、ストレージの空き領域など）を十分に持ち続けるように気をつけましょう。テストの途中でリソースが枯渇すると、成功するはずのテストが失敗する原因になります。テスト環境であってもMunin[注2]やCacti[注3]などのリソース監視のしくみを積極的に導入して、自動テスト中にこれらのリソースが枯渇しているときがないか、いつでも確認できるようにするとよいでしょう。

テスト実行後のリソース解放

自動テストが完了したあとは、関係しているすべてのリソースが解放され、テスト実行前と同じ状態になるようにしましょう。

Seleniumを利用した自動テストの仕掛けの中で特に問題になりやすいのは、自動テストが異常終了してしまったときの後始末の不足です。たとえば、次のようなリソースが残存してしまう場合があります。残存リソースを監視・解放するしくみを用意するとよいでしょう。

—— ブラウザ・ドライバのプロセスの残存

4.1節で説明したように、テストスクリプトに問題があった場合などに、ブラウザやドライバのプロセスが破棄されずに残り続けることがあります。

注2　http://munin-monitoring.org/
注3　http://www.cacti.net/

一つ一つのプロセスが占有するリソース量はあまり大きくありませんが、累積すればやがてCPUやメモリなどのリソースが枯渇します。テスト実行ジョブの実行後処理や、テストが実行されない時間に実行される定時処理などに、残存したプロセスを解放するコマンドを仕込むとよいでしょう。プロセスを解放するコマンドは、Windowsではtaskkillコマンド、LinuxやMac OS Xではkillallコマンドを使うのが便利です。

── ブラウザのプロファイルデータの残存

　ブラウザによっては起動されたときにプロファイルデータを作成しますが、このデータが削除されずに残存していくことがあります。

　一つ一つのプロファイルデータの容量は微々たるものですが、長期間の運用で無視できないレベルまで膨らんでストレージ領域を圧迫してしまうことがまれにあります。テスト実行ジョブの実行後処理や、テストが実行されない時間に実行される定時処理などに、プロファイルデータが書き込まれるディレクトリ内のファイルを削除して空にするコマンドを仕込むとよいでしょう。

── 画面キャプチャなど、テスト結果データの残存

　テスト結果のデータは残すべきものですが、ストレージ容量は有限なので、いつかは削除しなくてはなりません。直近のどの程度の期間の結果が残っていればよいかを考え、それよりも古い結果は順次削除するようにしましょう。

　たとえばJenkinsでは、ジョブの設定の「古いビルドの破棄」で「ビルドの保存日数」「ビルドの保存最大数」を設定して、それより古い結果を自動的に削除させることができます（図13.1）。

図13.1　Jenkinsの「古いビルドの破棄」の設定

テストの結果の確認

　自動テストの実行後は毎回結果の確認が必要で、失敗したテストがあれば原因の調査もあわせて必要になります。一つ一つの作業に時間がかかる状態では、毎回確認するのが難しくなります。短時間で確認できるような工夫を取り入れていきましょう。

■ ログ

　たとえば、**リスト13.4**のようなJUnitテストスクリプトが失敗する場合、ログはどのように表示されるでしょうか。

リスト13.4　テストスクリプトのサンプル

```
assertThat(SamplePage.year, is("2015"));
assertThat(SamplePage.month, is("4"));
assertThat(SamplePage.day, is("19"));
```

　テストスクリプトが失敗すると、**リスト13.5**のようなテスト失敗ログが出力されます。しかし、このログだけ見ても何についてのテストが失敗したのかわからず、テストスクリプトの該当部分などを確認する作業まで必要になり、時間がかかってしまいます。

リスト13.5　テストが失敗したときのログの例

```
java.lang.AssertionError:
Expected: is "4"
     but: was "5"
```

　このような場合は、**リスト13.6**のようにテスト失敗時に表示する失敗理由の文字列をテストスクリプトに追加するだけでも、改善が見込めます。

リスト13.6　失敗理由の文字列を追加したテストスクリプトのサンプル

```
assertThat("表示されている年数が期待値と異なる", SamplePage.year, is("2015"));
assertThat("表示されている月数が期待値と異なる", SamplePage.month, is("4"));
assertThat("表示されている日数が期待値と異なる", SamplePage.day, is("19"));
```

　テストスクリプトが失敗すると、**リスト13.7**のようにテストが失敗した理由がログに追加され、どのテストが失敗したのかがログだけ見てもすぐにわかります。

リスト13.7　テストが失敗したときのログの例（ログから失敗したテストがわかる）

```
java.lang.AssertionError: 表示されている月数が期待値と異なる
Expected: is "4"
     but: was "5"
```

このように、ログに少しの工夫を加えるだけで、テストが失敗したときの作業量は大きく減らすことができます。

テスト失敗時のログは、次のような観点に基づいた説明が付記されていると原因の調査がしやすくなります。

- テストスクリプト内のどのテストで失敗したのか
- 画面上のどの要素のテストで失敗したのか
- 失敗したときの時刻はいつか

テストスクリプト作成時の手間にはなりますが、テスト失敗時の手間を考慮して、調査しやすいログを出力できるように工夫しましょう。

なお、これらの取り組みは、テストスクリプトの追加・修正だけでなく、ライブラリやプラグインの追加による実施も可能です。

テストスクリプトのどこで失敗したかをわかりやすくする手軽なレポーティングライブラリの1つに、筆者の1人である伊藤望氏が中心となって開発しているSahagin[注4]があります（図13.2）。これは、特に個々のテストケース中に処理を追加しなくても、テストスクリプトの実行レポートをステートメント単位で自動作成してくれるライブラリです。

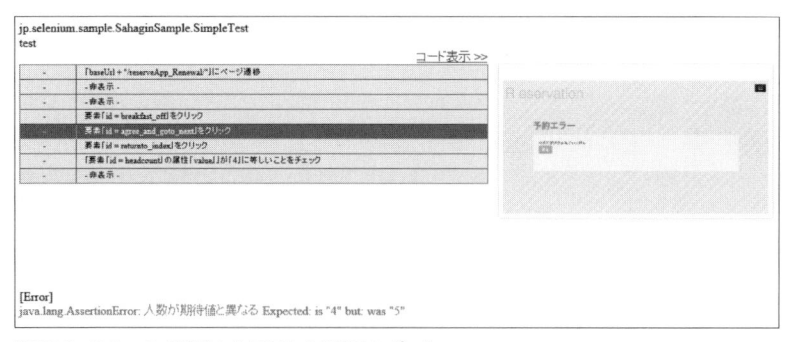

図13.2　Sahaginが出力したテスト失敗時のレポート

タイムスタンプについては、テストスクリプトへ個別に出力処理を組み込むこともできますが、CI環境での一括した追加もできます。たとえばJenkinsにはTimestamperプラグイン[注5]があり、これを使うとテストスクリプト側に処理を追加しなくてもJenkinsのすべてのログに自動的にタイムスタンプが追加されるようになります（図13.3）。

注4　https://github.com/SahaginOrg/
注5　https://wiki.jenkins-ci.org/display/JENKINS/Timestamper

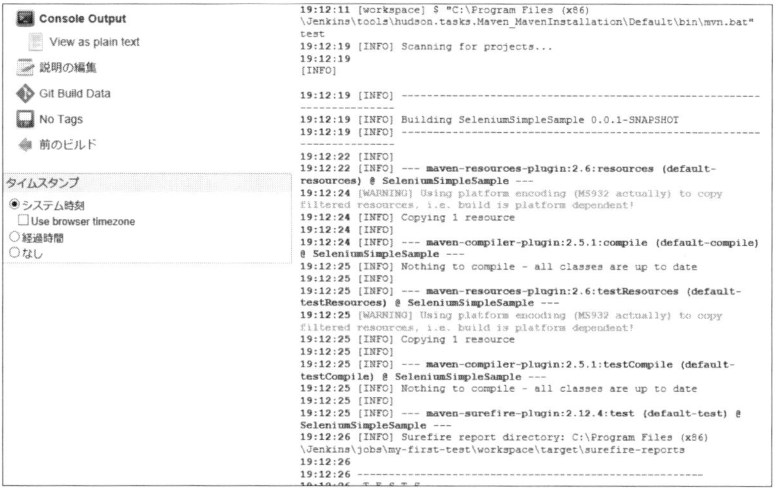

図13.3 Timestamperプラグインによりタイムスタンプが追加されたJenkinsのログ

実行時間

Seleniumを利用した自動テストは実行時間がかかるもので、テストケース数が増えてくると、総実行時間はだんだんと繰り返しの実行に耐えないレベルまで膨らんでいきます。テストの成功・失敗に関わらず、導入の初期からテストの総実行時間を把握できるようにして、いつごろ問題になるのかを予測できるようにしましょう。

たとえばJenkinsでは、「テスト結果の履歴」で総実行時間の推移グラフを確認できます（**図13.4**）。

第13章　運用

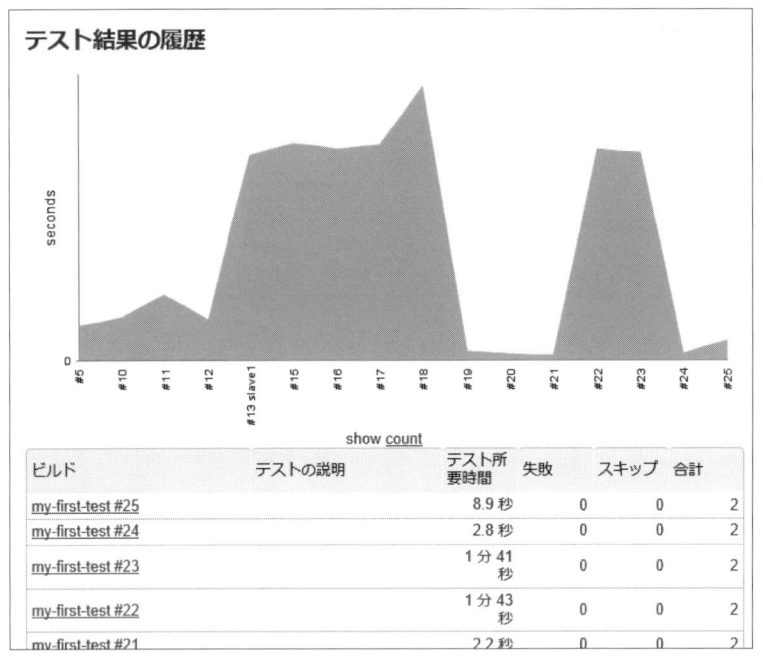

図13.4　テスト結果の履歴

　自動テストの規模が大きくなってきたら、総実行時間だけでなく、テスト対象の機能ごとに実行時間を集計すると、興味深い結果が得られるようになるでしょう。テスト件数の割に実行時間が長くかかっている機能では、テストは成功していてもパフォーマンス上の問題が生じているのかもしれませんし、またはテストスクリプトの効率が悪くなっているのかもしれません。このような情報は、個々の機能のリファクタリングの必要性を判断するための材料の1つとして役に立つでしょう。

画面キャプチャ
――正否の自動判定の難しさ

　Seleniumの導入のメリットとして目立つのが、画面キャプチャ取得の自動化です。さらに画面キャプチャに描画されている結果の正否を自動判定したいと考える人も多いですが、これは残念ながらなかなか自動では判定できません。

　次のような汎用画像ライブラリを利用して、テストが成功したときの画面キャプチャとの画像差分を取ることで正否の自動判定ができるのではないか、と思う人もいることでしょう（図13.5）。

- gd[注6]
- ImageMagick[注7]
- OpenCV[注8]

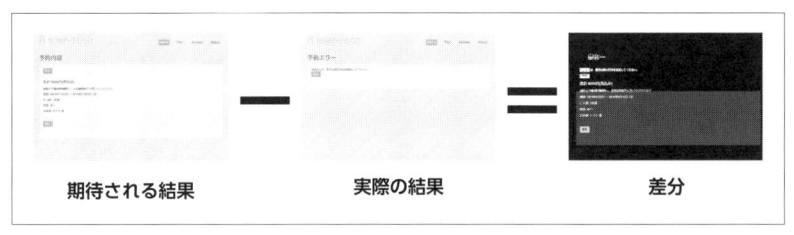

図13.5　画像の差分のイメージ

しかしこれは、次の理由からうまくいかないことが多いです。

- 新しい機能・更新された機能について、完成する前に「テストが成功したときの画面キャプチャ」を用意することは難しく、開発中のテストには向かない
- 毎回のテストで取得される画面キャプチャは、同じページであっても必ずしも完全一致しない。さまざまな理由から、少なくともピクセル単位での誤差が部分的に生じうるものである

── 目視チェックによる判定

　画面キャプチャについては、人間による目視チェックを前提として、現実的にチェックできるファイル数の範囲で活用しましょう。サムネイルのサイズを自由に調整できるAdobe Bridge[注9]などの画像ビューアは、大量の画面キャプチャをおおまかに目視チェックするのに役立ちます（**図13.6**）。

注6　http://www.boutell.com/gd/
注7　http://www.imagemagick.org/
注8　http://opencv.org/
注9　http://www.adobe.com/jp/products/bridge.html

第13章 運用

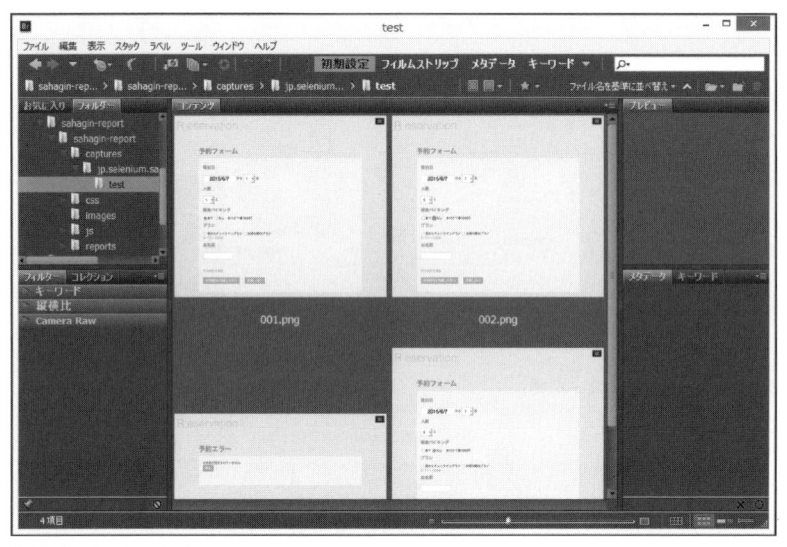

図13.6　Adobe Bridge

── 画面要素の位置情報で代替した自動判定

　レイアウトの崩れを自動判定したい場合は、画面キャプチャを利用するのではなく、画面要素の位置情報で代替できないか検討してみましょう。4.5節で説明した通り、要素の幅・高さはWebElement.getSize( )、位置はWebElement.getLocation( )で取得できます（**図13.7**）。

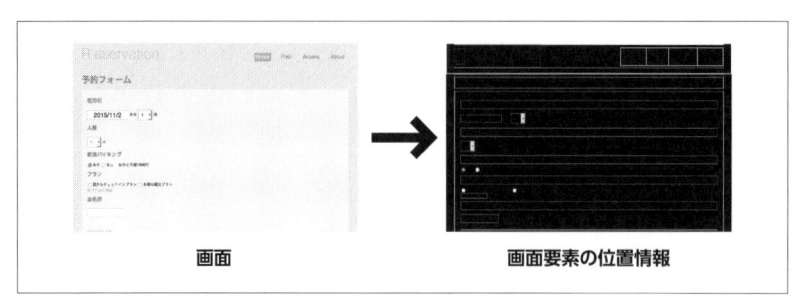

図13.7　画面要素の位置情報のイメージ

　これらの値は、機能が完成する前に正しい値がわかっていることが多く、開発中のテストでも扱いやすいです。

13.4 テスト環境の工夫

自動テスト結果の通知

　自動テスト環境の運用では、テストが失敗したことを過不足なくメンバーに通知することが重要になります。

　自動テストの結果通知は、Jenkinsのダッシュボードなどに表示させて確認したい人を待ち受けるプル型の通知ではなく、メンバー全員にプッシュ型の通知をするような形態にしたほうがよいでしょう。ただ、プッシュ通知が多過ぎるとメンバーが無視するようになりますし、逆に少な過ぎると必要な通知に欠けて自動テスト環境の信頼性がなくなってしまいます。

　まずは失敗したテストについてのみ通知するようにして、過不足があれば細かい通知ルールを付け加えて改善していくようにしましょう。なおJenkinsでは、自動テストの終了後に、結果ログを入力にした処理を可能にするPost build taskプラグイン[注10]があり、テスト処理の単純な成功・失敗以外の細かいルールを作って通知処理につなげることが可能です。

　一般的に利用される通知方法としては、次のものが挙げられます。

- Eメール
- RSS
- チャットツールへの自動投稿
- 音声

　音声については導入環境を選びますが、もし導入できる場合は、特に人間の声データを使った通知をお勧めします。人間の耳は人間の声を聞くために最適化されているので、邪魔にならない範囲で注意を引きやすい効果的な手段になります。

　定型の声データを再生するのでもよいですが、テスト結果を動的に音声合成できると仮想人格のようになり、メンバーに親しんでもらうよい材料にもなります。余力があればぜひ挑戦してみてください。導入しやすい音声合成ソフトとしては、次のものが挙げられます。

注10　https://wiki.jenkins-ci.org/display/JENKINS/Post+build+task

- Open JTalk[注11]
- SofTalk[注12]
- VoiceText[注13]
- Mac OS Xであれば、sayコマンド[注14]

音声の再生には、自動テスト環境のサーバのスピーカを利用するのが最も手軽です。クラウド上のサーバに環境がある場合は音を直接聞けないので、Jenkins Sounds plugin[注15]などを併用してサーバ上の音声データを手元のPCで再生しましょう。

自動テスト環境の維持

一度自動テスト環境を構築すると、メンバーにとってはその環境が動いているほうが当たり前になります。逆に、環境が止まってしまうと非常にストレスになりますし、止まっている期間が長くなってしまえば信頼をなくしてすぐに使われなくなってしまいます。継続的な自動テスト環境にするためには、止まらずに確実に動く環境にしましょう。

確実に動作する自動テスト環境を作るための、構成ソフトウェアのバージョン管理

Seleniumの実行環境を構成するソフトウェアにはそれぞれの開発ライフサイクルがあるので、新バージョンがリリースされるタイミングもバラバラです。すべてのソフトウェアのリリースタイミングに対応していくのは大変なので、定期的な更新時期を決め、その期間中は安定バージョンの組み合わせで固定するようにしましょう。

更新時期は四半期に1回などのビジネスベースのタイミングを基本にしつつ、自動テスト環境でどのブラウザ・どのバージョンでの動作確認を行わなければならないのか、というところを第一にして更新スケジュールを組んでいきましょう。主なブラウザについてはリリーススケジュールがそれぞれ公表されているので、正式版がリリースされてから慌てて検証するのではなく、開発版の進捗状況を参考にして更新スケジュールを作ることができます。

注11　http://open-jtalk.sourceforge.net/
注12　http://www35.atwiki.jp/softalk/
注13　http://voicetext.jp/
注14　https://developer.apple.com/library/mac/documentation/Darwin/Reference/ManPages/man1/say.1.html
注15　https://wiki.jenkins-ci.org/display/JENKINS/Jenkins+Sounds+plugin

このような安定バージョンでの運用をする場合、特にブラウザなどに組み込まれている自動更新機能は必ず無効にして、必要なタイミングで手動で更新するようにしましょう。Seleniumから最新バージョンのブラウザを動かせない事象はかなり頻繁に発生しているためです。

Chromeについては自動更新機能を無効にするのが難しく、重要なアップデートは強制的に適用される場合もあるため、厳密なバージョン管理ができません。より安定した環境を構築したい場合は、代替として、バージョン管理しやすいChromiumブラウザ[注16]を使うのもよいでしょう。旧バージョンから最新バージョンまでのすべての実行ファイルが継続的にビルド・公開されているので、これを利用するのが簡単です。

自動テスト環境でのSeleniumのバージョン更新

自動テスト環境を構築したとき、Seleniumは次の2種類の形態で導入されている場合があることに注意して、それぞれのバージョンをできるだけそろえるように注意しましょう。

❶ テストスクリプトのプロジェクトに含まれるSeleniumライブラリ
❷ 他のソフトウェアにバンドルされているSeleniumライブラリ

❷の典型例として、JenkinsのSelenium Pluginが挙げられます。このプラグインにはSeleniumライブラリがバンドルされているのですが、現状ではリリースのタイミングがSeleniumと同期しておらず古いバージョンのSeleniumになっていることが多いため、ブラウザのバージョンとの不整合・動作不具合を起こしやすくなっています。

このようなソフトウェアの利用を避けるのも1つの手段ですが、一手間かけられる場合は、ソフトウェアの開発プロジェクトをフォークして、Seleniumライブラリのバージョンだけを更新したプライベートビルドを作って利用するのもよいでしょう。

注16 https://commondatastorage.googleapis.com/chromium-browser-snapshots/index.html

第14章 サイボウズの事例

サイボウズ株式会社のkintoneチームでは、WebDriverによるブラウザテスト自動化を開発プロセスに取り込んでいます。本章では、kintone開発における開発プロセスや運用上の課題といった、実際の開発現場でSeleniumを活用するうえでの話題を中心に説明します。

14.1 開発プロセス

kintone[注1]は、業務で使用するアプリケーションをブラウザのGUI上で作成・運用できる、B2B（*Business to Business*、企業間取引）のクラウドサービスです。合計2,500社以上、7万ユーザ以上の規模で導入されており、B2Bという性質も合わさって高い品質を保ち続けることが要求されるため、Seleniumによるテスト自動化はとても重要な役割を果たしています。

kintoneチームの開発プロセスのおおまかな流れは、次のようになります。

❶ 要件検討段階
❷ 仕様検討段階
❸ 実装段階
❹ 試験段階
❺ リリースと改善活動

各プロセスの詳細については後述しますが、Seleniumテストによる自動化は実装段階で行います。

実装段階では、要件検討段階で作成した要件を満たすテストシナリオをQA（*Quality Assurance*、品質保証）が作成し、これをプログラマがSeleniumテストとして自動化していきます。実装段階で主要機能が動作することを自動テストで保証するので、試験段階に進んだときに基本的な機能が動かないという問題が起こりにくくなります。またデグレードのリスクを軽減しながらプログラマが

注1 https://kintone.cybozu.com/

不具合改修に注力できるプロセスになっています。

ここから実際の開発プロセスを通して、Seleniumテストがどのように運用されているかを説明します。

要件検討段階

開発は要件検討から始まります。PM（*Product Manager*、プロダクトマネージャー）が、要件ごとに解決したい問題を実際のユーザによる利用パターンとしてストーリー化したものをシナリオ形式でまとめます。そして優先度の高い要件からプログラマとQAも含めて検討していきます。

最初からプログラマとQAが参加するのは、実装工数や試験工数を見積もるためということもありますが、要件のシナリオは実装や試験を行ううえでも重要だからです。

仕様検討段階

要件がまとまると、仕様を検討します。この段階でも要件を担当するPM・プログラマ・QAが関わります。最終的な決定権を持つのはPMですが、仕様と実装とのバランスをとるためにはプログラマの観点が重要になりますし、例外ケースや制限値といった試験で重要な部分を詰めるためにはQAの観点がとても役立ちます。

この段階の成果物である仕様書があとのテスト設計に大きな影響を与え、最終的な品質につながってくるため、開発プロセスの早い段階からQAの視点が入ることはとても大事だと感じています。

実装段階

仕様検討が終わり、要件がチーム全体で承認されたら、プログラマが実装を開始します。

一方で、QAは要件ごとにSeleniumテストで自動化するテストケースを用意します。このテストは要件検討段階で作成したシナリオを達成できるか確認するテストが中心となり、特に重要な部分のテストとなります。実装段階はQAが用意したテストケースを、プログラマがSeleniumテストとして自動化して初めて完了となります。

実装段階でSeleniumテスト自動化まで行われることによって、QAによる手動テストが開始する前に主要機能が動作していることが保証されます。そのため、この先の試験段階の最初に大きなバグが見つかって試験を進められないという問題が発生するリスクを下げられます。試験を進められない大きなバグがあると、あとのスケジュールに悪影響を与えてしまうため、実装段階で試験自動化まで行って一定以上の品質を保証することはとても重要なのです。

kintoneチームは、Jenkins上で「Build Pipeline Plugin」というプラグイン[注2]を使用することによってデプロイメントパイプラインを実現しています。デプロイメントパイプラインは、『継続的デリバリー』[注3]という本の中で述べられている、ソフトウェアを変更してからリリースまでに必要な一通りのプロセスを自動化された一連の流れとして表現したものです。

JenkinsのBuild Pipeline Pluginを使うと、図14.1のように各ジョブの実行状況や実行フローがわかりやすく視覚化されます。そして開発中に変更がバージョン管理システムのメインブランチにマージされると、パイプライン上の各Jenkinsジョブが順番に実行されるようになります。

パイプライン上の各ジョブでは、最初にコンパイル、単体テスト、静的解析といったデプロイなしで可能な確認を行います。そして次のジョブで、コンパイルのジョブで作成されたファイルを、本番環境をコピーした試験用環境にデプロイし、その環境上でAPIテストやSeleniumテストを実行します。つまり、Seleniumテストは変更がメインブランチにマージされるたびに毎回実行されるのです。

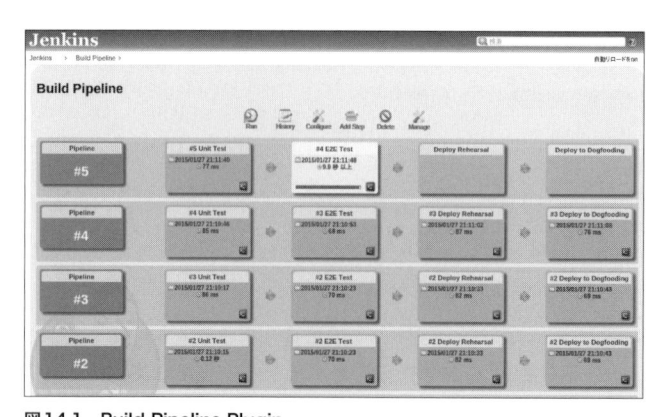

図14.1　Build Pipeline Plugin

注2　https://wiki.jenkins-ci.org/display/JENKINS/Build+Pipeline+Plugin
注3　Jez Humble、David Farley著／和智右桂、髙木正弘訳『継続的デリバリー ── 信頼できるソフトウェアリリースのためのビルド・テスト・デプロイメントの自動化』アスキー・メディアワークス、2012年

テストが失敗すると、失敗が放置されないようにその変更を行った作業者に通知が飛ぶようになっています。テストが失敗するということはリリースできない状態ということなので、その作業者には復旧を最優先で行ってもらうルールになっています。

すべてのテストが通ると、社内で使われているドッグフーディング[注4]用の環境にデプロイされます。実際のリリースは2〜3ヵ月に1回まとめて行うため、自動テストが通ったらすぐに公開するというわけにはいきません。そこで社内に最新の状態が反映された環境を用意することによって、リリースのテストを行うようにしています。その環境を普段利用することで、実際のデータが存在する環境で人の目を通した確認を行えるようになります。この段階まで気づかれなかった問題点が見つかったり、UI・UXの改善点が見つかったりと得るものが多いです。

実装段階において、Seleniumテストも含めたこれらのCIのしくみがあることは、とても安心感があります。フレームワーク部分の修正のような影響範囲の大きな変更を行ったとしても、一定以上の品質を常に保証でき、成果物をすぐに確認できる環境が用意されているため、自信を持って開発に集中する状態を継続できます。

試験段階

実装段階が終わると、QAによる試験が始まります。QAはこの段階までに仕様書から試験設計を行っており、試験設計書をもとに成果物に対して試験を進めていきます。

そして、プログラマは試験に並行して発見された不具合を改修していきます。不具合改修時にも、メインブランチに変更がマージされるたびにすべての自動テストが実行されるため、このときも安心して修正をコミットできます。

また、不具合改修時には再発防止のための自動テストを追加します。すべてをSeleniumテストで自動化していくと実行時間やメンテナンスコストが高くなり過ぎるため、可能な限り単体テストやAPIテストで改修確認の自動テストを書くルールにしています。もちろん、どうしてもGUIを通した自動テストを用意したほうがよいと判断した場合はSeleniumテストを追加することもあります。

注4 開発した製品をテスト目的だけでなく実用的な社内業務用途に利用して、製品の問題点をチェックすることです。kintoneの開発関係者を中心に数十名が、最新のkintone上で普段の業務を行っています。

リリースと改善活動

　試験が完了すると、サイボウズ社内で社員全員が日々利用している環境に適用されます。これを「社内公開」と呼んでいます。実装時に使用しているドッグフーディング環境は一部の開発メンバーしか利用していないため、社内公開時のほうが多くのフィードバックが得られ、これまで見つからなかった問題が見つかります。

　リリースの障害となる問題がなくなれば、予定されていた日程で晴れて正式なリリースとなります。試験結果についてはQAが分析を行い、開発チーム全体に共有されます。このとき機能ごとの不具合発見数なども分析されるので、重大な不具合が多かった機能については不足していた試験観点を追加した試験を設計し、Seleniumテストなどで自動化するということも行います。

　リリース時にはすでに次回のリリースに向けた開発が始まっています。製品の機能開発を行っていない期間がほとんどないため、機能開発以外の改善活動などは並行して行うことが多いです。

　チームでは2週間に1回の頻度で「振り返り」を行っています。そこで改善が必要となった課題については、すぐに終わりそうであれば担当者を割り振って空いている時間に対応してもらいます。しかし、それだけでは時間のかかる改善ができないため、1～2ヵ月に1回ほど「KAIZEN DAY」という丸1日改善に集中するための日を設定しています。SeleniumテストやCIなどの改善についてもこのタイミングで行っており、実行時間の改善やテスト基盤の改善など、さまざまな取り組みが行われています。

　ここまで、Seleniumテストやそれに関連する事柄を中心にkintoneチームの開発プロセスについて説明しました。Seleniumテストは手段の1つであり、それ1つであらゆる問題を解決できる銀の弾丸ではありません。Seleniumテスト導入時には、どのような目的で必要なのか、そのためにはどのようなタイミングでどのようなテストを実行できる必要があり、Seleniumテストの作成やメンテナンスをいつ誰がやるのかといった運用面も含めて考えたほうがよいでしょう。

　kintoneチームの場合、常にリリース可能な品質を保つためにSeleniumテストをデプロイメントパイプラインに組み込んで運用しています。

14.2 運用上の課題

　kintoneチームでは、前節で解説したようにSeleniumテストを実際の開発プロセスに組み込んで運用するところまで実現できています。しかし、実際の運用が軌道に乗って活用範囲が広くなるにつれて、導入時とはまた違った問題が表面化してきました。本節ではそれらの課題と、それに対してどのような対策をとっているかについて解説します。

Selenium Gridによる並列化

　デプロイメントパイプラインを構築したことにより、バージョン管理システムに変更がマージされるたびにSeleniumテストが流れるようになり、1日に実行される回数は10回以上になりました。テスト数が少ないうちは大きな問題にならなかったのですが、量が増えるにつれて実行時間が問題となってきました。現在、kintoneにおけるSeleniumテストの数は900を超えており、全テストの実行時間を単純に合計すると16時間以上となります。このままでは、1日に何回もテストを流すことなどできません。

　この問題を改善するために、並列化による実行時間の改善に取り組みました。Seleniumテストの実行を並列化する方法はいくつかありますが、kintoneチームでは12.5節で紹介されているSelenium Gridを使って自動化しています。

　現在のkintoneチームでは、最大で30並列以上でテストを実行するようになり、Seleniumテストの実行時間は20～30分ほどとなりました。それでも開発完了の直前など変更が集中するときには、自動テストの実行ジョブが空くまで待たなければならない状態になることがあります。よりすばやいフィードバックを得られるようにするためにも、引き続き並列数を増やすための改善を行っています。

Dockerによるテスト環境の用意

　最初はSelenium GridのためにVM（*Virtual Machine*）を作成していたのですが、ノード数に比例してVMの数も増えていきます。何十というVMを管理する必要があり、すべてのマシンでWebDriverをバージョンアップしたり、特定のVMだけ調子がおかしくなったときに対応したり、といったことにとても時間を取られるのが問題になってきました。

この問題を解決するため、kintoneチームではDocker[注5]を使用したSeleniumテスト環境を導入しました。Dockerは、実際にVMを用意するのではなく、「コンテナ」と呼ばれる隔離された環境でアプリケーションをデプロイ・実行するためのしくみを提供します。

このため、1台のマシン内に複数のコンテナを作成できるので、管理するマシンは1台だけで済みます。また、VMよりはるかに短時間で独立した環境を作成できるため、手軽に全環境を作りなおせます。

Linux環境しか作成できないのが欠点ではありますが、DockerのおかげでSelenium Grid環境のメンテナンスに取られる時間は大幅に減りました。

Selenium Gridを構築するためのDockerイメージは公式から提供されています[注6]。より具体的な環境構築手順を知りたい場合は、以前にサイボウズの技術ブログに筆者が記事を書いたので、そちらを参考にしてください[注7]。

テスト環境のクラウドへの移行

Dockerを使うことにより、Selenium Gridによる大規模なテスト環境を手軽に構築できるようになりました。その結果、特定のブランチにマージされたときだけでなく、マージ前のトピックブランチに対しても、必要なときにSeleniumテストを実行できるように改善できました。

しかし今度はハードウェアのリソース不足が問題になりました。ブラウザの起動はそれなりのCPUとメモリを消費するため、一度に複数のブラウザを立ち上げるSelenium Gridによるテスト環境では、ハードウェアのリソース確保が切り離せない問題となります。

この問題を解決するため、Selenium Gridによるテスト環境をクラウドへ移行することにしました。これには多少の金銭的コストが必要となることは間違いないため、自前でハードウェアを調達・管理した場合のコストと比較してどうか、チームごとの事情によって最適な選択は異なってくるでしょう。

kintoneチームの場合、まずはSauce Labs[注8]をはじめとするSeleniumテストに特化したクラウドサービスを検討しました。これらのサービスは、用意されているクライアント環境が豊富で、扱いやすいUIや分析に役立つツールが用意されています。さらにセキュリティ面でもよく考慮されており、機能面では間違い

注5　https://www.docker.com/
注6　https://hub.docker.com/u/selenium/
注7　http://blog.cybozu.io/entry/8113
注8　https://saucelabs.com/

なく充実しています。しかし、コスト面ではどうしても割高になってしまうため、kintoneチームでは採用を見送ることにしました。

次に検討したのが、AWS（*Amazon Web Services*）[注9] やGCP（*Google Cloud Platform*）[注10] といったPaaSです。kintoneチームの場合、環境構築は自分たちで手軽にできるところまで実現できていたので、ハードウェアのリソースを借りるだけで十分でした。コスト面でも現実的な範囲に収まったため、こちらを採用することにしました。

現時点では、AWSは権限設定など柔軟な管理機能が優れており、一方でGCPはコスト面で優れているといった印象です。しかしPaaSまわりは進化が早いので、その時期、そのチームに合った選択をすることが重要でしょう。

基本的な運用は社内で構築していたときと変わりませんが、次の点については注意が必要です。

- テスト対象Webアプリケーションと近いリージョンを選ぶ（東京、アジアなど）
- テスト対象Webアプリケーションが社内にある場合、外部ネットワークから接続できるように設定する必要がある
- VMインスタンスの起動時間で請求額が決まるため、テスト開始・終了時にインスタンスの起動・停止を行う、請求額を監視するなどの対策をとる

トラブル対応の属人性

Seleniumテストのシステムが大規模になるにつれて、トラブルの要因についても多様性を増してきました。テストが不安定、Selenium Gridの特定のノードだけ異常終了している、テスト対象が動作している環境がディスクフル、デプロイの手順中に失敗、などなどインフラからアプリケーションレベルまでさまざまなレイヤーで問題が発生します。

こうなってくると、Seleniumテストが予想外に失敗したときに、全体のシステムを把握している人以外が原因を切り分けるのは困難になり、トラブル対応が属人的になってしまいます。しかし、属人性が高まることはその人がいないときのボトルネックにつながり、ボトルネックはパフォーマンスの低下につながってしまいます。

注9 http://aws.amazon.com/
注10 https://cloud.google.com/

属人性を低減するために、kintoneチームでは次のようなプロセスでトラブルに対応しています。

- 自動テストが実行される原因となった変更を行った人に通知が飛ぶ
- その人が原因の調査、復旧を行う
- その人が自力で対応しきれない場合は、テストシステム全体に詳しい人に対応を引き継ぐ

その後、トラブル原因と復旧手順については、誰でも対応できるようにドキュメントとしてまとめます。やはり、各人に実際に手を動かして対応してもらう運用とするのがよいでしょう。

しかし、これでもまだkintoneチームでは属人性を排除できているとは言えない状況です。未知のトラブルに対してはどうしても必要な前提知識が多くなってしまいますし、トラブルで自動テストが動作しない状況が長く続くと開発にも影響を与えるため、いつも特定の人が対処してしまいがちです。

本来、自動テストは製品本体の開発に集中できるようにするためのものなので、製品本体と関係ない自動テスト環境の運用トラブルに全員が対処できる必要があるのか、というのも疑問ではあります。そのため、自動テストを含めた開発基盤の安定運用にコミットするチームを作成するという選択肢も現在検討中です。この問題については、まだまだ探求が必要だと感じています。

14.3 まとめ

サイボウズ株式会社のkintoneチームにおける、Seleniumテストの開発プロセスとの融合、運用上での課題と改善策といった点について説明しました。Seleniumテストを導入するときは、解決したい問題について実際の運用まで見据えて考えたほうが、あとあとの導入がスムーズに進むでしょう。組織や製品の事情によって変わってくる部分も多いとは思いますが、Seleniumテストを導入するうえで少しでも参考になれば幸いです。

ぜひみなさんも楽しいSeleniumライフをお過ごしください！

第15章

DeNAの事例

本章では、株式会社ディー・エヌ・エー（以降、DeNA）でのSeleniumを利用した自動テスト作成・運用の事例について紹介します。ブラウザ・スマートフォンアプリの両方を対象に開発しているゲームプラットフォームを題材に、自動テストの対象となるサービスの概要を説明したうえで、ブラウザ自動テストとスマートフォンアプリ自動テストの方法をそれぞれ解説します。

15.1 自動テストの対象となるサービスの概要

DeNAではブラウザゲームやスマートフォンアプリゲームのサービスをユーザに提供しています。これらのゲームは自社で開発しているもの、ゲームデベロッパ各社が開発しているものがあり、各社はDeNAが提供するNBPF（*Next Browser Platform*）というプラットフォームを利用して開発・サービス提供を行っています。本事例では、このNBPFに対するSelenium自動テストの作成・運用について説明します。

ここでは、テスト対象となっているNBPFがどのようなサービスで、どういったアプローチでテストしているのかについて簡単に説明します。なお、NBPFについて詳しくはデベロッパ向けドキュメント（https://docs.mobage.com/display/JPJSSDK/NBPF+Home）をご覧ください。

NBPFの全体像

NBPFは、ゲーム作成の自由度が高く、クロスデバイス向けの開発が可能なゲームプラットフォームです。ユーザの認証や認可・各種ソーシャル機能・アイテム購入といった機能を提供しているサーバサイドのコンポーネントと、それらの機能をゲームから利用するためのライブラリから構成されています。

NBPFにおけるゲームユーザの認証・認可には、OpenID Connect（http://openid.net/connect/）仕様を実装したMobage Connectというサーバサイドのコンポーネントを提供しています。ゲームデベロッパは自身のブラウザゲー

331

ムのJavaScriptコードにMobage JS SDKというJavaScriptライブラリを組み込むことで、NBPFとのユーザID連携や決済・アイテム購入といったプラットフォーム機能の利用が可能です。また、Mobage JS SDKを利用したゲームは、Android・iOS向けにObjective-CとJavaのライブラリとして提供しているMobage Shell App SDKというSDKを利用すればハイブリッドアプリも作成でき、App StoreやGoogle Playといったアプリマーケットにもゲームを提供できます。

つまり、NBPFは大きく分けて次の3つの要素を連携させて、ブラウザ・スマートフォンアプリ向けにサービスを提供しています（図15.1）。

- Mobage Connectに代表される、プラットフォーム機能を提供するサーバサイドコンポーネント
- サーバサイドのプラットフォーム機能をブラウザゲームから利用するためのMobage JS SDK
- Mobage JS SDKを使った、ブラウザゲームをハイブリッドアプリ化するためのMobage Shell App SDK

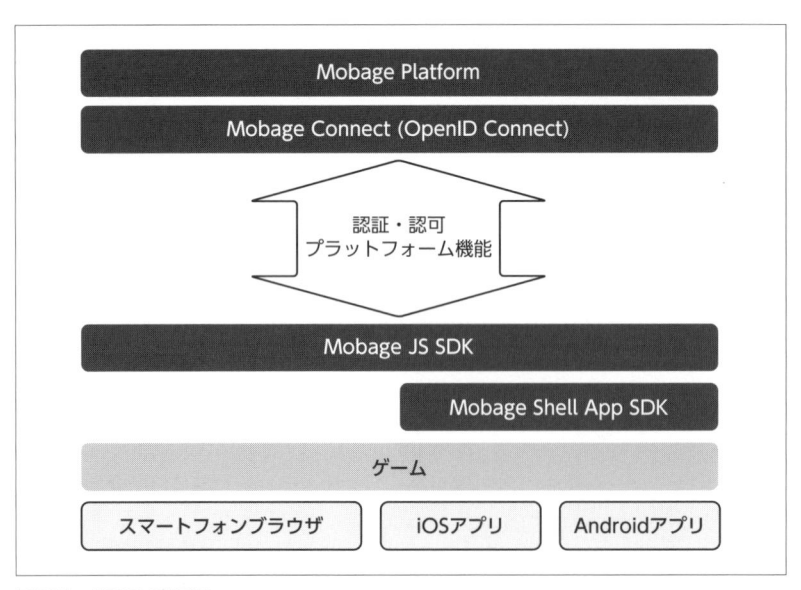

図15.1　NBPFの概要図

各要素の働きについて見ていきます。

サーバサイドコンポーネント

Mobage Connectは、NBPF上のアプリにMobageユーザID連携機能を提供するコンポーネントです。ユーザの認証や認可はOpenID Connectの仕様に準拠しており、OP（*OpenID Provider*）の役割を担っています。さらに、Mobage ConnectではMobageへの会員登録機能やFacebook・Twitter・Google・Yahoo!といった外部SNSとの連携機能も提供しています。

また、Mobage Connect以外にも、ゲーム内でのアイテム購入機能やSNS上でのチャット・友達ユーザの招待といったソーシャル機能もNBPFのサーバサイドコンポーネントで提供しています。

Mobage JS SDK

Mobage JS SDKは、Mobage ConnectとのID連携を行い、サーバサイドコンポーネントの各種機能をゲームから利用するためのJavaScriptライブラリです。ブラウザゲームのJavaScriptコードにMobage JS SDKを組み込むことで、Mobage ConnectとのID連携を行えます。

また、NBPFが提供している友達ユーザ招待やチャット、アイテム購入・決済、ユーザからゲーム運営者へのお問い合わせといったプラットフォーム機能も、Mobage JS SDKを利用して呼び出します。

Mobage Shell App SDK

前述のMobage JS SDKによって、ブラウザからNBPFを利用するゲームを作成できます。Mobage Shell App SDKを利用すると、作成したゲームをスマートフォンアプリとして提供することが可能になります。

Objective-C・JavaのライブラリであるMobage Shell App SDKを利用すると、Android・iOSアプリのWebView経由でMobage JS SDKアプリにアクセスするハイブリッドアプリが作成できます。また、ユーザへのプッシュ通知やアプリ内課金といったスマートフォンアプリ独自の機能も、Mobage Shell App SDKによって提供しています。

Seleniumによる品質保証のアプローチ

ここまで述べた通り、NBPFはブラウザからもスマートフォンアプリからも利用するプラットフォームです。したがって、品質保証におけるテストも、ブラウザ経由のものとスマートフォンアプリ経由のものの両方が必要です。

DeNAではブラウザ経由のテストはWebDriverで、スマートフォンアプリ経由のテストはAppiumでそれぞれ自動化し、プラットフォームの品質保証・向上に活用しています。以降ではブラウザテストの自動化とスマートフォンアプリテストの自動化のそれぞれのアプローチについて、詳しく紹介します。また、それらの自動テストをJenkinsによるCI環境で運用している事例についても紹介します。

15.2 ブラウザ自動テスト

本節では、WebDriverを用いて、NBPFをブラウザから利用した際の振る舞い・機能をテストする方法について紹介します。

まずプラットフォーム機能を利用するためのテストWebアプリケーションについて、作成のノウハウを交えながら紹介します。次にテストWebアプリケーションを利用して自動テストを実行するテスト本体や関連ソフトウェア・ライブラリについて紹介し、最後にそのテストをJenkinsのCI環境で運用する事例について、運用上の問題点やその解決策と共に紹介します。

テストWebアプリケーション

NBPFはゲームアプリ本体ではなく、プラットフォームです。つまりNBPFの機能の多くはプラットフォームへの直接のアクセスではなく、Mobage JS SDKを利用して開発・公開されているゲームアプリを経由して利用されます。テストケースとテスト対象の実際のユースケースが乖離しないように、自動テストにおいてもNBPFの機能に直接アクセスしてテストするのではなく、Mobage JS SDKを利用したテストWebアプリケーションを作成し、テストからテストWebアプリケーション経由でプラットフォームの各機能にアクセスして自動テストを実施するケースが大部分を占めます。ここでは、テストWebアプリケーションを作成する際に意識すべきことをいくつか紹介します。

まずは当然ながら、プラットフォームの各機能を網羅して利用できるようにするということです。通常のアプリでは、必ずしもすべてのプラットフォーム機能が利用されるとは限りません。しかし各機能に対するリグレッションテストを継続的に実行していくために、テストWebアプリケーションからはすべてのプラットフォーム機能が利用可能な状態にしておきます（**図15.2**）。

図15.2　テストWebアプリケーションのプラットフォーム機能一覧画面

　すべての機能に対する動線やフォームをアプリ内に準備しておけば、WebDriverを利用した自動テストからそれらの機能をテストできます。また、テスト対象が提供する機能数が多く、すべての機能に対する動線を設置しづらいような場合は、テキストフォームにテストしたい機能名を入力し、テストWebアプリケーションから入力された任意の機能を呼び出せるような実装にしておけば、設置すべき動線を減らすことができます（**図15.3**）。テストWebアプリケーションから任意の機能を呼び出せるようにすると、プラットフォームに新機能が追加された場合もテストの追加だけで対応できるので、テストWebアプリケーションのメンテナンスコストを下げる効果も期待できます。

- service_name
  ui
- method_name
  show
- api_method
  選択して下さい
- option
  ```
  "test_method",{
    option: 1,
    user: 'naoki'
  }
  ```

実行

図15.3　テストWebアプリケーションからMobage JS SDKの機能を呼び出すフォーム

　次に、プラットフォームの各機能に与えるパラメータを、テスト側で制御できるようにしておきます。NBPFの場合だと、Mobage JS SDKの各APIを呼び出す際のパラメータはアプリ側に記述しておくのではなく、フォームなどを用意してテストから入力できるようにします。この対応によって各APIにさまざまなパラメータを与えるテストが可能になり、特に異常系のテストケースの充実に効果があります。APIに与えるパラメータの仕様が変更になった場合でも、テストを修正すればテストWebアプリケーションに手を加える必要はありません。

　また、プラットフォーム機能からの返り値をHTML上に表示するようにします。通常、こういった返り値はアプリ内で処理され、直接ユーザの目に触れることはありませんが、HTML上に描画すればテスト側のWebDriverから取得・検証が可能となり、より高精度なテストが実現できます。

　加えて、テストWebアプリケーションそのもののパラメータをテスト側から制御できるようにしておくことも重要です。たとえばNBPFでは、各ゲームにプラットフォーム内でユニークなアプリID、OpenID Connectで言うところのRP（*Relying Party*）のclient_idが付与されています。通常こういったアプリIDは文字通り各アプリに固有なパラメータであるため切り替えることはありませんが、NBPFのテストWebアプリケーションはアプリIDを切り替え、任意のアプリIDで動作するようにしています。このアプリIDはアクセスするURLのドメインに含めるようになっており、テスト側ではアクセスするアプリのURLの変更によってテストWebアプリケーションのアプリIDを変更できます。テスト側からテストWebアプリケーションのアプリIDを切り替えることには、次のような利点があります。

- アプリの状態別のテストが容易
    - たとえばユーザに公開中のアプリAとユーザに未公開の開発中のアプリBの2つのアプリIDを切り替えることで、ユーザへの公開状態別の挙動をテスト可能
    - アプリの状態変更が不可逆的な操作の場合、状態別のアプリを準備しておくアプローチは非常に有効
- 新たなアプリの追加が容易
    - テストを追加する過程で新たなアプリが必要となった場合でも、テストWebアプリケーションに変更を加えることなく対応が可能
- アプリの状態を独立させられる
    - テストWebアプリケーションのIDを固定すると、テストWebアプリケーションの状態が別のテストの影響で変わってしまい、テストが失敗してしまうリスクがある
    - 開発用・手元での動作確認用・CI環境用など、用途別にアプリIDを用意しそれらを切り替えることでテストWebアプリケーションの状態を独立させられる

最後に、これはWebDriverによる自動テストとは直接関係ありませんが、テストWebアプリケーションは自動テストではない手動のテストからも利用しやすくしておきます。自動テストだけではカバーしきれない領域を手動テストで担保するため、テストWebアプリケーションはテスト担当者の手動操作でも利用します。手動テストの効率を向上させるための工夫の一例を次に示します。

- スマートフォンの小さなディスプレイでも各要素をタップしやすいような、大きなボタンにする
- 繰り返し操作したり確認したりする要素は、少ないスクロール・タップで到達できるようにする
- 各APIに与えるパラメータデフォルト値は、あらかじめ入力されているようにする
- 検証結果の報告を容易にするため、各パラメータや返り値をコピーしたり、PCにメールで転送したりできるようにする

上記のような工夫はテストWebアプリケーションに限らない一般的なUI・UXに関連するものもあれば、テストWebアプリケーション独特の目線のものもあります。実際の品質保証プロセスでは、テスト担当者による手動検証の実施工数の影響が大きいため、工夫の一つ一つの積み重ねが検証プロセス全体の

効率化・品質向上に強く影響します。したがって、NBPFのテストWebアプリケーションは、自動テストだけでなく手動検証の効率も意識しながら作成しています。

何を自動テストで担保し、何を手動テストで担保するか

前述のテストWebアプリケーションの手動テストへの利用に関連して、ここでは自動テストと手動テストとの関係について述べます。WebDriverを始めとする自動テストツールの普及が進んでも、やはり自動テストだけではカバーしきれない領域が存在します。たとえばレイアウトの崩れのように単純なDOM構造の確認だけでは見つけ出せない問題の検出や、モンキーテスト[注1]による特殊な条件で顕在化する問題の検出などは、自動テストによる実現が困難もしくは実現に大きなコストがかかってしまいます。一方で、APIに数々のバリエーションのパラメータを与え、異常系の挙動を検証するバリデーションテストや、少しでもプロダクトのコードに手が入ったら必ず実施したい重要機能のリグレッションテスト、ブラウザのCookieの状態のようにGUI経由では確認しづらい部分の検証などは自動テストが得意とする領域です。

自動テストの開発者と手動検証の担当者は別の人物・チームであることが多いかもしれませんが、互いにコミュニケーションを取りながら、どの領域を自動テストで担保して、どの領域を手動テストで担保するかを明確にし、トータルでの検証実施コストを下げ、検証品質をよりよい状態にしていくことが大切です。

テストコンポーネント

ここではいよいよ、WebDriverを利用したテスト本体について紹介します。DeNAではNBPFというプラットフォームに対して、先に紹介したテストWebアプリケーションを用いた自動テストの作成・運用を実施しています。また、自動テスト本体もテストケースが記述されたテストスクリプトと、テストサポートライブラリを組み合わせて利用しています。テスト対象であるプラットフォーム・テストWebアプリケーション・テストスクリプト・テストサポートライブラリの関係性を表すと、**図15.4**のようになります。

注1　製品の使用法についてはまったく考慮せず、広範囲の入力からランダムに選択し、ボタンをランダムに押すことでテストを行う方法です（ISTQB（International Software Testing Qualifications Board）用語集より抜粋しています）。

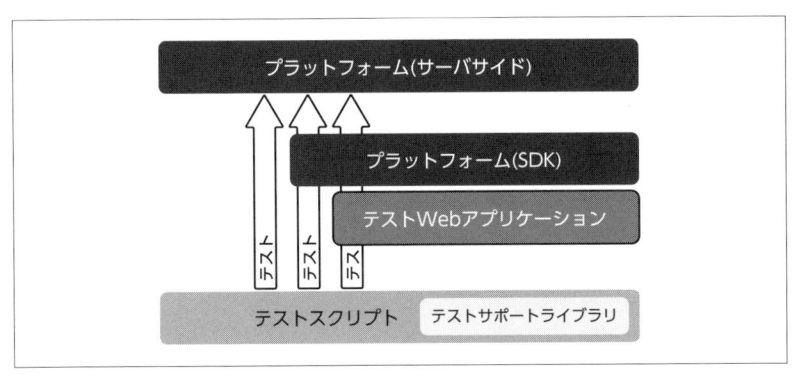

図15.4 ブラウザ自動テストの概要

　テストスクリプトとテストサポートライブラリについて、それぞれ詳しく説明していきます。

テストスクリプト

　NBPFのテストスクリプトは、次のソフトウェア・ライブラリを利用して作成しています。

- Ruby
- WebDriver（Rubyのgemパッケージ「selenium-webdriver」）
- Capybara
- RSpec
- Chrome

　WebDriverを使ってChromeを操作し、前述のテストWebアプリケーションにアクセスしてプラットフォーム機能のテストを実施しています。テスト結果の判定や各種ブラウザ操作の記述を効率化するために、テストフレームワークとしてCapybaraとRSpecを利用しています。

　次の例のようなテストケースが約600あり、開発環境・ステージング環境・本番環境といった各環境にアプリケーションがデプロイされるたびに、すべてのテストを実行するようにしています。

- プラットフォームの基本機能を検証するテスト
    - Mobage JS SDKを利用してテストWebアプリケーションとMobage Connectとのログイン連携を行い、その結果を確認

- ユーザが仮想通貨を利用してアイテムを購入し、アプリ側への購入通知やポイント残高の遷移を確認
- ユーザからプラットフォームのお問い合わせ機能を利用すると、そのお問い合わせ内容がデベロッパに通知されることを確認
- バリデーションに関するテスト
  - 会員登録の際のメールアドレス・パスワードに誤った形式のものが利用できないことの確認
  - ユーザがログインに失敗した際のエラーメッセージの出し分けの確認
- セキュリティテスト
  - デベロッパに提供される開発用機能で、他社デベロッパのアプリにアクセスできないことを確認
  - 一般ユーザが開発中のアプリにアクセスできないことの確認

これらのテストはすべて、テスト専用の環境やモック・スタブを利用せず実環境で動作しているプラットフォームに対して実施しています。テストを実環境に向けて実施すると次のようなメリットがあるため、通常のユニットテストに加えてWebDriverによるE2Eのシステムテストを実行するのは、サービスの品質を保証するうえで大きな効果があります。

- 環境変数やドメインの違いといった環境起因の問題を検出できる
- ロードバランサや外部APIなど、アプリ単体だけでなくアプリ実行環境全体を通しての動作を確認できる
- サーバ間通信の遅延・アクセスやデータ量の過多・レプリケーション遅延などによる問題を検出できる

テストサポートライブラリ

前述のテストスクリプトを実装しようとすると、共通化できる処理が数多く現れると思います。NBPFの例で言うと、「プラットフォームにログインする」「ゲームをプレイ開始する」「アイテムを購入する」といった処理に対応するコードがそれにあたります。

テスト実行に必要な処理をすべてテストスクリプトに記述してしまうと、最も大切なテストシナリオやその期待結果の記述がわかりにくくなってしまい、テストのメンテナンス性の低下やテストケースの漏れの原因となります。DeNAではそういった問題を防ぐため、共通化できる処理は外部のライブラリ（Rubyの場合はgemパッケージ）として切り出しを行い、テストサポートライブラリとして利用しています。

─ マルチデバイス対応

ここまでNBPFについて説明してきましたが、実際にはNBPFはより大きなMobageというゲームプラットフォームの一部として提供しています。今回の事例紹介では紙面の都合上、Mobageプラットフォーム全体ではなくNBPFにフォーカスして紹介していますが、実際にはMobageプラットフォームは、フィーチャーフォン・スマートフォン向けの従来のブラウザプラットフォーム（以前からMobageと呼ばれているものがこれにあたります）や、PC向けのブラウザプラットフォーム（Yahoo!モバゲー）も提供しています。各プラットフォームは要件レベルではほぼ共通化されていますが、それぞれは異なる実装であるため実際の操作の手順は大きく異なります。

たとえば「プラットフォームへのログイン」という動作1つをとっても、アクセスすべきURL・アカウント情報を入力すべきフォームの形式・ログイン後に意図したユーザでログインできているかの確認方法などはアクセスしているデバイスによって異なるのです。ログイン方法を例にとると、スマートフォンブラウザではメールアドレスや各種SNSアカウントによってMobageプラットフォームにログインするのに対し、PCブラウザではYahoo!アカウントによってログイン、フィーチャーフォンでは端末固有番号によるログイン、といった具合にさまざまです。

デバイスによってDOM構造だけでなく各手続きレベルでの差分が発生するため、テストサポートライブラリ側でこれらの差分を吸収できるようにしています。たとえば**リスト15.1**のような、RSpecとCapybaraによるテストコードがあったとします。

リスト15.1　ログイン機能のテストコード

```
require 'mbga-browser'

describe "ログイン機能" do
  context "ユーザがログインしたとき" do
    before { mbga_browser.login }

    it "マイページにユーザ名が表示されている" do
      mbga_browser.visit_mypage
      expect(page).to have_content(mbga_browser.current_user_name)
    end
  end
end
```

mbga-browserというテストサポートライブラリが、ログイン処理やマイページへのアクセスを抽象化していることがわかります。mbga-browserは環境変数DEVICEによってアクセスするデバイス（＝プラットフォーム）を切り替えるようになっているので、次のように同一のテストケースを各プラットフォームに向けて実行できるようになります。

- DEVICE=fpパラメータでテストを実行
  フィーチャーフォン向けのプラットフォームのテストを実行
- DEVICE=spパラメータでテストを実行
  NBPF向けのテストを実行
- DEVICE=pcパラメータでテストを実行
  Yahoo!モバゲー向けのテストを実行

── プラットフォームのクライアントとしての利用

　前項までの利用方法にとどめるのであれば、テストサポートライブラリはわざわざ外部ライブラリとして切り出さなくても、テストスクリプトのヘルパー関数としても実現できます。しかし外部ライブラリとして切り出すと、それをテストスクリプト外からも利用可能になるという利点が生まれます。

　たとえばNBPFのテストサポートライブラリであるmbga-browserでは、各環境・各デバイスのプラットフォームにアクセスするためのコマンドラインインタフェースも同梱しています。Webアプリケーションを開発している際に、特定の条件でアプリにアクセスしたい場合、次のような作業が必要になります。対象のサービス開発に長年携わっているような人であれば、こういった手続きも苦ではないかもしれません。

- アクセスしたいサービスに合わせたユーザエージェントへの切り替え
- 環境別のドメイン・パスの使い分け
- ログインしたいアカウントのID・パスワードの組み合わせの用意

　しかし、新たにサービス開発に加わった人物がサービスにアクセスしたい場合や、別サービスの開発の工程上で一時的に対象サービスにアクセスする必要が出てきたような場合、これらの手続きがコマンドラインで抽象化されていると、情報共有のコストや操作ミスによる問題発生のリスクを大きく下げられます。

　図15.5のようなコマンドを実行すると、WebDriverによってブラウザが立ち

上がり、サービスにアクセスするまでの面倒な手続きをすべて自動で実行してくれます。これらのコマンド内で利用されているユーザエージェントの切り替えやプラットフォームへのアクセス・ログインといった処理が、前項のテストスクリプトから呼び出されているmbga_browser.*メソッド群と共通化されていることは言うまでもありません。

図15.5　コマンドラインによるプラットフォームログイン機能

```
WebDriverによってフィーチャーフォンのユーザエージェントでブラウザが起動する
フィーチャーフォン向けproduction環境のプラットフォームに'test_user_01'というユーザでログイン
$ DEVICE=fp ENVIRONMENT=production USER=test_user_01 bin/mbga_browser

WebDriverによってスマートフォンのユーザエージェントでブラウザが起動する
スマートフォン向けdevelopment環境のプラットフォームに'test_user_01'というユーザでログイン
$ DEVICE=sp ENVIRONMENT=development USER=test_user_01 bin/mbga_browser

WebDriverによってPCのユーザエージェントでブラウザが起動する
PC向けproduction環境のプラットフォームに'test_user_02'というユーザでログイン
$ DEVICE=pc ENVIRONMENT=production USER=test_user_02 bin/mbga_browser
```

── 複数のテストスクリプトからの利用

　テストサポートライブラリをテストスクリプトから切り出すことによるもう1つの利点として、ほかのテストスクリプトからもライブラリが利用可能になるという点が挙げられます。たとえばここまではゲームプラットフォームに対するテストについて述べてきましたが、DeNAではこれらのプラットフォームに向けてゲームを登録、各種設定変更や審査申請・公開といった作業を行うためのデベロッパ向けWebサイト（以降、デベロッパサイト）の開発・運用も行っています。

　プラットフォームと同様、WebDriverを利用したデベロッパサイト向けのブラウザ自動テストも作成しています。デベロッパサイトでのテスト内容は、次のようなシナリオが主なものです。

- デベロッパがアプリを登録する
- 登録したアプリを一般公開する
- アプリの各種設定を変更する

　基本的に各種処理はデベロッパサイト内で完結するのですが、たとえばデベロッパサイトで設定した内容が実際のゲームに正しく反映されているかを確認したいというケースがあります。そういった場合に、デベロッパサイトのテストスクリプトからmbga-browserを利用してゲームにアクセスし、設定内容を取得することが可能です。

JenkinsによるCI

　ここまでテストスクリプトとサポートライブラリに分けて、テスト本体に関する紹介をしました。自動テストは繰り返し実行し、リグレッションテストとして活用できることが大きな強みです。DeNAではこの自動テストの強みを生かすため、自動テストをJenkinsに載せてCI環境を構築し、テストの実行や結果の評価を自動化しています。

　WebDriverを利用した自動テストをCI環境で運用していくには、いくつかの問題があります。1つはテストが安定せずたびたびテストに失敗してしまう安定性に関する問題、もう1つはテストの実行時間が増加してなかなかテストの実行が終わらない実行時間に関する問題です。

　ここでは上記2つの問題に対してどのようなアプローチをとってきたかについてのノウハウを紹介します。

テストの安定性の問題に対するアプローチ

　WebDriverを利用した自動テストでは、本来成功するはずのテストに失敗してしまう、テストの安定性の問題に頭を悩ませることがしばしばあります。想定以上にリクエスト・レスポンスに時間がかかってしまいタイムアウトエラーが発生したり、テストで確認したい項目がAjax通信によって非同期的に描画されたりする場合にDOM要素の取得タイミングが早過ぎて期待する要素を取得できなかったりと、テストが不安定になってしまう原因はまちまちです。サービスに問題がないにも関わらず、不安定なテストによってテストが失敗してしまう状況には、さまざまな弊害があります。

　1つ目は、テストが失敗している状態に慣れてしまい、本当にサービスに問題が発生してテストが失敗した際にその問題に気がつかなくなってしまうということです。自動テストはサービスのデプロイのたびに問題が発生していないかを検出するために実行されるので、その問題に気づくことができない状態は非常に危険です。

　2つ目は、テストの実行結果の判定が属人化してしまうという点です。テストの実行が完了して失敗したテストケースの一覧が表示されているのを見て、「このテストケースはいつも不安定なので、失敗していても問題ない」「このテストケースは普段失敗しないので、失敗しているのは問題が発生している可能性が高い」といった判定を行っている状況がこれにあたります。このようなテスト結果の判定は対象のテストに精通した人物にしかできないので、自動テストを作

成したにも関わらずテスト担当者が自動テストの実行・結果の判定に付きっきりになってしまいます。

したがって、自動テストの安定性の問題を解決しなければ、自動テストの利用に多大なコストがかかったり新たな問題の原因となったりしてしまいます。ここでは不安定な自動テストに対するアプローチの例を紹介します。

まず、テストの結果を一定期間保存し、閲覧できるようにしておくことが重要です。これらのテスト結果の履歴を分析し、不安定なテストケースの特定が可能です。たとえば自動テストの結果をJUnit形式で出力し、Jenkinsの「JUnitテスト結果の集計」を利用すれば、過去のテスト結果が集計できます。

DeNAでは、自動テストからテストの結果をPOSTして集計するAPIを用意し、テスト結果を分析する自動テストサポートWebアプリケーションを別途作成しています。Jenkinsの「JUnitテスト結果の集計」によるテスト結果の閲覧はテストケースの単位となりますが、このWebアプリケーションでは自動テストの実行環境別にテスト結果を閲覧できるようにしています（図15.6）。したがってJenkinsの単体利用では難しかった、ある環境でだけ失敗してしまうテストケースの検出といった分析が容易に可能になっています。

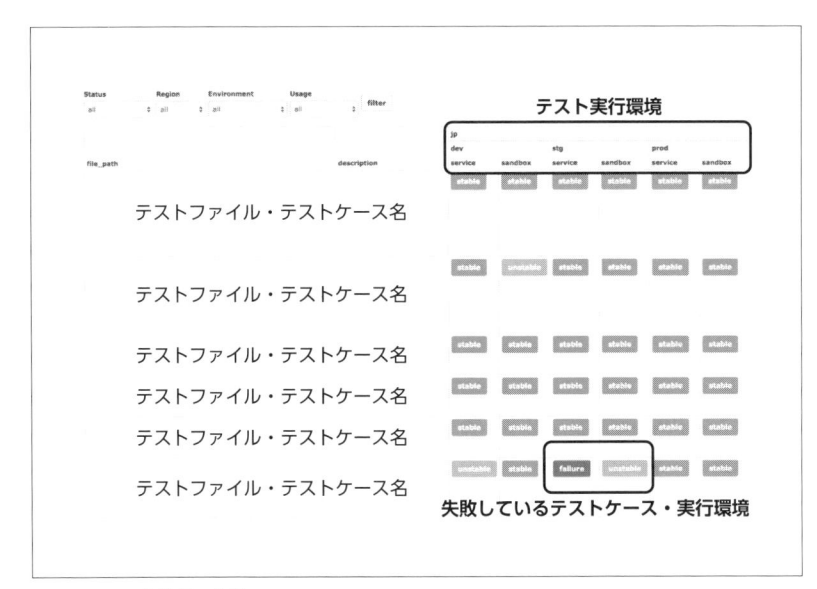

図15.6　テスト結果の分析

テスト結果の分析によって不安定なテストケースを特定できたら、そのテストケースが安定して成功するように修正していきます。たとえばテストが失敗する

原因がタイムアウトエラーであれば、テストに待ち時間を挿入する対応が考えられます。ただし、単純にsleep 5といった処理を入れてしまうと、テストの実行時間がどんどん長くなってしまうので注意が必要です。

　RubyのテストフレームワークであるCapybaraには、指定された時間の間はDOMが期待された状態になるまで処理を繰り返すImplicit Wait[注2]というしくみがあります。Implicit Waitで指定されている待ち時間内にDOMが期待された状態になった場合は、指定時間に達していなくても処理を抜けることができるので、単純なsleep処理よりもテスト実行時間を短く保てます。特定の処理に時間がかかってしまう場合は、指定されたブロックのみこのImplicit Waitを延長するメソッドが用意されているので、それを活用します（リスト15.2）。

リスト15.2　Implicit Waitを延長するサンプル

```
# "#user-name-by-ajax"にはAjaxで取得したユーザ名が表示される
# ユーザ名取得に多少時間がかかり、テストが不安定な状態
it "ユーザ名が表示される" do
  expect(find("#user-name-by-ajax")).to have_text(@user_name)
end

# 待ち時間を延長し、テストを安定させる
it "ユーザ名が表示される" do
  Capybara.using_wait_time(5) do
    expect(find("#user-name-by-ajax")).to have_text(@user_name)
  end
end
```

　待ち時間を導入しただけではテストが安定化せず、タイミングによってランダムに失敗してしまうようなテストの場合は、リトライ処理の導入も検討します。また、テストケース内の特定の処理がときどき失敗してしまうのであれば、例外処理のしくみを利用してその失敗を検出してリトライするような処理を入れます（リスト15.3）。

リスト15.3　例外処理によるテストのリトライ

```
# 不安定なテスト
it "ときどき失敗する処理" do
  sometimes_failure_step(@request)
  expect(response).to eq(@request[:data])
end

# 失敗した場合も2度まではリトライして安定化
it "ときどき失敗する処理" do
  retry_count = 0
```

注2　9.5節の「待ち処理」を参照してください。

```
begin
  sometimes_failure_step(@request)
rescue SomethingException
  retry_count += 1
  retry if retry_count <= 2
end

expect(response).to eq(@request[:data])
end
```

　また、テストケース全体が不安定な場合や、例外処理によってテストコードの見通しが悪くなるのを避けたい場合は、テストフレームワークの機能によってテストケース単位でリトライ処理を実現できるものもあります。たとえばRubyのRSpecでは、rspec-retry[注3]というGemパッケージを利用すると、失敗したテストケースのみ2度実行するといった処理が可能です（リスト15.4）。

リスト15.4　rspec-retryを利用したテストケースのリトライ

```
# retry_wait: リトライ時の待ち時間
it "ときどき失敗する処理", retry: 2, retry_wait: 5 do
  sometimes_failure_step(@request)
  expect(response).to eq(@request[:data])
end
```

テストの実行時間の問題に対するアプローチ

　WebDriverによるブラウザ自動テストはサーバからのレスポンスタイムやDOM描画の待ち時間が発生するため、ユニットテストと比較してテストの実行時間が長くなる傾向にあります。会員登録のフローをテストするような場合はメールの受信を待つ時間も実行時間に含まれるので、1つのテストケースに数十秒かかるようなケースもテストしたくなるかもしれません。このように、プラットフォームに対するテストケースを充実させていくと、自動テストの実行時間はどんどん増加してしまいます。

　しかし、テストの実行時間が長くなってしまうと、さまざまな問題を引き起こします。まず、実行時間を短縮しようとして一部のテストケースしか実行しないような運用になってしまう、ということが考えられます。また、時間のかかる自動テストの実行が億劫になり、テストの実行頻度が低くなってしまうこともあるでしょう。そのような運用になると、せっかく実装したテストのリグレッションテストとしての効果が減少し、自動テストの強みが生かせなくなることは言うまで

注3　https://github.com/NoRedInk/rspec-retry

もありません。

　また、テストの実行に時間がかかるということは、テストの結果を確認するまでの時間も長くなるということです。本番環境にコードをデプロイした際に、運悪く本番環境でのみ起こる問題が発生してしまった場合にも、その問題に気づくのは長いテストの実行が終わったあとになってしまいます。

　テストの実行時間を短縮する主なアプローチとしては、実行するテストケースを絞るアプローチと、テストを並列化するアプローチとが挙げられます。実行するテストケースを絞るアプローチは、絞るテストケースを慎重に選定しなければなりません。たとえば環境依存の問題が発生しづらいバリデーションのテストケースは開発環境ではすべて実行するが、本番環境では一部のケースのみ実行する、といった方針が考えられます。しかし先にも述べた通り、実行するテストケースを絞るとテストで検出できないバグを見逃してしまうリスクが増加してしまううえ、その選定にも大きなコストが発生します。そこでNBPFの自動テストは、テストの並列実行によって実行時間を短縮するアプローチを採用しています。

テストの並列実行

　WebDriverによるブラウザ自動テストを並列実行するには、大きく分けて次の2つのアプローチがあります。

- parallel_tests[注4]のような並列実行ライブラリとSelenium Gridを組み合わせて利用する
- Jenkinsのマスター・スレーブ構成を利用する

　どちらのアプローチをとるかは、テスト実行環境の構築・運用コストやその環境でのテストの安定性・実行速度などを考慮して決定します。DeNAではすでにJenkinsでCI環境を構築・運用していたため、後者のJenkinsのマスター・スレーブ構成を利用する並列実行のアプローチを選択しました。

　テストを並列実行すると新たに発生する問題として、各テストにおける副作用を伴う操作がテスト実行ノード（ここではテストを並列実行しているJenkinsのスレーブを指します）間で衝突し、テストに失敗してしまうということが挙げられます。たとえば、NBPFの自動テストには、ユーザがあるアプリをお気に入りに追加するテストケースAと、アプリをお気に入りから解除するテストケースBが存在します。テストを直列的に実行している間は、これらのテストケースにおけ

注4　https://github.com/grosser/parallel_tests

るアプリのお気に入り追加・解除の操作は互いに影響を及ぼしません。しかしこの2つのテストケースが2つのノードで同時に実行された場合、テストケースAでアプリをお気に入りに追加後、そのアプリが正しくお気に入りに追加されていることを確認するタイミングでテストケースBのお気に入りから解除する処理が実行されると、テストケースAは失敗してしまいます。

このようなテスト並列化に伴う問題に対するアプローチについて、大きく分けて次の3つのアプローチを紹介します。

- テスト実行環境の独立
- テストデータの独立
- 各テスト実行ノード専用のテストデータの事前準備

DeNAでは後述の理由から、3つ目の「各テスト実行ノード専用のテストデータの事前準備」のアプローチを採用しています。

── テスト実行環境の独立

DockerやVagrant[注5]などを利用して、DBやテスト対象のサービスが動作する環境を構築し、それらをテスト実行ノードごとに専用のものを割り当てるアプローチです。並列実行しているテストがそれぞれ独立した環境で動作しているのであれば、前述の副作用の衝突は発生しません。テストしたい対象が単体のコンポーネントで動作しているのであれば、テスト実行環境の構築は比較的容易なため、これは有効なアプローチとなります。

一方で、複数のコンポーネントを跨いで動作しているサービスや、実行環境の構築に大きなコストがかかるような大規模サービスに対するテストを実行する場合には、このアプローチの選択は難しいかもしれません。また、このアプローチではテスト専用の環境で動作するサービスに対するテストを実行するため、本番環境に特有の問題が発生するようなバグについてはテストで検知できません。

── テストデータの独立

テストデータ、つまりNBPFの例ならユーザやアプリといったデータが、ノード間で独立していれば、互いの操作が副作用を及ぼすことはありません。たとえばテスト対象となるサービスがそれらのデータを作成できるAPIを持っているのであれば、テスト実行のたびにそのAPIによって専用のデータを準備できま

注5 https://www.vagrantup.com/

す。そのようなAPIがない場合は、テストからサービスのDBに直接SQLを発行してデータを作成することも可能ですが、次のような理由から、APIを利用したアプローチをとるほうが賢明です。

- サービスのDBのスキーマやデータの作成方法に変更があった際に、テスト側のSQL操作でも追従する必要があり、テストのメンテナンスコストが増加する
- 本番環境のDBをテストから直接操作するのは思わぬ問題を引き起こすリスクがある。たとえばテストが原因で本番環境のDBを壊してしまい、実サービスのユーザに悪影響が出てしまっては本末転倒になる

テスト効率化のために新規にデータ作成用APIを作成する、という対応をする場合、注意が必要な点があります。それは、このAPIをテストデータ作成専用のものとせず、サービスでのデータ作成でも利用すべきであるということです。APIがテストデータ作成専用のものになっていると、テストで使用しているデータと実際のサービスで生まれているデータに仕様上の乖離が発生する恐れがあります。テストの効率とサービスの品質の両方を高めていくうえで、テストとサービス両方からアプローチしていくことは非常に重要です。

── 各テスト実行ノード専用のテストデータの事前準備

こちらは前述の「テストデータの独立」の派生系といえます。さまざまな制約からテスト専用のデータを毎回作成することが困難な場合に、それぞれのテスト実行ノード専用のテストデータを事前準備しておくというアプローチです。つまり、8つのノードでテストを並列実行したいのであれば、テスト用のユーザやアプリといったデータをあらかじめ8セット準備しておき、それを利用します。当然、事前にテストデータを作成するコストはかかりますが、実行ノード数が増加する頻度が高くなければテストデータ作成作業も頻繁に発生するわけではありません。

このアプローチではテストの実行が終わってもデータは破棄せず、次回以降のテスト実行でも同じデータを使い回すことになるので、テストの後処理に注意を配る必要があります。たとえば「あるユーザAがゲームBをお気に入りに登録し、その後お気に入りから削除する」というテストケースがあった場合、テスト開始時点ではユーザAはアプリBをお気に入りに登録していない状態が期待されます。テストケース中で最後にゲームBをお気に入りから削除しているので、テスト終了時もユーザAはアプリBをお気に入りに登録していない状態になっ

ているはずです。しかし、もしもユーザAがアプリBをお気に入りに登録した直後に何らかの例外が発生してテストに失敗してしまった場合、ユーザAはアプリBをお気に入りに登録した状態のままテストが終了してしまいます。次回のテスト実行で同じテストケースを実行すると、ユーザAがアプリBをお気に入りに登録済みの状態になっているので、それ以降このテストケースは何度実行しても失敗してしまいます。

このような問題を避けるため、たとえばRSpecでは、テストの失敗を検知してアプリBをお気に入りから削除する処理を入れることで、たとえ何らかの問題が発生して一度テストに失敗してしまっても、次回以降のテスト実行に影響が残らないようにしています（**リスト15.5**）。

リスト15.5　次回以降の実行に影響が出ないテスト

```ruby
context "アプリをお気に入りに登録後、お気に入りから削除する" do
  before { mbga_browser.login(user_a) }

  after do |example|
    if example.metadata[:exception]
      # テストに失敗した場合も、
      # 後処理でアプリをお気に入りに登録していない状態に戻す
      mbga_browser.remove_favorite(application_b)
    end
  end

  it "アプリをお気に入りに登録できる" do
    mbga_browser.add_favorite(application_b)
    expect(favorite_games).to include(application_b)

    mbga_browser.remove_favorite(application_b)
    expect(favorite_games).not_to include(application_b)
  end
end
```

NBPFのブラウザ自動テストの並列化は、最後に紹介した各テスト実行ノード専用のテストデータを事前準備しておくアプローチを採用しています。環境依存の問題をテストで検知するためにテスト専用の環境ではなく実環境で動作するサービスに向けてテストを実行したいこと、長期運用・大規模なサービスにおいてテストに必要なすべてのデータを作成できるAPIが現状用意できていないことなどが、このアプローチを採用している主な理由です。

▎自動テストサポートWebアプリケーション

WebDriverのブラウザ自動テストをJenkinsのスレーブを実行ノードとして

並列実行していると、どのノードでどのテストケースを実行するのか、というテスト実行計画が全体のテスト実行時間に大きく影響することがわかります（図15.7）。

```
┌─────────────────────────────────┬─────────────────────────────────┐
│  テストケース A: 3 min          │  テストケース E: 3 min          │
│  テストケース B: 5 min          │  テストケース F: 3 min          │
│                                 │  テストケース G: 3 min          │
│  テストケース C: 4 min          │  テストケース H: 3 min          │
│  テストケース D: 6 min          │  ノード1のテスト完了            │
│                                 │  待ち時間: 6 min                │
│  4テストケース: 18 min          │  4テストケース: 12 min          │
│  ノード1                        │  ノード2                        │
└─────────────────────────────────┴─────────────────────────────────┘
```

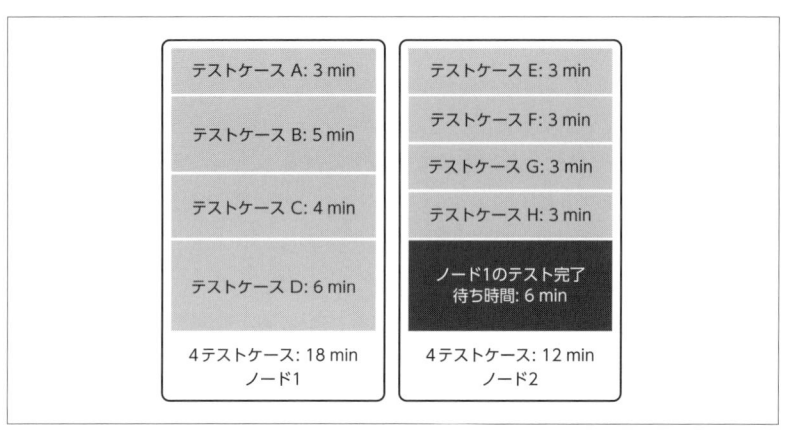

図15.7　不適切なテスト実行計画

テスト実行ノード間にテスト実行時間のバラつきがあると、ノードを最大限には活用できず、テスト実行時間が長くなってしまいます。DeNAではテストの実行時間を集計するAPIを作成しており、テストを実行する際に過去のテスト実行時間の傾向からその都度最適なテスト並列実行計画を作成し、テスト実行時間を短縮しています（図15.8）。

```
┌─────────────────────────────────┬─────────────────────────────────┐
│  テストケース D: 6 min          │  テストケース B: 5 min          │
│  テストケース A: 3 min          │  テストケース C: 4 min          │
│  テストケース E: 3 min          │  テストケース F: 3 min          │
│  テストケース G: 3 min          │  テストケース H: 3 min          │
│  4テストケース: 15 min          │  4テストケース: 15 min          │
│  ノード1                        │  ノード2                        │
└─────────────────────────────────┴─────────────────────────────────┘
```

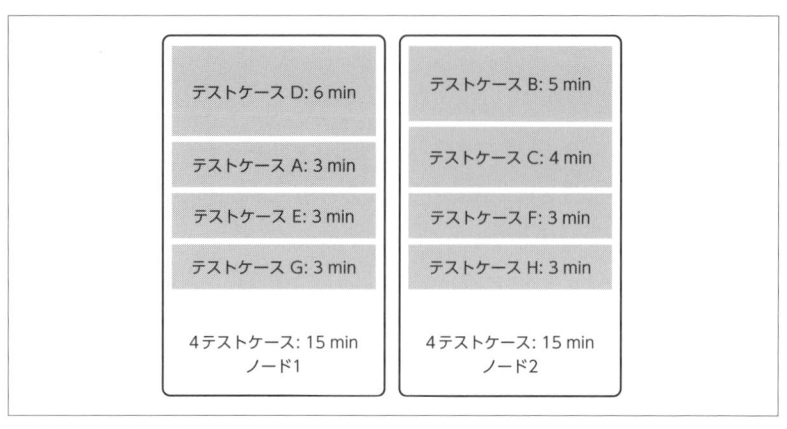

図15.8　適切なテスト実行計画

この自動テストサポートWebアプリケーションは、前述の「テストの安定性の問題に対するアプローチ」で紹介したテスト実行結果の集計・分析を行うWebアプリケーションと同様のものです。このWebアプリケーションではテストの実行結果・実行時間を集計しているので、

- 過去のテスト実行時間から最適なテスト実行計画の作成
- 不安定なテストケースの検出・一覧表示
- 失敗したテストケースをメールやチャットで通知

といったさまざまな用途で利用しています。自動テストは何度も繰り返し実行されるものなので、テスト実行のたびにテスト結果を破棄してしまうのではなく、過去のテスト結果の蓄積・分析を行うことでテストやサービスの品質改善に大きく役立てることが可能です。

15.3 スマートフォンアプリ自動テスト

ここまでNBPFにおけるブラウザ自動テストについて紹介しましたが、前述の通りNBPFはブラウザだけでなくスマートフォンアプリからも利用するプラットフォームです。したがってDeNAでは、NBPFのスマートフォンアプリの自動テストも実施しています。DeNAでは、Mobage JS SDKを使ってブラウザゲームとして実装したゲームをスマートフォンのハイブリッドアプリにできる、Mobage Shell App SDKというAndroid・iOS向けのライブラリも提供しています。本節では、Appiumを用いて、Mobage Shell App SDKをスマートフォンアプリから利用した際の振る舞いや機能をテストする方法について紹介します。

まずMobage Shell App SDKの機能と利用方法について簡単に紹介します。次にMobage Shell App SDKを組み込んだAndroidおよびiOSのテストアプリの作成方法について説明します。その後スマートフォンアプリ自動テストそのものの実装について説明し、作成したテストをJenkinsによるCI環境で運用する事例について紹介します。

Mobage Shell App SDK

すでに説明したように、Mobage Shell App SDKとは、Mobage JS SDKを利用して作られたブラウザ向けのWebアプリケーションを、Android・iOS向

けのハイブリッドアプリとしてパッケージングするためのObjective-C・Javaライブラリです。パッケージングしたアプリはApp StoreやGoogle Playなどのアプリマーケットでリリースが可能です。また、Mobage Shell App SDKはMobage JS SDKアプリをパッケージングするだけではなく、プッシュ通知やアプリ内課金機能といったネイティブ機能の拡張も行います。

Mobage Shell App SDKはMobageWebViewというカスタムWebViewを提供しており、このMobageWebViewにMobage JS SDKを利用しているWebアプリケーションが表示されるように動作します。ゲーム開発者はMobageWebViewでブラウザゲームのゲーム開始ページを読み込むように設定してアプリをビルドすると、スマートフォン用のハイブリッドアプリを作成できます。

テストアプリ

ここではMobage Shell App SDKを利用したスマートフォンアプリ自動テスト向けのAndroid・iOSテストアプリについて紹介します。Mobage Shell App SDKを用いたスマートフォンアプリ開発の流れは次のようになっています。

❶ Mobage JS SDKを利用しブラウザゲームを開発
❷ Mobage Shell App SDKを利用し、❶で開発したブラウザゲームを読み込むスマートフォンハイブリッドアプリを開発
❸ Mobage Shell App SDKが提供しているスマートフォンアプリ特有の機能を実装

スマートフォンアプリ自動テストに用いるテストアプリも上記の手順で開発します。上記❶にあたるブラウザゲームは、15.2節の「テストWebアプリケーション」で紹介したテストWebアプリケーションを流用します。そのため、テストWebアプリケーションで提供されている機能はスマートフォン用のテストアプリからも利用できます。また、Mobage Shell App SDKが提供しているスマートフォンアプリ特有の機能（プッシュ通知やアプリ内課金機能）の検証ができるように、各機能をAndroid・iOSそれぞれのテストアプリに実装しています。

テストツールAppiumの制限で自動テストが不可能な機能・テストケースもいくつかあるため、上記のテストアプリは自動テストだけではなく手動テストにも利用しています。

テストアプリの特徴

　Mobage Shell App SDKの自動テスト・手動テストを実施しやすくするために、テストアプリはいくつかのテストサポート機能を提供しています。ここでは、その機能について説明します。

── Informationビュー

　Informationビューとは、テストで発見された不具合を記録する際に必要な情報をテストアプリから確認できる画面のことです。Informationビューから、アプリを実行している環境（開発環境・ステージング環境など）、Mobage Shell App SDKのバージョン、OSのバージョンなどの情報が確認できます。また、Informationビューからそれらの情報をクリップボードにコピーしたり、PC宛にメールで送信したりできるようにしています（図15.9）。

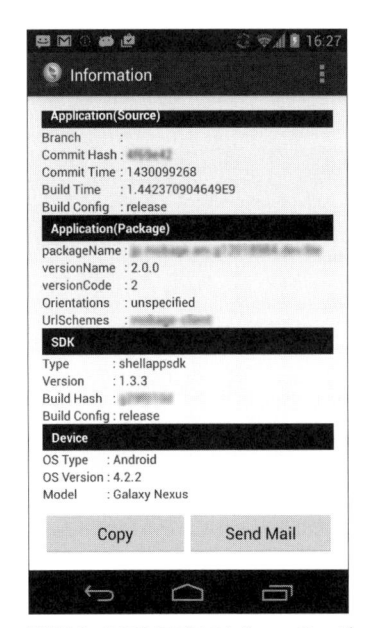

図15.9　テストアプリのInformationビュー

── 入力補助機能

　手動テストの際にテストアプリの入力フィールドに入力する文字列は、メールアドレス・パスワード・API名・メソッド名など、多くの場合同じです。テストアプリには、このような文字列を簡単に入力するための入力補助機能が備わっています。テストアプリは、テストで使う一般的な文字列をカテゴリでグルーピ

第15章　DeNAの事例

ングして、YAML[注6]ファイルに記録しています。図15.10のように、テストアプリの入力フィールドにフォーカスがある状態でキーボードが開かれると、キーボード上部にカテゴリボタンのリストが表示されます。

図15.10　キーボード上部に表示されるカテゴリ一覧

カテゴリボタンをタップすると、選択したカテゴリ内の文字列一覧がダイアログ上に図15.11のように表示されます。

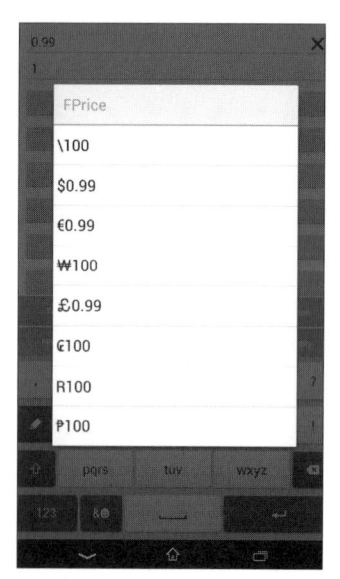

図15.11　文字列一覧

注6　http://yaml.org/

356

テストアプリビルドスクリプト

　Mobage Shell App SDKの検証では、パッケージ名・Bundle ID・Client ID・バージョンなどの情報が異なるさまざまなパターンのテストアプリが必要です。テストアプリビルドスクリプトを使うと、これらの情報をパラメータとして環境変数に設定して、簡単にコマンドラインからビルドできます。テストアプリビルドスクリプトは、パラメータで指定したバージョンのMobage Shell App SDKを自動的にインポートし、同じくパラメータから指定したパッケージ名やBundle IDを設定して、Android・iOSそれぞれのビルドツールでテストアプリのバイナリをビルドしています。ビルドツールとしては、Android向けにはGradleを、iOS向けにはxcodebuild[注7]を利用しています。AndroidとiOSでビルドスクリプトのインタフェースをそろえるため、RubyのRake[注8]タスクによってラッパーを提供しています。ビルドスクリプトを利用してテストアプリをビルドする例を図15.12に示します。

図15.12　テストアプリビルドコマンド

```
$ SDK=/path/to/sdk \
PACKAGE_NAME=jp.mobage.am.g12345678.lite \
GAME_URL=http://testapp.example.com/mobage-jssdk-sample-login \
VERSION=1.0.0 \
ENVIRONMENT=development \
CLIENT_ID=********-** \
CLIENT_KEY=******-****-******* \
bundle exec rake
```

　また、複数のアプリの情報を記述したYAMLファイルを用いて、同時に複数のアプリをビルドできるようにもしています（図15.13）。

図15.13　複数テストアプリを同時にビルドするコマンド

```
$ YAML_FILE=/path/to/yaml/file bundle exec rake bulk_build
```

Jenkinsのテストアプリビルド

　手動テストで利用するテストアプリをテスト担当者自身でビルドできれば、テストアプリ開発者の工数やテスト担当者とアプリ開発者のコミュニケーションコストを削減でき、全体としてテストの効率を向上できます。DeNAでは、手動テストで必要なテストアプリを、テスト担当者自身がJenkinsを使ってビルド

注7　https://developer.apple.com/library/mac/documentation/Darwin/Reference/ManPages/man1/xcodebuild.1.html
注8　https://rubygems.org/gems/rake

しています。Jenkinsのビルドパラメータ設定画面からテストアプリの各種パラメータを入力することで、テスト担当者自身が検証に必要なパラメータのテストアプリをビルド可能です（図15.14）。

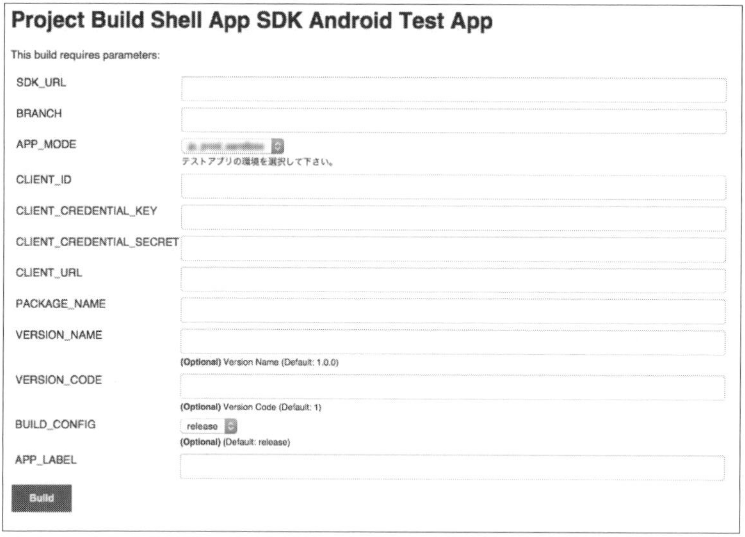

図15.14　Jenkinsテストアプリビルドジョブ

　また、毎回のリリース時のリグレッションテストのために、毎回同じパラメータでテストアプリをビルドする必要があります。このテストアプリの情報はYAMLファイルに記録しておき、図15.13で紹介した「bulk_build」の機能を使って、複数のアプリを一括でビルドしています。ビルドのジョブは、JenkinsのParameterized Trigger Plugin[注9]プラグインによって、最新のMobage Shell App SDKが作られたタイミングで開始されます。ビルド開始から完了後のテスト担当者への通知までの、一連のプロセスが自動化されています。

テストコンポーネント

　ここでは、Appiumを利用したNBPFのスマートフォンアプリ自動テストについて説明します。まずはスマートフォンアプリ自動テストと関連するさまざまなテストコンポーネントとの連携について説明します。その後、各テストコンポーネントについて具体的に説明していきます。

注9　https://wiki.jenkins-ci.org/display/JENKINS/Parameterized+Trigger+Plugin

スマートフォンアプリ自動テストのしくみ

NBPFのスマートフォンアプリ自動テストのしくみを**図15.15**に示します。

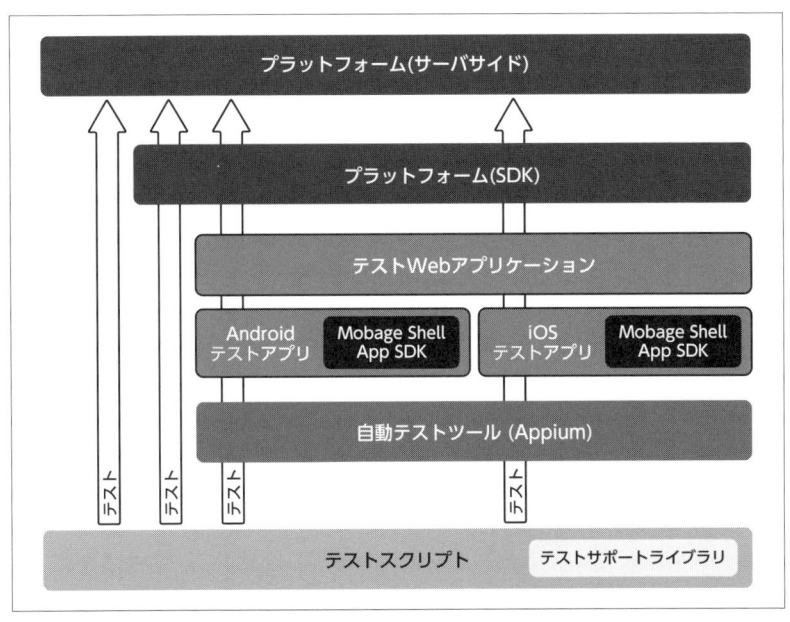

図15.15　スマートフォンアプリ自動テストのしくみ

15.2節の「テストWebアプリケーション」で説明したブラウザ自動テスト用Webアプリケーションと Mobage Shell App SDKを用いて、先ほど「Jenkinsのテストアプリビルド」で述べたAndroid・iOS用のスマートフォンテストアプリを作成しています。テストケースが記述されているテストスクリプトから、テストツールサーバであるAppiumにテストアプリの操作コマンドを送信して、スマートフォンアプリの自動テストを実施しています。また、ブラウザ自動テストと同様にテストサポートライブラリも別途作成しており、Appiumの各種ユーティリティやAndroid・iOSのOS差分のラッパーとしての役割を担っています。

テストサポートライブラリとテストスクリプトについて、それぞれ詳しく説明していきます。

──テストサポートライブラリ

DeNAでは、スマートフォンアプリのテストはRubyのRSpecを利用して実施しています。そして、Appiumをテストで利用しやすくするためにAppium DriverというRubyのテストサポートライブラリを開発しています。

selenium-webdriver[注10]は、公式なWebDriverのRubyクライアントライブラリです。11.3節で説明した通り、AppiumはWebDriverと異なり、JSON Wire ProtocolではなくJSON Wire Protocolを拡張したMobile JSON Wire Protocolを使って実装されています。ですので、Appiumを利用するためには、Mobile JSON Wire Protocolをサポートしているクライアントライブラリが必要です。AppiumDriverはselenium-webdriverを拡張し、Mobile JSON Wire Protocolの拡張APIを利用できるようにしています。

また、一般的にはAppiumのテストを実行する際のAppiumサーバ・ios-webkit-debug-proxyの起動は手動で行います。AppiumDriverライブラリには、これらのサーバを自動で起動する機能も実装しています。

──テストスクリプト

ここでは、NBPFのスマートフォンアプリ自動テストスクリプトについて具体的に説明します。テストケースはRubyのテストフレームワークであるRSpecを利用して作成しています。iOSとAndroidのスマートフォン向けにNBPF（Mobage JS SDK・Mobage Shell App SDK）が提供している機能は、OSの違いによる差分は多少ありますが、ほぼ同じ機能が提供されています。Android・iOS共通の機能のテストケースは同一のテストファイルに記述しており、各OSに固有の機能は異なるテストファイルに記述しています。

これから、NBPFのiOSスマートフォンアプリのログイン機能のテストを例にテストスクリプトの説明をします。15.1節で説明した通り、NBPFにおけるユーザの認証・認可はOpenID Connectの仕様に準拠しており、OP（*OpenID Provider*）の役割を担っています。iOSテストアプリの簡単なログインフローの解説を次に示します（**図15.16**）。

❶ アプリを起動するとゲームホーム画面が表示される
❷ ゲームホーム画面の「connect」ボタンをタップするとMobageログイン画面が表示される
❸ Mobageログイン画面でメールアドレスとパスワードを入力してログインすると、NBPF認可画面が表示される
❹ NBPF認可画面で「ゲーム開始」ボタンをタップするとゲームホーム画面に戻る。このとき、NBPFサーバからのレスポンスデータを見ると、ユーザログイン状態になっていることがわかる

注10 https://rubygems.org/gems/selenium-webdriver

テストアプリにはNBPFサーバからのレスポンスが表示され、簡単に内容を確認できます。

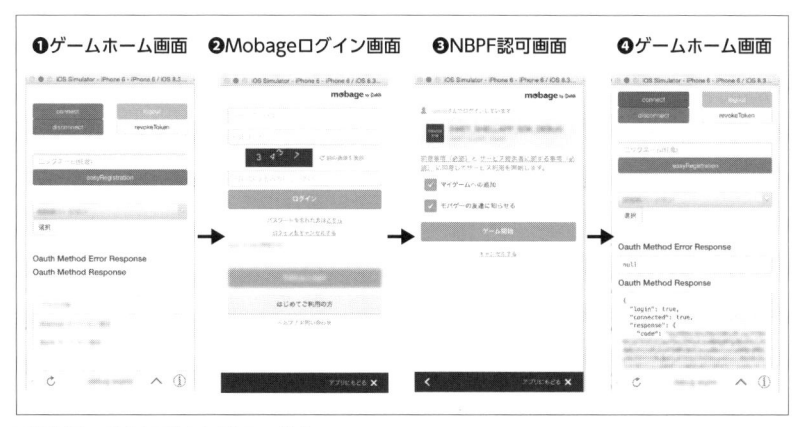

図15.16　iOSテストアプリのログインフロー

図15.16のログインフローは、すべてのログイン状態（ログイン前とログイン後）をカバーしています。このログインフローのテストをRSpecで実装したのがリスト15.6で、RSpecのエクスペクテーションでNBPFサーバのレスポンスを確認しています。

リスト15.6　ログイン機能のテストコード

```ruby
require 'login_helper.rb'

describe "ログイン機能" do
  context "ユーザがログインしたとき" do
    before { login }

    context "ユーザが認証されたとき" do
      before { connect }

      it "レスポンスでログインとコネクトがtrueになる" do
        expect(response.login).to be true
        expect(response.connected).to be true
      end
    end
  end
end
```

リスト15.6のサンプルコードを実行すると、アプリが起動し、デフォルトのユーザでログインし、ユーザを認可して、NBPFサーバのレスポンスが正しいかをチェックします。

──テストの実行

次に、テスト実行について説明します。テスト実行コマンドは図15.17のようになっています。

図15.17　テスト実行コマンド

```
$ APP_PATH=/path/to/apk|ipa UDID=*** USER_SET=set_01 ENVIRONMENT=dev|prod bundle
exec rspec  　実際は1行
```

　NBPFのスマートフォンアプリ自動テストの実行は上記のコマンドで行います。テストスクリプトはAPP_PATHという環境変数で指定されているテストアプリのバイナリを読み込み、テスト対象となるOSを判定しています。また、テスト対象となるデバイス（スマートフォン実機）を指定するために、デバイスの固有識別子を表すUDIDという環境変数を利用しています。この環境変数に、PCに接続されているテスト用デバイスの端末IDを指定する必要があります。テスト対象の環境はENVIRONMENTという環境変数に指定できます。

　15.2節の「JenkinsによるCI」で述べた問題と同様に、スマートフォンアプリ自動テストにおいてもテストを並列に実行するとユーザやアプリの状態が衝突するという問題があります。複数のテストユーザセットを準備し使い分けることで、この問題に対処しています。どのユーザセットを利用するかは、環境変数USER_SETで指定しています。

　コマンドを実行するとAppiumのサーバが立ち上がり、UDIDで指定した端末にAPP_PATHで指定したテストアプリがインストールされ、テストが開始します。テスト実行が完了すると、その結果はHTMLファイルで出力されます。

──テスト結果

　ここでは、NBPFのスマートフォンアプリ自動テストのテスト結果表示機能について説明します。RSpecのデフォルトのテスト結果によって提供される情報は、テストで利用しているデバイスOSバージョンやデバイスモデルなどの情報がないなど、不具合の調査を行ううえで不十分です。また、UIテストでは、テストが失敗した際のアプリの画面キャプチャがあれば、不具合の調査が行いやすくなります。

　DeNAでは、自動テストの結果をわかりやすくするために、RSpecの結果をHTML出力するHTML Formatterを拡張して独自のHTML Formatterを実装しています。このカスタムHTML Formatterの特徴を次に示します。

15.3 スマートフォンアプリ自動テスト

- テスト実行環境についての情報を結果に記述
- テストが失敗した瞬間の画面キャプチャをテスト結果にあわせて提示

テスト結果のサンプルは図15.18のようになります。

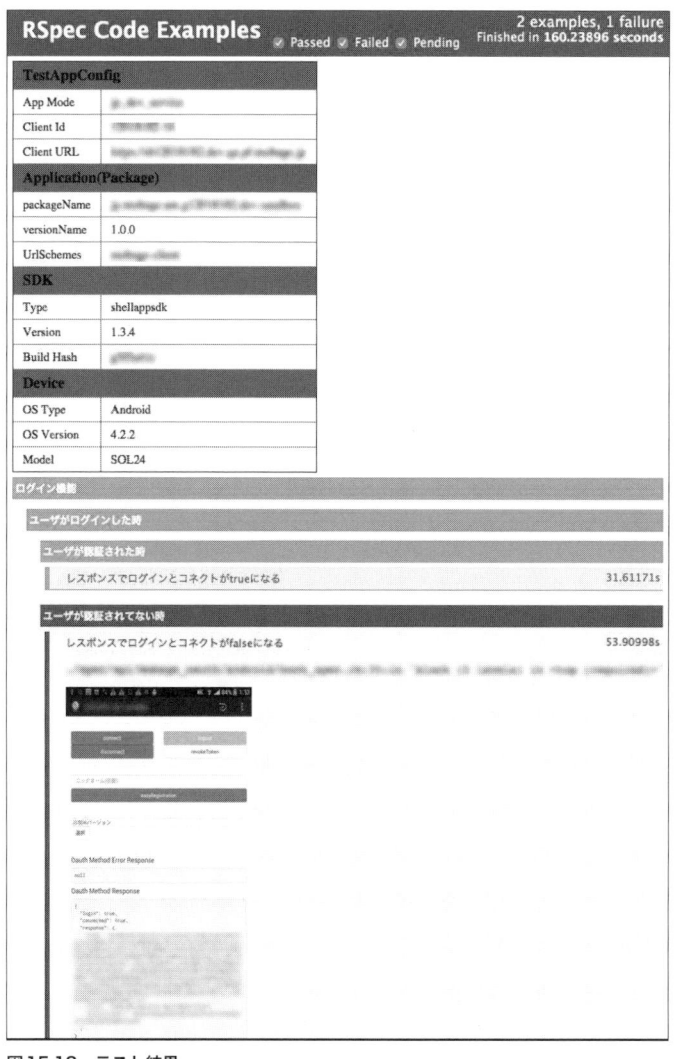

図15.18 テスト結果

JenkinsによるCI

ここでは、前述のテストをJenkins上で運用するCI環境について説明します。まずはCI環境の構築方法について説明し、次にテストを実行するためのジョブについて説明します。最後に、スマートフォンアプリ自動テストをCI環境で運用するにあたって経験した困難なことや工夫した点について述べます。

実機テスト環境

Seleniumと比較すると、実機上のAppiumによるスマートフォンアプリ自動テスト環境の構築にはさまざまな制限があります。その例を次に示します。

- テスト対象デバイスがiOSの場合、AppiumサーバはMac OS X上で実行しなければならない
- Mac OS XのInstrumentsの制約により、1つのOS上で複数台のiOSデバイスの並列テストができない

DeNAではこの制限を踏まえたうえで、スマートフォンアプリ実機によるCI環境を構築しています。Jenkinsのスレーブとして複数のMac miniを設置し、各Mac miniにはさまざまなOSバージョンのAndroid・iOSデバイスが接続されています。1台のMac mini上では複数のiOSデバイスのテストを並列に実行できないので、iOSデバイスは各Mac miniに1台のみ接続しています。Androidにはホストマシンごとの実機テスト並列実行数に制限がないので、複数のデバイスを接続しています。

Jenkinsジョブ

ここではスマートフォンアプリ自動テストを実行するためのJenkinsジョブについて説明します。大別すると、スマートフォンアプリ自動テストにはテストアプリビルドジョブとテスト実行ジョブの2種類のJenkinsジョブを利用しています。

──テストアプリビルドジョブ

Appiumのテストを実行するには、対象テストアプリのバイナリを用意する必要があります。そこで、自動テストで利用するためのテストアプリをビルドするジョブを作成しています。テストアプリビルドジョブはテストアプリをビルドしたあと、そのバイナリをJenkinsのビルド成果物保存機能を利用して保存しま

す。常にテストに必要なアプリバイナリが準備できているように、このジョブは次のタイミングで実行されます。

- 新しいMobage Shell App SDKパッケージがビルドされたとき
- テストアプリ本体のmasterブランチに新たなコミットが入ったとき

テストアプリビルドジョブが実行されると、その成果物である最新版のテストアプリバイナリが、JenkinsのCopy Artifact Plugin[11]によって次に説明する自動テスト実行ジョブに受け渡されます。

── 自動テスト実行ジョブ

各機能のテストは各実行環境（development・staging・production）と各デバイス（OSバージョンやモデルなど）で実行する必要があるので、実行環境・機能・デバイスごとの組み合わせのテスト実行ジョブを作成しています。表15.1は自動テスト実行ジョブマトリクスの例です。

表15.1　Jenkinsジョブマトリクス

実行環境	機能	デバイス
development	ログイン	iPhone 6(iOS 8.3)
staging	課金	iPhone 5s(iOS 7.1.1)
production	友達招待	Samsung Galaxy S6(5.0.2)

このマトリクスから、次の計算式で実行ジョブの合計数を求めることができます。

テスト実行ジョブの合計数 ＝ 実行環境数 × デバイス数 × 機能数

実機テストの課題について

最後に、Jenkinsから実機テストを動かす際に経験した2つの問題について紹介します。

- 手動テストなどにも使われる社内共有デバイスを自動テストに使う場合、デバイスにインストールされた他のアプリが原因でテストが失敗することがあるため、テスト実行前にデバイスをクリーンアップする必要がある

注11　https://wiki.jenkins-ci.org/display/JENKINS/Copy+Artifact+Plugin

- どのJenkinsスレーブにどのスマートフォンデバイスがつながっているのかを、Jenkinsジョブから取得できないので、テストで使用するデバイスに応じたJenkinsスレーブをテスト実行時に動的に選択できない

これらの問題に対して、まだ決め手となるような解決策は見つけられていません。前者の問題については、テスト実行に必要なアプリをホワイトリストに記載しておき、記載されていない不要なアプリをテスト実行前に削除することを検討しています。後者の問題については、Jenkinsスレーブに接続されているスマートフォンデバイスの情報を取得するJenkinsプラグインの開発を検討しています。

Appendix

付録

- ☑ 付録A　CSSセレクタ・XPath早見表
- ☑ 付録B　WebDriverコマンド早見表

付録 A

CSSセレクタ・XPath早見表

A.1 CSSセレクタ

表A.1　型セレクタ

CSSセレクタ	説明
input	input要素

表A.2　idセレクタ

CSSセレクタ	説明
#user	id「user」の要素

表A.3　classセレクタ

CSSセレクタ	説明
.logo	logoクラスの要素
div.logo	logoクラスのdiv要素
div.logo.content	logoクラスとcontentクラスの両方に属するdiv要素

表A.4　属性セレクタ

CSSセレクタ	説明
input[value='テスト']	value属性が「テスト」のinput要素
a[title='テスト']	title属性が「テスト」のa要素
[value='テスト']	value属性が「テスト」の要素
input[value^='テスト']	value属性が「テスト」で始まるinput要素
input[value$='テスト']	value属性が「テスト」で終わるinput要素
input[value*='テスト']	value属性に「テスト」を含むinput要素
input[name='radio'][value='on']	name「radio」かつvalue「on」のinput要素

属性セレクタではHTMLの任意の属性を指定できます。

表A.5　子セレクタ

CSSセレクタ	説明
#root > div	id「root」の要素の直下にあるdiv要素
#root > div > a	id「root」の要素の直下にあるdiv要素の直下にあるa要素

表A.6　子孫セレクタ

CSSセレクタ	説明
#root div	id「root」の要素の下にあるdiv要素
#root div .content	id「root」の要素の下にあるdiv要素の下にあるcontentクラスの要素

表A.7　隣接セレクタ

CSSセレクタ	説明
#root + h1	id「root」の要素と同階層の、直後にあるh1要素

表A.8　間接セレクタ

CSSセレクタ	説明
#root ~ h1	id「root」の要素と同階層で、それよりも後ろにあるh1要素

表A.9　nth-of-type

CSSセレクタ	説明
#root > div:nth-of-type(2)	id「root」の要素の直下にあるdiv要素のうち2番目のもの。番号は1始まり

　バージョン8以下のInternet Explorerなど、nth-of-typeをサポートしていないブラウザでは動作しないので、利用する場合は注意しましょう。

　似たような記法としてnth-childというものもありますが、こちらを使うと、id「root」の要素の直下にある要素の2番目がdiv要素だった場合にのみ選択されます。ロケータとして使うには、nth-of-typeのほうが適しているでしょう。

A.2 XPath

表A.10　属性・テキスト指定

XPath	説明
//img	すべてのimg要素
//*[@id='next']	id「next」の要素
//a[@id='next']	id「next」のa要素
//div[@class='content main']	class属性の値が「content main」のdiv要素
//input[@name='radio'][@value='on']	name「radio」かつvalue「on」のinput要素
//div[text()='テスト']	インナーテキストが「テスト」のdiv要素
//a[starts-with(text(), 'テスト')]	インナーテキストが「テスト」から始まるa要素
//a[contains(text(), 'テスト')]	インナーテキストに「テスト」を含むa要素
(//div[text()='テスト'])[1]	インナーテキストが「テスト」のdiv要素のうち1番目のもの。番号は1始まり

「@属性名」で任意の属性を、text( )で要素のテキストを指定できます。

なお、次のようなHTMLがあった場合、//div[text()='テスト']は、id「outer」の要素とid「inner」の要素の両方にマッチしてしまうので注意が必要です。

```
<div id="outer">
  <div id="inner">テスト</div>
</div>
```

表A.11　パス指定

XPath	説明
//div[@id='root']/div	id「root」のdiv要素の直下にあるdiv要素
//div[@id='root']/div[1]	id「root」のdiv要素の直下にあるdiv要素のうち1番目のもの。番号は1始まり
//div[@id='root']/div[1]/a	id「root」のdiv要素の直下にある1番目のdiv要素の、さらに直下にあるa要素
(//div[@id='root']/div[@class='content sub'])[1]	id「root」のdiv要素の直下にある、class属性が「content sub」のdiv要素のうち、1番目のもの
//div[@id='root']//a	id「root」のdiv要素の下にあるa要素
//div[@id='root']/..	id「root」のdiv要素の親要素
//div[@id='root']/following-sibling::h1[2]	id「root」の要素と同階層で、それよりも後ろにあるh1要素のうち2番目のもの
/html/body/div[2]	HTMLのルート直下からhtml要素・body要素・2番目のdiv要素とたどったところにある要素

付録 B

WebDriver コマンド早見表

B.1 Java

表B.1 ブラウザの生成と破棄

操作	スクリプト
FirefoxDriverの生成	WebDriver driver = new FirefoxDriver();
ChromeDriverの生成	System.setProperty("webdriver.chrome.driver", "*ChromeDriver サーバのパス*"); WebDriver driver = new ChromeDriver();
InternetExplorerDriverの生成	System.setProperty("webdriver.ie.driver", "*IEDriver サーバのパス*"); WebDriver driver = new InternetExplorerDriver();
SafariDriverの生成	WebDriver driver = new SafariDriver();
PhantomJSDriverの生成	System.setProperty("phantomjs.binary.path", "*PhantomJS 実行ファイルのパス*"); WebDriver driver = new PhantomJSDriver();
ブラウザの破棄	driver.quit();

表B.2 要素の取得

操作	スクリプト
要素の取得	driver.findElement(By.id("user"));
複数要素の取得	driver.findElements(By.className("main"));
id指定	By.id("next");
name指定	By.name("user");
タグ名指定	By.tagName("img");
クラス名指定	By.className("logo");
リンクテキスト指定	By.linkText("次へ");
リンクテキスト指定(部分一致)	By.partialLinkText("お勧め商品");
CSSセレクタ指定	By.cssSelector("#next");
XPath指定	By.xPath("a[@id='next']");

表B.3 要素の操作

操作	スクリプト
クリック	element.click();
キー入力	element.sendKeys("テストユーザ");
値のクリア	element.clear();
プルダウン選択(value属性)	Select select = new Select(element); select.selectByValue("ja");
プルダウン選択(テキスト)	select.selectByVisibleText("日本語");
プルダウン選択(インデックス)	select.selectByIndex(0);
submit	element.submit();

表B.4 要素情報の取得

操作	スクリプト
表示・非表示	element.isDisplayed();
有効・無効	element.isEnabled();
選択状態	element.isSelected();
属性	element.getAttribute("value");
テキスト	element.getText();
タグ名	element.getTagName();
CSSプロパティ	element.getCssValue("float");
サイズ	element.getSize().getHeight(); element.getSize().getWidth();
位置	element.getLocation().getX(); element.getLocation().getY();

表B.5 ブラウザ情報

操作	スクリプト
タイトル	driver.getTitle();
URL	driver.getCurrentUrl();
HTMLソース	driver.getPageSource();
ウィンドウ位置	driver.manage().window().getPosition().getX(); driver.manage().window().getPosition().getY();
ウィンドウサイズ	driver.manage().window().getSize().getHeight(); driver.manage().window().getSize().getWidth();
Cookieの取得	driver.manage().getCookieNamed("sessionId");
Cookieの追加	Cookie cookie = new Cookie("sessionId", "***"); driver.manage().addCookie(cookie);
Cookieの削除	driver.manage().deleteCookieNamed("sessionId");
Cookieの全削除	driver.manage().deleteAllCookies();

表B.6 ブラウザ操作

操作	スクリプト
画面キャプチャ	File tempFile = ((TakesScreenshot) driver).getScreenshotAs(OutputType.FILE); FileUtils.moveFile(tempFile, new File("***.png"));
JavaScriptの実行	((JavascriptExecutor)driver).executeScript("return arguments[0] + arguments[1];", 1, 2);
URL遷移	driver.get("http://***");
戻る	driver.navigate().back();
進む	driver.navigate().forward();
リロード	driver.navigate().refresh();

表B.7 待ち処理

操作	スクリプト
Implicit Wait	driver.manage().timeouts().implicitlyWait(30, TimeUnit.SECONDS);
Explicit Wait	WebDriverWait wait = new WebDriverWait(driver, 60); wait.until(ExpectedConditions.visibilityOfElementLocated(By.id("message")));

表B.8 ポップアップ・ウィンドウ・フレーム

操作	スクリプト
Alert・Confirmダイアログ	driver.switchTo().alert().accept();
Promptダイアログ	Alert promptDialog = driver.switchTo().alert(); promptDialog.sendKeys("入力テキスト"); promptDialog.accept();
ウィンドウ変更	driver.switchTo().window("reserveWindow");
ウィンドウを閉じる	driver.close();
フレーム変更	driver.switchTo().frame("sample1");
最上位ページまで戻る	driver.switchTo().defaultContent();

表B.9 アクション

操作	スクリプト
ダブルクリック	new Actions(driver).doubleClick(element).perform();
右クリック	new Actions(driver).contextClick(element).perform();
マウス移動	new Actions(driver).moveToElement(element).perform();
ドラッグアンドドロップ	new Actions(driver).dragAndDrop(srcElement, targetElement).perform();
キーを押しながらクリック	new Actions(driver).keyDown(Keys.SHIFT).click(element1).click(element2).keyUp(Keys.SHIFT).perform();

B.2 Ruby

表B.10　ブラウザの生成と破棄

操作	スクリプト
FirefoxDriverの生成	driver = Selenium::WebDriver.for :firefox
ChromeDriverの生成	Selenium::WebDriver::Chrome.driver_path = '*ChromeDriverサーバのパス*' driver = Selenium::WebDriver.for :chrome
InternetExplorerDriverの生成	Selenium::WebDriver::IE.driver_path = '*IEDriverサーバのパス*' driver = Selenium::WebDriver.for :ie
SafariDriverの生成	driver = Selenium::WebDriver.for :safari
PhantomJSDriverの生成	Selenium::WebDriver::PhantomJS.path = '*PhantomJS実行ファイルのパス*' driver = Selenium::WebDriver.for :phantomjs
ブラウザの破棄	driver.quit

表B.11　要素の取得

操作	スクリプト
要素の取得	driver.find_element(:id, 'user')
複数要素の取得	driver.find_elements(:class_name, 'main')
id指定	driver.find_element(:id, 'next')
name指定	driver.find_element(:name, 'user')
タグ名指定	driver.find_element(:tag_name, 'img')
クラス名指定	driver.find_element(:class_name, 'logo')
リンクテキスト指定	driver.find_element(:link_text, '次へ')
リンクテキスト指定（部分一致）	driver.find_element(:partial_link_text, 'お勧め商品')
CSSセレクタ指定	driver.find_element(:css, '#next')
XPath指定	driver.find_element(:xpath, "a[@id='next']")

表B.12 要素の操作

操作	スクリプト
クリック	element.click
キー入力	element.send_keys('テストユーザ')
値のクリア	element.clear
プルダウン選択(value属性)	select = Selenium::WebDriver::Support::Select.new(element) select.select_by(:value, 'ja')
プルダウン選択(テキスト)	select.select_by(:text, '日本語')
プルダウン選択(インデックス)	select.select_by(:index, 0)
submit	element.submit

表B.13 要素情報の取得

操作	スクリプト
表示・非表示	element.displayed?
有効・無効	element.enabled?
選択状態	element.selected?
属性	element.attribute('value')
テキスト	element.text
タグ名	element.tag_name
CSSプロパティ	element.css_value('float')
サイズ	element.size.height element.size.width
位置	element.location.x element.location.y

表B.14 ブラウザ情報

操作	スクリプト
タイトル	driver.title
URL	driver.current_url
HTMLソース	driver.page_source
ウィンドウ位置	driver.manage.window.position.x driver.manage.window.position.y
ウィンドウサイズ	driver.manage.window.size.height driver.manage.window.size.width
Cookieの取得	driver.manage.cookie_named('sessionId')
Cookieの追加	driver.manage.add_cookie(name: 'sessionId', value: '***')
Cookieの削除	driver.manage.delete_cookie('sessionId')
Cookieの全削除	driver.manage.delete_all_cookies

表B.15　ブラウザ操作

操作	スクリプト
画面キャプチャ	driver.save_screenshot('***.png')
JavaScriptの実行	driver.execute_script('return arguments[0] + arguments[1];', 1, 2)
URL遷移	driver.get('http://***')
戻る	driver.navigate.back
進む	driver.navigate.forward
リロード	driver.navigate.refresh

表B.16　待ち処理

操作	スクリプト
Implicit Wait	driver.manage.timeouts.implicit_wait = 30
Explicit Wait	wait = Selenium::WebDriver::Wait.new(timeout: 60) wait.until({ driver.find_element(:id, 'message').displayed? })

表B.17　ポップアップ・ウィンドウ・フレーム

操作	スクリプト
Alert・Confirmダイアログ	driver.switch_to.alert.accept
Promptダイアログ	promptDialog = driver.switch_to.alert promptDialog.send_keys('入力テキスト') promptDialog.accept
ウィンドウ変更	driver.switch_to.window(handle)
ウィンドウを閉じる	driver.close
フレーム変更	driver.switch_to.frame('sample1')
最上位ページまで戻る	driver.switch_to.default_content

表B.18　アクション

操作	スクリプト
ダブルクリック	driver.action.double_click(element).perform
右クリック	driver.action.context_click(element).perform
マウス移動	driver.action.move_to(element).perform
ドラッグアンドドロップ	driver.action.drag_and_drop(src_element, target_element).perform
キーを押しながらクリック	driver.action.key_down(:shift).click(element1).click(element2).key_up(:shift).perform

B.3 JavaScript

表B.19　ブラウザの生成と破棄

操作	スクリプト
FirefoxDriverの生成	`var driver = new webdriver.Builder().forBrowser('firefox').build();`
ChromeDriverの生成	`// ChromeDriverサーバの親ディレクトリを、環境変数PATHに追加しておくこと` `var driver = new webdriver.Builder().forBrowser('chrome').build();`
InternetExplorerDriverの生成	`// IEDriverサーバの親ディレクトリを、環境変数PATHに追加しておくこと` `var driver = new webdriver.Builder().forBrowser('ie').build();`
SafariDriverの生成	`var driver = new webdriver.Builder().forBrowser('safari').build();`
PhantomJSDriverの生成	`// PhantomJS実行ファイルの親ディレクトリを、環境変数PATHに追加しておくこと` `var driver = new webdriver.Builder().forBrowser('phantomjs').build();`
ブラウザの破棄	`driver.quit();`

表B.20　要素の取得

操作	スクリプト
要素の取得	`driver.findElement(By.id('user'));`
複数要素の取得	`driver.findElements(By.className('main'));`
id指定	`By.id('next');`
name指定	`By.name('user');`
タグ名指定	`By.tagName('img');`
クラス名指定	`By.className('logo');`
リンクテキスト指定	`By.linkText('次へ');`
リンクテキスト指定（部分一致）	`By.partialLinkText('お勧め商品');`
CSSセレクタ指定	`By.css('#next');`
XPath指定	`By.xpath("a[@id='next']");`

表B.21 要素の操作

操作	スクリプト
クリック	element.click();
キー入力	element.sendKeys('テストユーザ');
値のクリア	element.clear();
プルダウン選択(value属性)	driver.findElement(By.xpath("//select[@name='lang']//option[@value='ja']")).click();
プルダウン選択(テキスト)	driver.findElement(By.xpath("//select[@name='lang']//option[text()='日本語']")).click();
プルダウン選択(インデックス)	driver.findElement(By.xpath("//select[@name='blood']//option[2]")).click();
submit	element.submit();

表B.22 要素情報の取得

操作	スクリプト
表示・非表示	element.isDisplayed();
有効・無効	element.isEnabled();
選択状態	element.isSelected();
属性	element.getAttribute("value");
テキスト	element.getText();
タグ名	element.getTagName();
CSSプロパティ	element.getCssValue("float");
サイズ	element.getSize().then(function(size) { console.log(size.width + ',' + size.height); });
位置	element.getLocation().then(function(location) { console.log(location.x + ',' + location.y); });

表B.23 ブラウザ情報

操作	スクリプト
タイトル	driver.getTitle().then(function(title) { console.log(title); });
URL	driver.getCurrentUrl().then(function(url) { console.log(url); });
HTMLソース	driver.getPageSource();
ウィンドウ位置	driver.manage().window().getPosition().then(function(pos) { console.log(pos.x + ',' + pos.y); });
ウィンドウサイズ	driver.manage().window().getSize().then(function(size) { console.log(size.height + ',' + size.width); });
Cookieの取得	driver.manage().getCookie('sessionId');
Cookieの追加	driver.manage().addCookie('sessionId', '***');
Cookieの削除	driver.manage().deleteCookie('sessionId');
Cookieの全削除	driver.manage().deleteAllCookies();

表B.24　ブラウザ操作

操作	スクリプト
画面キャプチャ	driver.takeScreenshot().then(function(image) { fs.writeFile('***.png', image, 'base64'); });
JavaScriptの実行	driver.executeScript('return arguments[0] + arguments[1];', 1, 2);
URL遷移	driver.get('http://***');
戻る	driver.navigate().back();
進む	driver.navigate().forward();
リロード	driver.navigate().refresh();

表B.25　待ち処理

操作	スクリプト
Implicit Wait	driver.manage().timeouts().implicitlyWait(30000);
Explicit Wait	var message = driver.findElement(By.name('message')); driver.wait(until.elementIsVisible(message), 60000);

表B.26　ポップアップ・ウィンドウ・フレーム

操作	スクリプト
Alert・Confirmダイアログ	driver.switchTo().alert().accept();
Promptダイアログ	var promptDialog = driver.switchTo().alert(); promptDialog.sendKeys('入力テキスト'); promptDialog.accept();
ウィンドウ変更	driver.switchTo().window('reserveWindow');
ウィンドウを閉じる	driver.close();
フレーム変更	driver.switchTo().frame('sample1');
最上位ページまで戻る	driver.switchTo().defaultContent();

表B.27　アクション

操作	スクリプト
ダブルクリック	driver.findElement(locator).then(function(element) { new webdriver.ActionSequence(driver).doubleClick(element).perform(); });
右クリック	driver.findElement(locator).then(function(element) { new webdriver.ActionSequence(driver).click(element, webdriver.Button.RIGHT).perform(); });
マウス移動	driver.findElement(locator).then(function(element) { new webdriver.ActionSequence(driver).mouseMove(element).perform(); });

(続く)

表B.27 アクション（続き）

操作	スクリプト
ドラッグアンドドロップ	driver.findElement(srcLocator).then(function(srcElement) { driver.findElement(targetLocator). then(function(targetElement){ new webdriver. ActionSequence(driver).dragAndDrop(srcElement, targetElement).perform(); }); });
キーを押しながらクリック	driver.findElement(locator1).then(function(element1){ driver.findElement(locator2).then(function(element2) { new webdriver.ActionSequence(driver).keyDown(webdriver.Key. SHIFT).click(element1).click(element2).keyUp(webdriver.Key. SHIFT).perform(); }); });

B.4 C#

表B.28 ブラウザの生成と破棄

操作	スクリプト
FirefoxDriverの生成	IWebDriver driver = new FirefoxDriver();
ChromeDriverの生成	IWebDriver driver = new ChromeDriver ("*ChromeDriverサーバの親ディレクトリのパス*");
InternetExplorerDriverの生成	IWebDriver driver = new InternetExplorerDriver ("*IEDriverサーバの親ディレクトリのパス*");
SafariDriverの生成	Windows版Safariは本書では取り上げないので、C#のSafariDriverも扱わない
PhantomJSDriverの生成	IWebDriver driver = new PhantomJSDriver("*PhantomJS実行ファイルの親ディレクトリのパス*");
ブラウザの破棄	driver.Quit();

表B.29 要素の取得

操作	スクリプト
要素の取得	driver.FindElement(By.Id("user"));
複数要素の取得	driver.FindElements(By.ClassName("main"));
id指定	By.Id("next");
name指定	By.Name("user");
タグ名指定	By.TagName("img");
クラス名指定	By.className("logo");
リンクテキスト指定	By.LinkText("次へ");
リンクテキスト指定(部分一致)	By.PartialLinkText("お勧め商品");
CSSセレクタ指定	By.CssSelector("#next");
XPath指定	By.XPath("a[@id='next']");

表B.30 要素の操作

操作	スクリプト
クリック	element.Click();
キー入力	element.SendKeys("テストユーザ");
値のクリア	element.Clear();
プルダウン選択(value属性)	SelectElement select = new SelectElement(element); select.SelectByValue("ja");
プルダウン選択(テキスト)	select.SelectByVisibleText("日本語");
プルダウン選択(インデックス)	select.SelectByIndex(0);
submit	element.Submit();

表B.31 要素情報の取得

操作	スクリプト
表示・非表示	element.Displayed;
有効・無効	element.Enabled;
選択状態	element.Selected;
属性	element.GetAttribute("value");
テキスト	element.Text;
タグ名	element.TagName;
CSSプロパティ	element.GetCssValue("float");
サイズ	element.Size.Height; element.Size.Width;
位置	element.Location.X; element.Location.Y;

表B.32 ブラウザ情報

操作	スクリプト
タイトル	driver.Title;
URL	driver.Url;
HTMLソース	driver.PageSource;
ウィンドウ位置	driver.Manage().Window.Position.X; driver.Manage().Window.Position.Y;
ウィンドウサイズ	driver.Manage().Window.Size.Height; driver.Manage().Window.Size.Width;
Cookieの取得	driver.Manage().Cookies.GetCookieNamed("sessionId");
Cookieの追加	Cookie cookie = new Cookie("sessionId", "***"); driver.Manage().Cookies.AddCookie(cookie);
Cookieの削除	driver.Manage().Cookies.DeleteCookieNamed("sessionId");
Cookieの全削除	driver.Manage().Cookies.DeleteAllCookies();

表B.33 ブラウザ操作

操作	スクリプト
画面キャプチャ	(driver as ITakesScreenshot).GetScreenshot().SaveAsFile("***.png", ImageFormat.Png);
JavaScriptの実行	(driver as IJavaScriptExecutor).ExecuteScript("return arguments[0] + arguments[1];", 1, 2);
URL遷移	driver.Navigate().GoToUrl("http://***");
戻る	driver.Navigate().Back();
進む	driver.Navigate().Forward();
リロード	driver.Navigate().Refresh();

表B.34 待ち処理

操作	スクリプト
Implicit Wait	driver.Manage().Timeouts().ImplicitlyWait(TimeSpan.FromSeconds(30));
Explicit Wait	WebDriverWait wait = new WebDriverWait(driver, TimeSpan.FromSeconds(60)); wait.Until(ExpectedConditions.ElementIsVisible(By.Id("message")));

表B.35 ポップアップ・ウィンドウ・フレーム

操作	スクリプト
Alert・Confirmダイアログ	driver.SwitchTo().Alert().Accept();
Promptダイアログ	IAlert promptDialog = driver.SwitchTo().Alert(); promptDialog.SendKeys("入力テキスト"); promptDialog.Accept();
ウィンドウ変更	driver.SwitchTo().Window("reserveWindow");
ウィンドウを閉じる	driver.Close();
フレーム変更	driver.SwitchTo().Frame("sample1");
最上位ページまで戻る	driver.SwitchTo().DefaultContent();

表B.36 アクション

操作	スクリプト
ダブルクリック	new Actions(driver).DoubleClick(element).Perform();
右クリック	new Actions(driver).ContextClick(element).Perform();
マウス移動	new Actions(driver).MoveToElement(element).Perform();
ドラッグアンドドロップ	new Actions(driver).DragAndDrop(srcElement, targetElement).Perform();
キーを押しながらクリック	new Actions(driver).KeyDown(Keys.Shift).Click(element1).Click(element2).KeyUp(Keys.Shift).Perform();

B.5 Python

表B.37　ブラウザの生成と破棄

操作	スクリプト
FirefoxDriverの生成	`driver = webdriver.Firefox()`
ChromeDriverの生成	`driver = webdriver.Chrome('`*ChromeDriverサーバのパス*`')`
InternetExplorerDriverの生成	`driver = webdriver.Ie('`*IEDriverサーバのパス*`')`
SafariDriverの生成	`# 実行にはselenium-server-standalone.jarが必要` `driver = webdriver.Safari('`*selenium-server-standalone.jarのパス*`')`
PhantomJSDriverの生成	`driver = webdriver.PhantomJS('`*PhantomJS実行ファイルのパス*`')`
ブラウザの破棄	`driver.quit()`

表B.38　要素の取得

操作	スクリプト
要素の取得	`driver.find_element_by_id('user')`
複数要素の取得	`driver.find_elements_by_class_name('main')`
id指定	`driver.find_element_by_id('next')`
name指定	`driver.find_element_by_name('user')`
タグ名指定	`driver.find_element_by_tag_name('img')`
クラス名指定	`driver.find_element_by_class_name('logo')`
リンクテキスト指定	`driver.find_element_by_link_text('次へ')`
リンクテキスト指定(部分一致)	`driver.find_element_by_partial_link_text('お勧め商品')`
CSSセレクタ指定	`driver.find_element_by_css_selector('#next')`
XPath指定	`driver.find_element_by_xpath("a[@id='next']")`

表B.39　要素の操作

操作	スクリプト
クリック	`element.click()`
キー入力	`element.send_keys('テストユーザ')`
値のクリア	`element.clear()`
プルダウン選択(value属性)	`select = Select(element);` `select.select_by_value('ja')`
プルダウン選択(テキスト)	`select.select_by_visible_text('日本語')`
プルダウン選択(インデックス)	`select.select_by_index(0)`
submit	`element.submit()`

付録B　WebDriver コマンド早見表

表B.40　要素情報の取得

操作	スクリプト
表示・非表示	element.is_displayed()
有効・無効	element.is_enabled()
選択状態	element.is_selected()
属性	element.get_attribute('value')
テキスト	element.text
タグ名	element.tag_name
CSSプロパティ	element.value_of_css_property('float')
サイズ	element.size['height'] element.size['width']
位置	element.location['x'] element.location['y']

表B.41　ブラウザ情報

操作	スクリプト
タイトル	driver.title
URL	driver.current_url
HTMLソース	driver.page_source
ウィンドウ位置	driver.get_window_position()['x'] driver.get_window_position()['y']
ウィンドウサイズ	driver.get_window_size()['height'] driver.get_window_size()['width']
Cookieの取得	driver.get_cookie('sessionId')
Cookieの追加	cookie = {'name': 'sessionId', 'value': '***'} driver.add_cookie(cookie)
Cookieの削除	driver.delete_cookie('sessionId')
Cookieの全削除	driver.delete_all_cookies()

表B.42　ブラウザ操作

操作	スクリプト
画面キャプチャ	driver.get_screenshot_as_file('***.png')
JavaScriptの実行	driver.execute_script("return arguments[0] + arguments[1];", 1, 2)
URL遷移	driver.get('http://***')
戻る	driver.back()
進む	driver.forward()
リロード	driver.refresh()

表B.43 待ち処理

操作	スクリプト
Implicit Wait	driver.implicitly_wait(30)
Explicit Wait	wait = WebDriverWait(driver, 60) wait.until(expected_conditions.visibility_of_element_located((By.ID, 'message')))

表B.44 ポップアップ・ウィンドウ・フレーム

操作	スクリプト
Alert・Confirmダイアログ	Alert(driver).accept()
Promptダイアログ	prompt_dialog = Alert(driver) prompt_dialog.send_keys('入力テキスト') prompt_dialog.accept()
ウィンドウ変更	driver.switch_to.window('reserveWindow')
ウィンドウを閉じる	driver.close()
フレーム変更	driver.switch_to.frame('sample1')
最上位ページまで戻る	driver.switch_to.default_content()

表B.45 アクション

操作	スクリプト
ダブルクリック	ActionChains(driver).double_click(element).perform()
右クリック	ActionChains(driver).context_click(element).perform()
マウス移動	ActionChains(driver).move_to_element(element).perform()
ドラッグアンドドロップ	ActionChains(driver).drag_and_drop(src_element, target_element).perform()
キーを押しながらクリック	ActionChains(driver).key_down(Keys.SHIFT).click(element1).click(element2).key_up(Keys.SHIFT).perform()

索引　Selenium 実践入門

記号

- @CacheLookup ... 137
- @FindBy ... 132

A

- AbstractWebDriverEventListener ... 100
  - afterChangeValueOf ... 101
  - afterClickOn ... 101
  - afterFindBy ... 101
  - afterNavigateBack ... 102
  - afterNavigateForward ... 102
  - afterNavigateTo ... 101
  - afterScript ... 102
  - beforeChangeValueOf ... 101
  - beforeClickOn ... 101
  - beforeFindBy ... 101
  - beforeNavigateBack ... 102
  - beforeNavigateForward ... 102
  - beforeNavigateTo ... 101
  - beforeScript ... 102
  - onException ... 102
- Actions ... 96
  - click ... 98
  - clickAndHold ... 98
  - contextClick ... 97, 99
  - doubleClick ... 97, 99
  - dragAndDrop ... 97, 99
  - dragAndDropBy ... 97, 99
  - keyDown ... 99
  - keyUp ... 99
  - moveByOffset ... 99
  - moveToElement ... 97, 99
  - perform ... 96
  - release ... 99
  - sendKeys ... 99
- Adobe Bridge ... 317
- Alertダイアログ ... 85
- Amazon Web Services ... 329
- Android SDK Build-tools ... 252
- Android SDK Manager ... 252
- Android SDK Platform-tools ... 252
- Apache JMeter ... 7
- appium-doctor ... 251
- appium-remote-debugger ... 264
- AppiumDriver ... 249
  - closeApp ... 249
  - hideKeyboard ... 249
  - installApp ... 249
  - launchApp ... 249
  - pinch ... 249
  - removeApp ... 249
  - rotate ... 249
  - zoom ... 249
- AspectJ ... 308
- Assertion ... 45
- authorize_ios ... 260
- AVD Manager ... 254

B

- Basic認証 ... 107
- BDD ... 194
- BrowserMob Proxy ... 111
- By ... 55
  - className ... 57
  - cssSelector ... 60
  - id ... 56
  - linkText ... 59

索引

name 56
partialLinkText 59
tagName 57
xpath 60

C

Canvas 119
Capabilities 46
 app 250
 automationName 250
 browserAttachTimeout 54
 browserName 250, 295
 deviceName 250
 ie.ensureCleanSession 54
 logFile 54
 logLevel 54
 platform 295
 platformName 250
 platformVersion 250
 requireWindowFocus 54
CapabilityType 46
Capybara 192
capybara-webkit 193
Capybara::DSL 200
CentOS 269
Checkstyle 7
ChromeDriver 33, 51
ChromeDriver サーバ 33
ChromeOptions 52
 addArguments 52
Chromium 321
Confirm ダイアログ 86
Cookie 72
Cookie（クラス） 72
 getDomain 73
 getExpiry 73
 getName 73
 getPath 73
 getValue 73
 isSecure 73
CSS セレクタ 60

D

DesiredCapabilities 46
 setCapability 46
Docker 328

E

EventFiringWebDriver 100
 unregister 102
ExpectedConditions 81
 alertIsPresent 83
 elementSelectionStateToBe 83
 elementToBeClickable 82
 elementToBeSelected 83
 frameToBeAvailableAndSwitchToIt .. 83
 invisibilityOfElementLocated 83
 pollingEvery 85
 presenceOfAllElementsLocatedBy .. 82
 presenceOfElementLocated 82
 stalenessOf 83
 textToBePresentInElement 82
 textToBePresentInElementLocated . 82
 textToBePresentInElementValue 83
 titleContains 83
 titleIs 83
 visibilityOf 82
 visibilityOfAllElements 82
 visibilityOfAllElementsLocatedBy .. 82
 visibilityOfElementLocated 82
 withMessage 84
Explicit Wait 81

F

File Logging 231
FindBugs 7
FirefoxBinary 51
FirefoxDriver 33, 47
FirefoxProfile 49
 addExtension 50
 setPreference 49
FluentLenium 183
 await 188
 click 187

387

createPage	190
fill	187
fillSelect	187
getDefaultBaseUrl	188
getDriver	188
getElement	188
goTo	186
takeScreenShot	187
text	187
FluentPage	189
getUrl	190
isAt	190

G

Geb	144
$	158
<<	163
@	164
allElements	162
at	175
autoClearCookies	155
children	161
classes	164
clearCacheAndQuitDriver	154
click	163
closest	161
contains	160
containsWord	160
content	176
css	164
def	146
delegate	148
disabled	165
displayed	165
drive	155
driver	156
enabled	165
endsWith	160
filter	161
find	161
firstElement	162
geb.Page	175
getDriver	155
go	154
has	161
js	170
Navigator	159
next	162
nextAll	162
not	161
parent	161
present	165
prevAll	161
previous	161
report	168
siblings	162
startsWith	160
tag	164
text	164
to	177
toWait	178
url	175
value	166
wait	177
waitFor	171
withAlert	170
withConfirm	170
クロージャ	148
ナビゲータ API	158
GebConfig.groovy	156
atCheckWaiting	158, 178
autoClearCookies	158
baseUrl	158
cacheDriver	158
cacheDriverPerThread	158
reporter	158
reportOnTestFailureOnly	158
reportsDir	158
unexpectedPages	158
waiting.retryInterval	158, 172
waiting.timeout	158, 172
GebReportingSpec	181
GebSpec	181
GhostDriver	41

Google Cloud Platform	329
Gradle	23
Groovy	145

H

HAXM	253
Highlight Elements	231
HTML5	113
HtmlUnit	39
HtmlUnitDriver	157
HTTPステータスコード	110

I

IEDriverサーバ	34
Implicit Wait (WebDriver)	80
Implicit Wait (プラグイン)	231
InternetExplorerDriver	34, 54
ios-driver	239
ios-webkit-debug-proxy	263
iOSシミュレータ	257

J

Jasmine	29
JavaScriptCore	39
JavascriptExecutor	76
executeAsyncScript	78
executeScript	76
Jenkins	272
Build Pipeline Plugin	324
Build-timeout Plugin	273
Git Plugin	273
LTS Release	272
Parameterized Trigger Plugin	358
Post build task	319
Selenium Plugin	297
Sounds plugin	320
Timestamper	314
エージェント	286
スレーブ	284
マスター	284
JSON Wire Protocol	19
JUnit	43

K

| Keys | 62 |
| chord | 63 |

L

Linuxディストリビューション	269
Local Storage	117
Locator Builders	216
Logs	102

M

Maven	23
Mobile JSON Wire Protocol	248
Mobile Safari	260
mocha	29

N

Node.js	28
NoSuchElementException	67
npm	28
NuGet	29
NUnit	31, 283

P

PageFactory	132
Parameterizedテストランナー	139
PhantomJS	39
PhantomJSDriver	40
pip	31
Poltergeist	192
Power Debugger	232
Preference	49, 53
Promptダイアログ	87

Q

| Quality Assurance | 322 |
| QUnit | 29 |

R

RackTest	193
Red Hat Enterprise Linux	269
RemoteWebDriver	291

索引

RSpec	28, 193
RubyGems	27
RubyInstaller	27

S

Safari Launcher	262
SafariDriver	38
SafariOptions	54
Sahagin	314
Sauce Labs	328
ScreenShot on Fail	232
SelBlocks	231
Select	64
deselectAll	66
deselectByIndex	66
deselectByValue	66
deselectByVisibleText	66
getAllSelectedOptions	66
getFirstSelectedOption	66
getOptions	66
isMultiple	66
selectByIndex	65
selectByValue	65
selectByVisibleText	65
Selendroid	239
Selenium 3	19
Selenium Builder	18
Selenium Core	15
Selenium Developers	15
Selenium Grid	288, 327
hubHost	293
hubPort	290
nodeConfig	295
port	289
Selenium IDE	202
addSelection	222
addSelectionAndWait	222
assertAlert	226
assertAlertNotPresent	226
assertAlertPresent	226
assertAllButtons	227
assertAllFields	227
assertAllLinks	227

assertAllWindowIds	227
assertAllWindowNames	227
assertAllWindowTitles	227
assertAttribute	224
assertAttributeFromAllWindows	224
assertBodyText	227
assertChecked	225
assertConfirmation	226
assertConfirmationNotPresent	226
assertConfirmationPresent	226
assertCookie	227
assertCookieByName	227
assertCookieNotPresent	227
assertCookiePresent	227
assertCursorPosition	225
assertEditable	225
assertElementHeight	225
assertElementIndex	225
assertElementNotPresent	224
assertElementPositionLeft	225
assertElementPositionTop	225
assertElementPresent	224
assertElementWidth	225
assertEval	227
assertExpression	228
assertHtmlSource	228
assertLocation	228
assertMouseSpeed	228
assertNotAlert	226
assertNotAllButtons	227
assertNotAllFields	227
assertNotAllLinks	227
assertNotAllWindowIds	227
assertNotAllWindowNames	227
assertNotAllWindowTitles	227
assertNotAttribute	224
assertNotAttributeFromAllWindows	224
assertNotBodyText	227
assertNotChecked	225
assertNotConfirmation	226
assertNotCookie	227
assertNotCookieByName	227
assertNotCursorPosition	225

索引

assertNotEditable	225	assertSomethingSelected	226
assertNotElementHeight	225	assertSpeed	228
assertNotElementIndex	225	assertTable	224
assertNotElementPositionLeft	225	assertText	224
assertNotElementPositionTop	225	assertTitle	224
assertNotElementWidth	225	assertValue	224
assertNotEval	227	assertVisible	226
assertNotExpression	228	assertXpathCount	228
assertNotHtmlSource	228	captureEntirePageScreenshot	223
assertNotLocation	228	check	222
assertNotMouseSpeed	228	checkAndWait	222
assertNotOrdered	225	click	222
assertNotPrompt	226	clickAndWait	222
assertNotSelectedId	225	close	223
assertNotSelectedIds	225	exact:	230
assertNotSelectedIndex	225	glob:	230
assertNotSelectedIndexes	225	open	222
assertNotSelectedLabel	225	regexp:	230
assertNotSelectedLabels	225	regexpi:	230
assertNotSelectedValue	226	removeAllSelections	222
assertNotSelectedValues	226	removeAllSelectionsAndWait	222
assertNotSelectOptions	227	removeSelection	222
assertNotSomethingSelected	226	removeSelectionAndWait	222
assertNotSpeed	228	select	222
assertNotTable	224	selectAndWait	222
assertNotText	224	selectFrame	222
assertNotTitle	224	selectPopUp	222
assertNotValue	224	selectPopUpAndWait	222
assertNotVisible	226	selectWindow	222
assertNotXpathCount	228	sendKeys	222
assertOrdered	225	sendKeysAndWait	222
assertPrompt	226	submit	222
assertPromptNotPresent	226	submitAndWait	222
assertPromptPresent	226	type	222
assertSelectedId	225	typeAndWait	222
assertSelectedIds	225	uncheck	222
assertSelectedIndex	225	uncheckAndWait	222
assertSelectedIndexes	225	waitForCondition	229
assertSelectedLabel	225	waitForFrameToLoad	229
assertSelectedLabels	225	waitForPageToLoad	229
assertSelectedValue	226	waitForPopUp	229
assertSelectedValues	226	Selenium RC	17
assertSelectOptions	227	Selenium Test Automation User Group	15

索引

Selenium Users	15
Selenium WebDriver	16
Session Storage	116
SessionNotFoundException	43
Spock	179
@Unroll	182

T

TakesScreenshot	74
getScreenshotAs	74
Test Results	232
Test Scheduler	218
TestNG	43
Theories テストランナー	142
TimeoutException	85
TouchAction	244
doubleTap	244
flick	244
longPress	244
scroll	244
singleTap	244

U

UI Automator	251
UIAutomation	251
UIマッピング	235
UnhandledAlertException	86
unittest	32, 283

V

Visual Studio	29

W

W3C	19
Web Storage	116
WebDriver（クラス）	42
addCookie	73
back	79
close	92
defaultContent	94
deleteAllCookies	74
deleteCookie	73
deleteCookieNamed	73
findElement	55
findElements	55, 68
forward	80
get	61
getCookieNamed	73
getCookies	72
getCurrentUrl	71
getPageSource	71
getPosition	71
getSize	71
getTitle	70
getWindowHandle	90
implicitlyWait	81
maximize	72
pageLoadTimeout	85
quit	42
refresh	80
setPosition	71
setScriptTimeout	78
setSize	72
switchTo	86
WebDriver API	19
WebDriver-Backed	232
WebDriverWait	81
WebElement	55
click	62
getAttribute	69
getCssValue	69
getLocation	70
getSize	70
getTagName	69
getText	69
isDisplayed	67
isEnabled	68
isSelected	68
sendKeys	62
submit	66
WebKit	39
WebView	240
Webインスペクタ	264

X

Xcode	257

xcodebuild	357
XPath	60
Xvfb	269

あ行

アクション	96
イベントリスナ	100
エミュレータ (Android)	253
エンドツーエンドテスト	6

か行

回帰テスト	3
回転	249
拡張保護モード	36
偽装	242
クロスブラウザテスト	8
継続的インテグレーション	9, 266

さ行

実機 (Android)	256
実機 (iOS)	262, 265
ズームイン	249
スワイプ	237

た行

対話的デスクトップ	270
タッチイベント	241
タップ	237
タブ	93
データ駆動テスト	138
テストスイート	215
テストフレームワーク	43
デプロイメントパイプライン	324
ドッグフーディング	325

な行

日本Seleniumユーザーコミュニティ	15
ネイティブアプリ	237
ノード (Jenkins)	284
ノード (Selenium Grid)	288

は行

ハイブリッドアプリ	237
ハブ (Selenium Grid)	288
パワーアサート	144
ピンチアウト	249
ファイルアップロードダイアログ	105
ファイルダウンロード	106
フォーマッタ	220
ブラウザキャッシュ	45
ブラウザコンソール	103
フリック	244
フレーム	93
プロキシ	46, 111
プロビジョニングプロファイル	262
プロファイル	47
ページオブジェクトパターン	120
ヘッドレスブラウザ	39
保護モード	35

ま行

モバイルエミュレーションモード	246

や行

ユニットテストツール	5
ユニットテストフレームワーク	43
要素を調査	58

ら行

リモートエンド	20
レスポンシブデザイン	242
ローカルエンド	20
ローカルシステムアカウント	270
ログレベル	103
ロケータ	55
ロングタップ	237

著者プロフィール

伊藤 望（いとう のぞみ）
株式会社 TRIDENT 代表として、顧客の開発・テスト環境の構築・改善に日々取り組む。
Selenium に関する情報共有や質問の場である「日本 Selenium ユーザーコミュニティ」の運営や、Selenium テストレポートツール Sahagin の開発も行っている。
本書 1〜9 章と付録を担当。
TRIDENT ブログ：http://blog.trident-qa.com

戸田 広（とだ ひろし）
IT 業界と非 IT 業界の間をキャリアパス無視で右往左往して幾星霜、未だに GC のない場所では生きていけないぬるい人。
2013 年〜 2014 年に Selenium の導入支援・実行環境の構築を手がけたのち、2015 年からは主に Web スクレイピングで Selenium を活用中。
本書 10 章・12 章・13 章を担当。
Twitter：@hiroshitoda
GitHub：hiroshitoda

沖田 邦夫（おきた くにお）
精密機器メーカーでの新規事業開発で API・インフラ・システムアーキテクチャの設計・開発・テストを一通り経験後、株式会社ディー・エヌ・エーのテストエンジニアリングをリードしている。
本書 11 章を担当。
Twitter：@okitan
GitHub：okitan

宮田 淳平（みやた じゅんぺい）
サイボウズ株式会社で生産性向上チームとテストエンジニアリングチームに所属。
極度のめんどくさがりで、開発を楽にするために可能な限り自動化したい。
多様で価値あるサービスを迅速に提供するため、部署やプロダクトを横断して、生産的でオープンな開発基盤を整備している。
本書 14 章を担当。
Twitter：@miyajan

長谷川 淳（はせがわ じゅん）
サイボウズ株式会社でグループウェアの開発に携わっているサーバエンジニア。
kintone の開発リーダーとしてクラウドサービスの開発や品質向上に力を入れている。
ユーザに安定した品質のサービスを提供し続けるために、Selenium テストを開発プロセスの中に組み込み運用している。
本書 14 章を担当。
Twitter：@jhasepyon

清水 直樹（しみず なおき）

株式会社ディー・エヌ・エーのテストエンジニアとしてサービスの品質・生産性向上に携わった後、スタートアップ企業に出向。
現在は出向先の株式会社ペロリでリードエンジニアとしてサーバサイドの設計・開発やインフラ構築などに従事。
本書 15 章を担当。
Twitter：@deme0607
GitHub：deme0607

Vishal Banthia（ビシャル・バンシア）

株式会社ディー・エヌ・エーでテスト効率や生産性向上につながるしくみづくりを行うテスト基盤チームに所属。
現在 OSS の openstf のコアコミッタとしても活動。
本書 15 章を担当。
GitHub：vbanthia

●装丁デザイン
西岡 裕二
●本文デザイン・レイアウト・編集
株式会社トップスタジオ
●担当
春原 正彦

WEB+DB PRESS plusシリーズ
Selenium実践入門
──自動化による継続的なブラウザテスト

2016年 3月 5日 初 版 第1刷発行
2024年 4月18日 初 版 第5刷発行

著 者　伊藤 望、戸田 広、沖田 邦夫、
　　　　宮田 淳平、長谷川 淳、清水 直樹、
　　　　Vishal Banthia

発行者　片岡 巌

発行所　株式会社技術評論社
　　　　東京都新宿区市谷左内町21-13
　　　　電話 03-3513-6150 販売促進部
　　　　　　 03-3513-6160 書籍編集部

印刷/製本　日経印刷株式会社

定価はカバーに表示してあります。

本書の一部または全部を著作権法の定める範囲を超え、無断
で複写、複製、転載、あるいはファイルに落とすことを禁じます。

©2016 伊藤 望、戸田 広、沖田 邦夫、サイボウズ株式会社、
　　　清水 直樹、Vishal Banthia

造本には細心の注意を払っておりますが、万一、乱丁(ページの乱
れ)や落丁(ページの抜け)がございましたら、小社販売促進部ま
でお送りください。送料小社負担にてお取り替えいたします。

ISBN 978-4-7741-7894-3 C3055
Printed in Japan

本書に関するご質問は記載内容についてのみとさせていただきます。本書の内容以外のご質問には一切応じられませんので、あらかじめご了承ください。

なお、お電話でのご質問は受け付けておりませんので、書面またはFAX、弊社Webサイトのお問い合わせフォームをご利用ください。

〒162-0846
東京都新宿区市谷左内町21-13
株式会社技術評論社
『Selenium実践入門』係
FAX 03-3513-6167
URL https://gihyo.jp/
　　(技術評論社Webサイト)

ご質問の際に記載いただいた個人情報は回答以外の目的に使用することはありません。使用後は速やかに個人情報を廃棄いたします。